1995

ARCTIC MEMORY

OF CHINA

1995

中国北极记忆

中国首次远征北极点科学考察纪实

位梦华 ◎ 主编

中国海洋大学出版社
CHINA OCEAN UNIVERSITY PRESS

谨以此书纪念 1995 年中国首次远征北极点科学考察

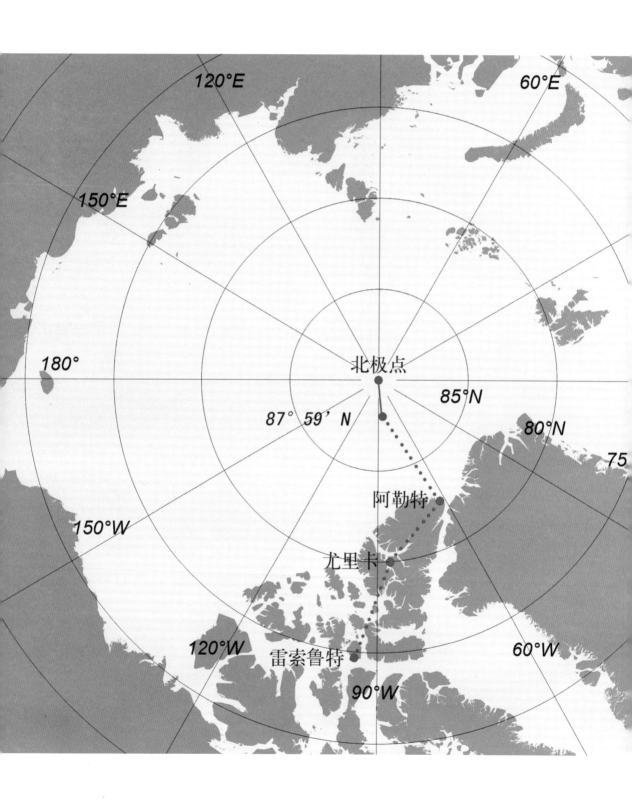

北极点

120°E

60°E

150°E

180°

150°W

85°N

80°N

75

87° 59' N

阿勒特

尤里卡

雷索鲁特

120°W

90°W

60°W

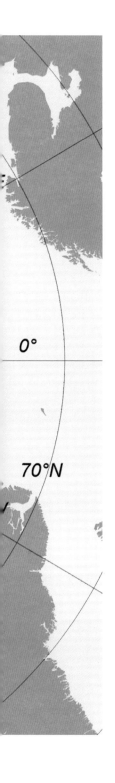

壮哉，北极！

　　北极圈（北纬66°34′）以北的地方，泛称北极。而北纬60°以北到北极圈之间的地带，地理上则称之为亚北极。北极中央是大洋，即北冰洋；周边是陆地，包括欧亚大陆和北美大陆北极圈以北的土地。

　　北冰洋的英文名称为Arctic Ocean。其中的Arctic来源于希腊语，意思是"正对大熊星座的海洋"。有趣的是，在北极，天上有"七星伴明月"，地上有"七海伴洋"。北冰洋包括北极圈内的海洋和相邻的有冰海域，即七个边缘海、两个大型海湾、两个深海盆以及若干个海峡。边缘海有格陵兰海、巴伦支海、喀拉海、拉普捷夫海、东西伯利亚海、楚科奇海和波弗特海；其中，巴伦支海最大，其面积相当于其他六个海面积的总和。两个海湾分别为巴芬湾和哈德孙湾；两个深海盆为欧亚海盆和加拿大海盆；海峡则包括白令海峡、费莱姆海峡和加拿大北极群岛之间的海峡等。

　　北冰洋是地球上面积最小、深度最浅、最为寒冷的大洋，也是唯一常年被冰雪覆盖的、人类对它了解得最少，因而也是最神秘的大洋。而且，北冰洋是地球上唯一一个半封闭的大洋，只有两个相对狭窄的通道：东部通过白令海峡与太平洋相通，西部通过北美洲北部与北欧之间的海渊与大西洋相连。当然，北冰洋也是地球上最靠北的大洋，它基本上以北极点为中心，占据着地球上最靠北的区域。北冰洋还有一个特点，就是北极的边缘海都是陆架海,水深在 200 米以内。因此,北冰洋拥有世界上最宽阔的大陆架,宽度都在 500 千米以上,最宽的大陆架宽达 1700 千米。

人类社会的主体在北半球,大部分国家,大部分城市,主要的政治、经济、文化、科技和军事中心都在北半球。所以,北极对人类社会的影响和制约,要比南极大得多,也重要得多。例如,北极是北半球气候的控制器,通过大气对流和海洋环流影响和制约着全球特别是北半球的气候变化;北极是全球战略的制高点;北极拥有丰富的自然资源,特别是能源——世界上 25% 的石油和天然气储藏在北冰洋,北极将成为人类未来的能源基地;北极是科学研究工作者的天堂,特别是北冰洋,可能隐藏着无数的科学奥秘,具有极高的科研价值。

特别值得提及的是,北极有人,包括西伯利亚的原住民、北欧的拉普人和北美洲北部的爱斯基摩人。他们大多是从亚洲迁移过去的黄种人,首先进入了北极圈,是最勇敢的开拓者之一。他们生活在最严酷的环境里,把人类抵御严寒的生存能力提到了新的高度。

我国是北半球国家，北极对我们来说是至关重要的。别的不说，仅从随着全球变暖北极冰盖正在消融来看，如果北极的东北航线开通，从中国东部到西欧的航行时间可以缩短 12～15 天，这不仅具有巨大的经济价值，而且具有重大的战略意义。所以，我们必须关心北极，了解北极，考察北极，研究北极，广泛地参与北极事务。

美国、加拿大、丹麦、挪威、瑞典、芬兰、俄罗斯 7 个国家在北极圈内有领土，冰岛在北极圈内有领海。这 8 个国家成立了国际北极科学委员会。我国因为成功组织 1995 年的北极科考活动，于 1996 年加入该组织，成为该组织的第一个发展中国家，也是第一个被该组织接纳的北极圈外的国家。

现在，北极已经成为我国"一带一路"倡议的一部分，被称为"北冰洋上的'一带一路'"。北极，正向我们走来，为我国实现中华民族伟大复兴的中国梦，进而为构筑人类命运共同体，提供了极其重要的战略机遇！

北极，壮哉！

1995 中国北极记忆
中国首次远征北极点科学考察纪实
编委会

主 编
位梦华

编 委

刘 健	刘小汉	杨小峰	李栓科	赵进平
效存德	刘少创	毕福剑	张 军	郑 鸣
张 卫	孔晓宁	叶 研	卓培荣	曹乐嘉

前 言

　　好奇心是科学探究的出发点，百折不挠的探索精神则是科学发展的原动力。古往今来，人类对宇宙的观测和推想，从来就没有停止过。古人仰望星空，发现了一个有趣的现象，几乎所有的星星，都在绕着地球旋转，只有一颗很亮的星星几乎一动不动。那时候人们认为，所有的星球都在围着地球转，地球是宇宙的中心；后来有人发现，不是天上的星星在旋转，而是地球在绕着太阳转的同时又像一个陀螺，绕着一根"轴"旋转。这根看不见的"轴"就是地球的"自转轴"。自转轴穿过地球表面的两个点，北端为北极点，南端为南极点。而那个一动不动的星星，正好处在自转轴的延长线上，这就是今天人们耳熟能详的"北极星"。

　　那么，南极和北极到底是什么样子呢，人类曾一无所知。然而，总会有勇于探索的先行者，他们不惜冒着生命危险去探寻未知的领域，这是由人类的天性所决定的。1909 年，美国人皮尔里首先到达了北极点。1911 年，挪威人阿蒙森首先到达了南极点。接下来数十年的极地地理大探险，大大丰富了人们对地球两极的了解和认知，激起了人们更大的兴趣。为了进一步揭开地球两极的奥秘，科学家们登场了，人类向两极进军从探险时代迈入了科学考察时代！人类对极地的科考活动取得了巨大成就，这极大地开阔了人们的眼界。结果发现，神秘的地球两极，不仅对地球环境影响巨大，蕴藏着丰富的资源，而且具有重要的战略意义。因此，人类向两极进军的步伐进一步加快了！

然而，在人类向两极进军的浪潮中，中华民族正处于争取民族独立和解放的波澜壮阔的历史进程中，贫穷和战乱使世界上这个最大、最古老的民族不得已置身于极地科考浪潮之外。

纵观人类历史，中华民族的探索精神和创造力，不逊于世界上任何一个优秀民族！1980年，刚实行改革开放不久的中国加入了南极科考的行列，并于1983年成为《南极条约》的缔约国，1986年成为国际南极研究科学委员会的正式成员。自1985年以来，我国在南极陆续建成了长城站、中山站、昆仑站和泰山站，并在南极综合科学考察中取得了令世人赞叹的高水平科研成果，彰显了中华民族神奇的创造力！然而，在相当长的一段时间里，我国对北极的科学考察却几乎是一片空白。

1995年，经中国科委批准，由中国科协主持、中国科学院具体组织，来自中国科学院、中国地震局等单位的科技工作者，以及新华社、人民日报和中央电视台等媒体机构的新闻工作者共25人，组成了中国首次远征北极点科学考察队，经由美国和加拿大，进入北冰洋中心地区，进行了包括海洋、遥感、冰雪、气候、环境、人文等综合性科学考察。

1995年5月6日北京时间上午10点55分，北冰洋上空突然响起了一阵热烈的欢呼："北极点到啦！"中国首次远征北极点科学考察队到达了北极点，把五星红旗插到了北极点上！这是令亿万中国人激动难忘的历史瞬间，也是我国科学史上具有里程碑意义的重大事件！

基于这次实质性的科学考察，1996年4月在德国不来梅港召开的国际北极科学委员会年会上，中国向大会正式提出了入会申请。经过讨论，我国被该委员会正式接纳为成员国，成为该委员会的第一个发展中国家，也是第一个北极圈以外的国家。我国科学家终于与许多发达国家的科学家们一样，站在了人类探索极地奥秘的同一个平台上！

此后的岁月里，当年的考察队员，有的成了中国科学院院士，有的成了联合国官员，有的成了科研机构的领导，有的成了学术期刊的负责人，有的成了科研领域的学术带头人，有的成了新闻战线的骨干，也有的逐渐淡出了公众的视线。然而，有一种冲动却一直埋藏在大家的心里，那就是在极端恶劣的环境下，队友们相互扶持、勇于担当和为国争光的使命感和自豪感！

二十年过去，弹指一挥间。2015年，参加过中国首次远征北极点科学考察的大部分队友又聚到了一起，忆起当年北极科学考察的艰辛，畅谈祖国发展的大好形势，一个个感慨万分，扬眉吐气。当年为了300万元的考察经费而奔走呼号，最后由民营企业慷慨解囊，解决了燃眉之急；现在，国家每年投入上亿元的资金，开展北极考察和研究，这真是天翻地覆的变化。如今中国的北极科学，在世界上已有了一席之地。万事开头难，而我们就做了中国北极科学考察事业的先遣兵和马前卒，真是三生有幸！

最后，大家有一个共同心愿，就是应该把中国首次远征北极点科学考察的经历写出来，以示后人，作为纪念。说干就干，不久，队友们就把自己的记忆、感想、思考和情感，变成了一篇篇真诚质朴的文字，交到我的手里。读着队友们饱含深情的文字，我感慨万千，思绪飞扬，仿佛又回到了那个冰雪严寒却激情豪迈的年代！不敢说文字有多华美，情节有多离奇，但是可以保证，说的都是真情实感、肺腑之言。

世事纷纭，时过境迁。队友们对此事件的回忆总会有所取舍、各有侧重，不可能滴水不漏、面面俱到，如有不周和遗漏之处，敬请广大读者批评指正！

关于书名，颇有争议，最后定格在《1995中国北极记忆——中国首次远征北极点科学考察纪实》。

是为序。

位梦华

中国首次远征北极点科学考察队队长

2017年8月15日

目 录

位梦华 | WEI MENGHUA

从南纬80°
到北纬90°

　　位梦华,中国作家协会会员,中国科普作家协会会员,美国探险家俱乐部外籍成员,中国地震局地质研究所研究员,教授,享受国务院政府特殊津贴、为中国自然科学事业做出突出贡献的科学家。

　　1981 年,作为访问学者,赴美国进修。1982 年,从美国前往南极,是最先登上南极大陆的少数几个中国人之一。1991年,第一次进入阿拉斯加北极地区进行综合性科学考察,成为与爱斯基摩人深入接触、广交朋友的第一位中国科学家。1995年,作为总领队,率领中国首次远征北极点科学考察队,成功进入北冰洋中心地区,把五星红旗插在了北极点上,成为第一个率领考察队到达北极点的中国科学家。至 2005 年,共 9 次进入北极考察,2 次在北极越冬,总共在北极工作和生活了 3 年多,是在北极工作和生活时间最长的中国科学家。至 2016 年,总共出版有关南极和北极的科普专著 90 余部、拍摄电视专题片 2 部,多次获奖,是发表和出版有关两极的科普文章和科普专著最多的中国科学家。

1995年，一群普普通通的人，做了一件轰轰烈烈的事，经过艰苦卓绝的奋斗，完成了中国首次北极科学考察，把五星红旗插在了北极点上。基于这次实质性的科学考察，中国于1996年加入了国际北极科学委员会。

20年后，这群人又聚在一起，写下了各自的回忆与感悟。赋诗曰：

> 极地冰雪风，
> 天涯生死行。
> 匹夫汗与泪，
> 热血绘丹青。

南极誓言

我今年75岁，虽然还没有寿终正寝，但离盖棺定论的时刻已经不远了。现在回想起来，我这一辈子，主要做了两件事：一是考察了南极和北极，二是写了一些文章、出版了一些书。迄今为止，我一进南极、九进北极。其中，最令人荡气回肠，最使人激动万分，也是最为轰轰烈烈、最为艰苦卓绝、最为刻骨铭心、最为触动灵魂的一次，就是1995年带领队员远征北极点的科学考察活动。

而考察北极的冲动实际上是在南极的冰原上萌生的。历史往往有着惊人的相似。挪威的阿蒙森，从小立志要首先征服北极点，却晚了一步。当他得知美国的皮尔里已经捷足先登时，便把目光转向了南极，经过一番努力，首先到达了南极点。我本来希望带领一支中国科学考察队去南极考察。因为中国已经开始了南极考察，我便把目光转向了北极。当然，我并不是在自比阿蒙森，我远没有他那么伟大。他走在全人类的前面，第一个到达了南极点，而我只是走在中国人的前面，首先踏上了北极点。

1981年7月，作为访问学者，我第一次来到了美利坚合众国。事有凑巧，和我合作的教授，或者说是我的导师拉艾尔·麦金尼斯，在南极有一个研究题目。美国人非常想知道，南极什么地方有石油。麦金尼斯的课题，就是到南极的罗斯海上去探测石油。他问我想不想去南极,我毫不犹豫地回答:"当然想去!"那时候,中国的南极考察还没有开始。我出于好奇,便和他一起去了南极。

到了南极一看,那是一块广袤而神秘的大陆,蕴藏着丰富的自然资源,具有潜在的政治、军事和科学价值。对于西方人已经探索、考察和研究了几百年,日本人也已经考察和研究了几十年,中国人还站在圈子外面,对它几乎一无所知。我们所有有关南极的知识,都是第二手甚至第三手的资料,是从外国人那里道听途说得来的。

身在异国,耳闻目睹,从感官到心灵,时时刻刻都在承受着某种强烈的冲击和无形的压力。看到人家国家科学技术发达,就会感叹自己国家科学技术落后。当时我就想,南极如此重要,我们却漠然视之,这不仅有损于国家的形象,也对不起我们的子孙后代。于是我下定决心,要推动中国尽快地开展南极考察。

有一天,我们乘坐一架直升机,飞到南纬 80° 以南,去考察一条很大的冰川。飞机刚刚降落在冰面上,还没有停稳,也许是突然的震动和机身压迫的缘故,只听"轰隆隆"一声巨响,冰川崩裂开来,形成了一条大缝子。我看了一下,那条冰缝并不宽,以为没有什么问题,刚想跳下飞机,被机长一把拽住。飞机紧急起飞,迅速逃离了险境。我低头往下望去,只见那条裂缝,黑咕隆咚,深不见底,笔直地向两边伸展,这才意识到刚才的危险,不禁倒吸了一口凉气——如果掉下去,就会机毁人亡,粉身碎骨。

那天夜里,我们住在冰川上,感到极其孤独,极其寒冷,相伴的只有时断时续、时高时低的风声。我翻来覆去怎么也睡不着,老是担心身体下面的冰川会突然裂开,把我们吞了进去。在辗转反侧之中,我自然而然地想起了那份《生死合同》。

在从美国出发之前,除了进行严格的身体检查之外,麦金尼斯教授还递给我一份详细的表格,上面规定了如遭不幸尸体处置的几种可供选择的办法,要求详尽地填写由谁来处理后事、委托人与死者的关系以及他们的详细地址和电话号码等内容。他严肃地说:"你好好想一想,然后仔细地填写清楚。不用着急,过两天再给我。"

　　我细细地读了那表格,上面写得非常具体,对遗体的处置提供了两种选择:一是运回国内,二是就地掩埋。直到那时,我才认真地考虑起生死问题。

　　人总有一死,而且只有一次,但是想到死却不知会有多少次。例如,生病时会想到死,痛苦时会想到死,危险时会想到死,愤怒时会想到死,极度沮丧时会想到死,蒙受冤屈时会想到死,甚至看见别人死了的时候也会想到死。总而言之,死和生一样,在每个人的头脑中是会经常出现的。

　　但是这一次,身居异国他乡,又是远赴南极,我必须认真地加以思考,心中暗想:"连尸体的处置方法都要选好,这岂不就是在写遗嘱?而在美国,立遗嘱是一个非常严肃的法律问题。"

　　过了两天,当我把表格交给麦金尼斯先生时,他仔细一看,睁大了眼睛,吃惊地问道:"你真要做这样的选择?不是开玩笑吧?!"

　　"当然不是!"我认真地摇了摇头,"如发生不幸,请将我的遗体留在南极,但不要埋在土里,而要葬在冰里,越深越好。这样,我就可以躺在一个水晶棺里长眠,以净化自己的灵魂。"

　　他还是不相信,以狐疑的目光,两眼直直地盯着我。因为对美国人来说,要求把遗体运回国内,葬在自家的墓地,以便和自己的亲人在一起,是天经地义的。看着他迷惑不解的样子,我笑了笑,又进一步解释说:"您知道,在全世界几十亿人口当中,谁会有这样的机会,将自己的尸体葬在南极那片纯洁的冰雪里?那里既没有污染,也没有噪音,可以安安稳稳地躺在水晶宫里睡大觉。再过几百年,医学大大进步了,当人们发现我时,说不定还可以把我救活呢。到那时,我一定会到您的墓前去拜访。"说完,我忍不住哈哈大笑起来。

　　麦金尼斯无可奈何地耸了耸肩,苦笑着摇了摇头,将那张表格放到抽屉里,口中还念念有词:"真是不可思议。"最后,他又加上了一句,"只要你不后悔就行。"

　　"请放心好了,我决不会后悔。"我握住他的手,接着又补充了一句:"万一出了事,就是想后悔也来不及了。"

　　那是我平生第一次写下遗嘱。俗话说,破家值万贯。但是,我那时所有家当加在一起也不值几个钱。我并无财产可遗，但却有妻子和儿子，我们的感情还是不错的。然而，感情只对活人有用，对死者毫无意义。因此，我在家信中说："万一我出了事，希望亲人们能尽快把我忘记，努力去开创自己的新生活。"

现在，我面临着切实的生死威胁，反而觉得非常平静。正如战士那样，在上战场之前心情会非常紧张，等到枪一响就什么也不怕了。然而，我的脑海中，在反复思考着一个问题，就是为谁而死。

我们考察队一共有 7 个人，他们 6 个都是美国人，只有我一个中国人。由于国籍不同、文化的差异，我和他们思考的问题大不一样。当他们几个在津津乐道地谈论着南极石油前景的时候，我则在冷眼旁观，默默地问自己："如果找到石油也是美国的，与我们中国有什么关系呢？"

所以，我的心情总是矛盾的，有一种身在曹营心在汉的感觉。于是，我暗暗下定决心："如果能够活着回去，我一定要组织一支中国的科学考察队到南极来考察！就是死在南极，也是值得的！"为此，我收集了许多有关南极的资料，为将来所需做好准备。后来，我把这些写进了《南极历险》一书中。

一进北极

1983 年回国后，我本来想在业务上大干一场，却被调到所里做起管理工作，先是干了一年业务处副处长，后又成了人事处处长。业务不能干了，我便利用业余时间研究南极问题，发表了一些文章，出版了几本书，介绍南极的情况，呼吁考察南极。

1984 年，中国成功地进行了第一次南极考察，建起了长城站。我率队到南极考察的计划也就暂时搁置。

杨小峰是我在人事处的同事。非常感谢他和其他同事主动承担起大量烦琐的工作，使我能有更多的时间翻阅和分析关于南极的资料。

研究了几年南极之后，我自然而然地想到了北极："地球有两个极，中国人不能只知其一而不知其二。"1990年,我提出了一个课题,是关于"两极对比与全球变化"的研究,想把南极和北极加以对比,看看两极与全球变化特别是气候变化有什么关系。这个课题得到了中国自然科学基金会和中国地震局的资助和支持。1991年7月,我一个人跑到阿拉斯加北极地区进行了一个半月的综合性科学考察和研究,与当地的科学家和因纽特人进行了广泛接触。根据这次经历,我写成《北极的呼唤》一书。

通过这次考察我了解到,与南极不同的是,北极所有的陆地和岛屿都已经归属有关国家,只有个别海域还存在争议。北极具有极其丰富的自然资源,地球上25%的石油和天然气储存在北冰洋;而且,北极的资源已经被大量开发,美国最大的油田就在北冰洋边上。资源开发必然污染环境,而环境是全球性的,污染通过大气对流和海洋环流扩散到全球,我们国家也深受其害。更重要的是,北冰洋是隐藏核潜艇最好的地方,把核潜艇放到北冰洋的冰盖下面,卫星和声呐都没有办法探测到。而且,从北冰洋进攻任何一个北半球国家,距离都是最近的。例如,从北冰洋发射导弹飞到华盛顿,不用10分钟。同样的,从北冰洋发射导弹打我们的北京,也用不了10分钟。可怕的是,西方国家早就把核潜艇开进了北冰洋,而我们还没有进去,这是关系到我国生死存亡的大问题。南极没有人,北极却有大量的原住民,他们中绝大部分是黄种人。因此,对北极的自然科学、人文科学研究非常重要。

20世纪80年代之前,世界处于冷战状态,各国在北极的活动都高度保密,讳莫如深,国际合作绝无可能。到了80年代后期和90年代初期,国际形势开始缓和,北极事务越来越受到世界各国的关注。1990年8月,在北极圈内有领土的美国、加拿大、丹麦(格陵兰)、挪威、瑞典、芬兰和当时的苏联,以及在北极圈内有领海的冰岛8个国家,发起成立了"国际北极科学委员会",统管北极科学考察和研究。

由此可见,北极比南极重要得多,对我国以及整个世界的影响也要大得多。我心急如焚,扪心自问:"我国在南极落后西方几百年、落后日本几十年,难道在北极还要继续落后下去吗?"

我认为,当务之急是呼吁我们国家尽快进行北极考察。于是,我毅然决然地辞去了中国地震局地质所人事处处长的职务,四处奔走,极力推动中国的北极考察。

大声疾呼

杨小峰和刘小汉,是我最早的志同道合者。我虽然离开了人事处,杨小峰仍然主动帮助我,承担了许多繁杂的北极科考后勤组织工作。刘小汉虽然在中国科学院地质所工作,但我们的办公室相邻,因此我们常凑在一起,反复讨论,缜密策划,比如怎样给中央等国家机关写信、怎样与中国科学院和中国科协联系等。

从 1992 年 6 月开始,我在《科技日报》《人民日报》《中国青年报》《中国科协报》《北京青年报》《中国海洋报》《中国教育报》等主要报纸,以及《科学世界》《百科知识》《知识就是力量》《半月谈》《气象知识》《科技导报》等科普杂志上连续发表文章,介绍北极的情况,强调北极的重要性,倡导和呼吁国家尽快开展北极考察。

其中,1994 年 4 月 17 日的《科技日报》以头版头条刊登了曹乐嘉采访我的文章,题目是"谁肯提供一点钱,我就豁出一条命",在社会上引起了较大的反响与广泛的关注。

与此同时,我开始撰写《北极的呼唤》一书。关于书名,本来想用"独闯北极",后来考虑到撰写此书的目的是为了推动我国的北极科学考察,所以改用《北极的呼唤》。这是第一部由中国人亲临北极考察之后撰写的系统介绍北极的书。

但是,单靠几篇文章、一本书还不足以把北极的全貌及其重要性全面呈现出来,这样做影响也比较小。在一个会议上,刘小汉介绍我认识了刘健——又一个重要的志同道合者。一听说要考察北极,刘健便热血沸腾,坚决支持。经过协商,我们几个人决定,与河南海燕出版社合作,策划编写"神奇的北极"丛书,一共 6 本,刘健承担了全部费用。这套丛书于 1995 年 5 月推出,荣获第六届冰心儿童图书奖、第三届全国优秀儿童读物一等奖、第三届全国图书奖提名奖，并被推荐为 20 世纪科普佳作之一。

我们一致认为，北极科学考察是国家大事，必须得到国家领导人的理解和支持。经过与刘健、小汉、小峰和栓科多次研究、反复推敲，于 1992 年 10 月 30 日，以我个人的名义，给中共中央、国务院、全国人大、全国政协写信，提出了《关于开展北极考察研究的建议》，介绍了北极独特的自然环境、特殊的地理位置、丰富的自然资源、军事上的重要性，以及科学研究的重要价值。

1992 年 12 月 12 日，《科协情况》第 65 期（总 415 期）全文发表了我的《关于开展北极考察研究的建议》，详细介绍了北极的情况，全面阐述了北极考察的紧迫性和重要性。这篇文章报送给中共中央、国务院领导同志、全国人大常委会和全国政协以及有关部委（见附录二附件 1）。

后来我们意识到，国家比较困难，可能拿不出钱来。于是，1993 年 2 月 15 日，又以我个人的名义，以上述文件为附件，再一次给中共中央、国务院、全国人大、全国政协写信，题目是"关于组织深入北极点综合性科学考察的设想和建议"，就时间安排、路线选择、所需装备提出了具体设想，作了详细说明，并且明确提出可以由民间赞助解决经费问题。

我们的不懈努力，终于感动了苍天。这时又一个重要成员出现了，他就是中国科协学会部综合处处长沈爱民同志。在他的组织下，1993 年 2 月 23 日，中国地质学会、中国地球物理学会、中国生态学会、中国海洋学会、中国气象学会、中国地理学会、中国科学探险协会等联合发起，向中国科协提出了《关于成立北极科学考察筹备组的请示报告》。

1993 年 3 月 10 日，中国科协正式批复，同意成立北极考察筹备组，任命中国科协学会部部长林振申为组长，我和沈爱民、翟晓斌、李乐诗为副组长，另有 9 位组员，其中包括刘小汉。中国远征北极点科学考察，终于迈出了实质性的一步（见附录二附件 2）。

以此为契机，我于 1993 年 3 月 29 日第三次给中共中央、国务院、全国人大、全国政协写信，提出了《关于北极考察与全球变化研究的设想与建议》，就当今科学发展的几大趋势、北极考察的科学设想、北极考察的意义和建议四个方面，详尽地做了介绍与阐述。

　　1993 年 4 月 6 日下午,中国科协召开了北极考察筹备组成立的新闻发布会,并决定派出由我和沈爱民二人组成的北极科学考察先遣小组,奔赴美国阿拉斯加北极考察。这条消息上了当晚的新闻联播。两天后,我和沈爱民奔赴北极。

　　1993 年 4 月 11 日,中国科协在内部刊物《科技工作者建议》第 4 期(总第 191 期),刊发了我撰写的《关于组织深入北极点综合性科学考察的建议》,并且加了编者按:实地开展过北极地区科学研究的国家地震局地质研究所位梦华同志,曾于 1992 年 10 月提出《关于开展北极考察研究的建议》,受到有关领导和部门的重视,产生了一定影响。在此基础上与有关科学家反复磋商,进一步提出《关于组织深入北极点综合性科学考察的建议》,供领导参考。此文件报:中共中央,国务院,全国人大,全国政协(见附录二附件 3)。

二进北极

　　世事难料,人生如戏。离开北极一年零七个月零两天之后,我乘坐同一航班,也许就是同一架飞机,再一次来到了美国阿拉斯加巴罗镇。透过舷窗,往外观望,大地徐徐而至,飞机缓缓下降;只见银装素裹、风雪茫茫,海洋和陆地连成了一片,完全变成了另外的模样。“你好,北极! 你好,巴罗!”我怡神凝视,豪情激荡,心中默默念着:“我又回来了! 这次肩负着神圣的使命,为了一个更大的梦想!”

　　沈爱民同志因为有事先期返回。我在北极考察了一个多月,主要是探讨远征北极点的路线、可以承担的科学任务,以及野外装备、通信设施、人员训练、交通工具、可能遇到的危险和问题等。

　　巴罗有一个人,就是杰夫•卡罗尔,1986 年曾到过北极点。他非常热心,详细地介绍了自己的经验,并且把我带到冰上,亲自教我如何选择行进路线、如何观察天气、如何判断冰情、如何识别冰裂缝、如何造火做饭、如何烹煮食物、如何防止冻伤、如何架设帐篷,还利用他的狗队,耐心地教我如何驾驶狗拉雪橇、如何控制爱斯基摩狗的情绪,等等。最后,他还是不放心,又把1986年他们考察队的领队鲍尔·舍克先生介绍给我,建议我和鲍尔合作,因为鲍尔有着丰富的冰上生存经验和全套的经过实践检验的野外装备。

从北极回来的路上,我专门绕道威斯康辛州,跑到鲍尔家里,和他敲定了合作事宜。鲍尔建议,他组织一个美国科学考察队和我们同行,这样,不仅可以相互学习、相互照顾,还可以大大地节约经费。后来的实践证明,与鲍尔的合作是至关重要的;否则,我们很有可能全军覆没。

1993年6月3日,我以北极科学考察筹备组负责人的身份,飞到洛杉矶会见了我的好朋友、台湾著名歌星周华健的二哥——周伟健先生,向他说明了我们希望周华健支持大陆的北极科学考察并出席我们有关活动的想法。周伟健先生对祖国的北极科学考察热情支持、慷慨解囊,当场捐赠了300美元,并郑重地在信封上写道:赞助北极研究探险基金会,预祝位梦华大哥马到成功!落款是:周伟健和夫人张菲菲致意。这是北极考察筹备组收到的第一笔海外华侨捐款。后来,周华健出席了我们的新闻发布会(见附录一 位梦华:远征北极点日记)。

俞正声的批示

回到北京以后,根据两次考察的结果,我和刘小汉、刘健、杨小峰和后来的考察队队长李栓科等合作,以中国北极考察筹备组的名义,于1993年6月21日起草了《北极科学考察与全球变化断面研究的设想与计划》,建议在东经105°～120°之间,从赤道到北极点,用5年左右的时间进行多学科、综合性的科学考察,并且提出了具体的考察计划。6月24日召开了该计划的评审会,孙枢、马宗晋、周秀骥、陈运泰等院士和几十位有关领域的专家参加,大家一致同意并全票通过了这个计划。

1993年7月31日上午,筹备组在友谊宾馆科学会堂202会议室召开了第一次学术会议,邀请了美国北极科学家汤姆·奥尔波特博士做了北极考察报告,介绍了北极的科学研究状况,以及因纽特人的现状与面临的问题、北极资源开发的情况、北极的环境保护和野生生物保护问题等,并请北极考察专家鲍尔•舍克先生介绍了北极野外考察和冰上生存的有关知识和注意事项。

1993 年 11 月 23 日,国家科委召开了有中国科学院、国家南极考察委员会、解放军总参谋部、外交部、交通部等有关部委参加的座谈会,商讨有关中国北极考察的问题。我作为北极科学考察筹备组的代表参加了会议,并详细介绍了拟议中的北极科学考察计划和设想。这些计划和设想得到了与会者的一致赞同和支持,但关键是,经费从哪里来?

实际上,不仅是北极考察,就连北极科学考察筹备组的工作也没有任何经费。巧妇难为无米之炊。我只好与好朋友、北极科学考察的积极支持者和参与者周良同志协商,以中国北极科学考察筹备组的名义,于 1993 年 8 月 19 日从中国测绘工程规划设计中心(周良任主任)借了 3 万元,作为启动经费,答应 1995 年 3 月底以前归还(有借条为证)。

为了唤起民众对北极科学考察的关注,在青岛科协支持下,我在青岛水族馆做了一次《北极的呼唤》摄影展。那时候,俞正声同志是青岛市市长。我给中科院海洋所董金海副所长写了一封信,请他转呈俞市长,希望能得到俞市长的支持和帮助。1994 年 3 月 3 日,俞正声在信上做了批示:"友新同志(时任青岛市副市长),该同志的事业心和责任感令人钦佩。我市无法参与该项事业,但道义支持责无旁贷。请你和一位副市长代我出席摄影展。"(见附录二附件 4)。

给温家宝写信

南极和北极考察,虽然名义上是科学考察,但却涉及政治、军事、外交等方方面面,所以是一种国家行为。而中国科协只是一个民间组织,难以单独承担此重任。于是,中国科协于 1993 年 6 月 16 日向国家科委正式递交了《关于组织北极科学考察的报告》(1993 科协发学字 305 号)。

报告呈交后,迟迟没有回音。我便通过地震局领导转交给科委领导一封信,得到的回复是"当时主管科技工作的国务院领导认为,中国要有所为、有所不为,现在还不到考察北极的时候"。

可是我认为,中国的北极考察刻不容缓。国家没有钱,可以借助民间的力量。于是,我于1994年1月6日给温家宝同志写了一封信。那时候,他是中央书记处书记,分管科学技术(见附录二附件5:"位梦华写给温家宝的信"影印件)。

温家宝是我的校友,但我们并不认识,然而他的导师马杏垣院士也是我的老师。马院士是原北京地质学院副院长,后来到国家地震局当过副局长,是我的老领导。当时,他正是我们研究所的所长。我找到了马先生,叙说了我的想法。

马先生一听,毫不犹豫地说:"这是大好事!对国家和民族很有意义!我给家宝写封信!我从来不为个人的事情麻烦他,但这是国家的大事,请他给予支持!"于是,他大笔一挥,于1994年2月16日给温家宝同志写了一封信,并把我的信附上呈了上去。此信于3月2日到了中办秘书处,编号为中央传阅文件第403号(详见我的文章:《永远的老师》)。

1994年3月10日,温家宝同志在马先生的信上批示:"转请宋健同志并光亚、高潮同志参酌。"(见附录二附件6)

宋健于3月16日批示:"赞成由科协支持民间北极考察计划。由科协定。"

50天以后,即1994年5月6日,国家科委发出了《关于组织北极科学考察的复函》的正式文件〔国科函(1994)80号〕(见附录二附件6)。

中国科协的回应

1994年9月19日,由高潮同志主持,召开了中国科协四届书记处第45次会议,讨论和研究了三个议题,其中就包括组织北极科学考察问题。会议认为,北极科学考察活动非常重要,但涉及的问题很多,情况比较复杂,难度很大,开展此项活动要慎重,待时机成熟方可进行。

会议决定：根据国家科委复函,科协支持民间的北极科学考察活动,组织学术研讨,建立民间联系,协调各方专业人员,帮助筹集民间活动资金,提供咨询等。

这就明确排除了由官方组织北极科学考察的可能性。有的领导说:"这次北极考察,不用去北极,在国内开几个研讨会就行了。"

消息一传出,包括沈爱民在内,我们都很着急。首先,我们都很理解科协领导的心情。因为北极考察,确实存在一定的风险。而且,这次北极考察,并不是国家下达的任务,而是民间鼓动起来的,科协的态度是:多一事不如少一事,何必去冒这个风险呢?

但是,对我们来说,好不容易走到了这一步,面临着很可能要半途而废的局面非常沮丧。大家纷纷议论说:"在国内搞几个研讨会,坐而论道,纸上谈兵,算什么北极考察啊?"于是,我们又凑在一起,商量对策。

经过反复思考、仔细分析,大家一致认为,科协领导的为难情绪,除了来自科委的压力之外,可能与没有经费有很大关系。现在,我们是空手套白狼,领导心里没有底,怎么会不着急呢? 如果能有一笔赞助,我们有了底气,科协领导也许就会重拾信心,继续支持我们走出去。

拍摄专题片

可是,到哪里去拉赞助呢? 我们几个人觉得,还是宣传做得不够,对北极科学考察社会上还没有热起来;如果进一步唤起民众的热情,造成声势,有的企业也许就会找上门来了。

这时候,我忽然想起了一个人,就是浙江电视台的姜德鹏。我和姜德鹏的合作是从 1989 年开始的。我们一起策划拍摄了电视系列片《南极与人类》。通过那次合作,不仅片子获得了成功,个人之间也建立了友谊。当我告诉他:"地球有两个极,我们不能舍近求远只拍南极不拍北极。"

姜德鹏一听,立刻产生了极大兴趣,马上开始策划,很快就得到了浙江省委宣传部、浙江电视台以及浙江省电影电视厅诸位领导的理解和支持。

1994年8月16日,我们以中国北极科学考察筹备组的名义,与浙江电视台签订了协议,决定派出以我为总顾问、高克明为制片人和团长、姜德鹏为编导、史鲁杭为摄像的四人小组赶赴北极,合作拍摄一部电视专题片(见附录二附件7)。

摄制组于1994年8月26日出发,历时两个半月,行程87630千米,深入美国阿拉斯加、加拿大、格陵兰、挪威和芬兰等5个国家的北极地区,拍摄了大量宝贵镜头,共有长达2400多分钟的素材。这是中国电视工作者第一次深入北极地区获取的第一手资料,并以中国人自己的眼睛和头脑来观察和分析北极问题,因此具有重要的现实意义和科学价值,为正在启动中的中国北极科学考察事业起到了很好的推动作用,也为广大的中国民众对北极的理解、思考和感性认识,提供了一些生动的直观资料。

1994年11月,浙江电视台推出了专题片《世纪间的传递——北极探秘》,共20集,约400分钟。此片荣获中国电视1995年科普类一等奖和1995全国优秀电视节目评选一等奖。

中国科学院的坚定支持

1994年12月7日,在中国地震局地质所召开了有关新闻单位的记者通风会,介绍了北极科学考察的意义、重要性和筹备情况;共有13位记者参加,会上留下了他们的签名。与会者中就有张卫、孔晓宁、卓培荣、刘刚和杨茂盛等,他们都是后来北极科学考察的考察队员和中坚力量。

1994年12月14日,中国科协发布文件,调整了北极科学考察筹备组的人员和机构,我任组长,翟晓斌、沈爱民、李乐诗、刘小汉任副组长,杨小峰任综合部主任,刘小汉兼任学术部主任,翟晓斌兼任宣传部主任,张晓军任集资部主任,沈爱民兼任联络部主任。

1994年12月19日,调整后的北极科学考察筹备组致信黑龙江省委和省政府,提出了到松花江上集训的请求和计划,希望能得到省委和省政府的大力支持;同时,筹备组向有关单位发出了北极科学考察队员冬季集训的通知,并说明了考察队员的必备条件。

中国科学院一直在关注着这次北极科学考察的进展。有一天,时任中国科学院副院长的徐冠华专门把刘健、刘小汉和李栓科召到他的办公室了解情况。听完汇报后,他明确地指示说:"北极科学考察非常重要! 一定要搞成!"

1994 年 12 月 31 日,刮着大风,下着小雪,徐冠华副院长亲自出马,带领刘健、刘小汉、杨小峰和我,到科协大院登门拜访了科协领导、书记处书记刘恕同志。经过两个单位领导的反复讨论、缜密协商,最后确定了由中国科协主持、中国科学院组织,以民间赞助的形式来推动和完成中国首次远征北极点科学考察活动。

直到 1994 年的最后一天,中国首次远征北极点科学考察的名称和隶属关系,终于正式确定了下来。根据中国科学院和中国科协领导的指示,北极科学考察筹备组马上招兵买马,对前来报名的预备队员进行冬季训练。

冬训

早在 1994 年 12 月 19 日,中国北极科学考察筹备组就发布了《中国北极科学考察队员冬季集训通知》〔北科考发字(94-48)号〕,拟于 1995 年 1 月 18～28 日,在黑龙江进行冬季训练。届时由美国北极探险队资深队员就防寒防冻、自救互助等内容进行冰上生存、滑雪技术和通信技术等进行实地指导。由各单位选派适当的专业人员参加,国内路费自理。要求回执于 1995 年 1 月 5 日前寄出,并附上队员详细情况介绍。此事由杨小峰和李栓科负责联系。

通知中对报名的预备队员提出了七条要求:

(1)热爱极地科学研究事业,怀有对中华民族和全人类的使命感和义务感,具有集体主义和牺牲精神。

(2)45 岁以下,体魄强健,无慢性疾病,性格开朗,善于团结他人一道工作。

（3）具有中级以上专业技术职称或特殊专业技能。

（4）有基本的极端寒冷环境的生存能力，能吃苦耐劳，最好有过极地野外考察的经历。

（5）本人所从事的研究符合"中国北极科学考察规划"范畴，具有一定的极地科研经验，有较高的学术水平，并承诺向中国北极科学考察筹备组及项目资助机构提交具有相当水准的研究成果。

（6）本人所在单位有能力提供其野外考察仪器设备，并具有承担有关课题相应的室内研究经费及必要的技术支撑条件。

（7）具有较强的英语交流能力。

没有想到，报名的人非常踊跃，既有科研人员，也有新闻记者。情况复杂，人数很多，可把杨小峰和李栓科及我们所主动来帮忙的志愿者忙坏了。

南德赞助

1995年1月8日，我以中国北极科学考察筹备组负责人的身份，和时任南德经济集团总裁的牟其中签署了《合作协议书》，南德集团提供300万人民币，赞助中国首次远征北极点科学考察活动，包括冬季集训。

1995年1月9日，由中国科协、中国科学院和南德集团，在北京赛特大厦银梦厅，联合召开了中国远征北极点科学考察新闻发布会。时任中国科协的领导刘恕、中国科学院的领导陈宜瑜和南德集团总裁牟其中讲了话。台湾歌星周华健也出席了新闻发布会并在会上作了热情洋溢的发言，全力支持中国远征北极点科学考察。

就在这一天，中国北极科学考察筹备组发布了冬季集训安排的文件，明确提出了"中国科委批准，由中国科协主持，在中国科学院组织下，中国北极科学考察筹备组决定，于1995年3～5月组织'中国首次远征北极点科学考察队'，与美国探险队共同实施直达北极点的科学考察与探险活动。

筹备组将通过这次训练,选拔中国首次远征北极点科学考察队正式队员",并就组织机构、集训项目、参加人员、日程安排、冬训要求、队员纪律、经费管理等做了布置和说明;另外,任命李栓科为冬训队队长。当时计划选取中国首次远征北极点科学考察队集训队员 10 名,美国探险队员 8 名。

后来,报名的人数大大超过预先的安排,包括工作人员 6 人,科考队员 12 人,随队记者 13 人,还有在岸上的记者 7 人。

1995 年 1 月 18 日,集训队抵达哈尔滨,由黑龙江体委接待,住在五环饭店。在会议室里,我第一次看到了郑鸣。他站起来和我打招呼,铁塔似的,把我吓了一跳。此后我们之间几十年的友谊,就是从那一刻开始的。

1 月 20 日,在一个广场上举行了中国首次远征北极点科学考察队集训开营仪式。黑龙江省委和省政府非常重视,有关领导参加并讲话。后来出于礼貌,我请美国探险队的人讲话。鲍尔•舍克先生还没到,一个小伙子(名字忘记了)自告奋勇代表他。那家伙是个话痨,叽里呱啦,讲起来没完没了。刮着大风,天气很冷,我多次示意,请他打住,他也不听。

1 月 21~26 日,所有科考队员和随队记者都上了冰,在松花江上进行封闭式训练。我原以为,这些队员,特别是那些新闻记者,都在办公室坐惯了,到了这冰天雪地里,用不了几天,就会走的走、溜的溜,被淘汰大半。可是,大出我所料,一星期下来,包括两个女孩子杨亦农和史立红,竟然没有一个掉队的。倒是我自己,因为吃坏了肚子拉稀很厉害,而且在冰上无遮无拦,还有两个女孩子,实在没有办法,只好上岸休息了一个晚上,破坏了冬训的规定。我只好倚老卖老,大家也只好听之任之。

在所有这些人中,刘少创表现得最为突出。别人都累得筋疲力尽、东倒西歪,勉强支撑着,而他却嘻嘻哈哈,一路小跑,像玩似的,所以得了一个绰号"生猛海鲜"。

鲍尔•舍克先生,带领着他的队员,给大家讲解冰上知识,耐心地做示范。鲍尔确实厉害,在冰上滑行像飞起来似的。但是,智者千虑,必有一失,他也有失误的时候。有一天,他重重地摔了一跤,起来后满脸通红,很不好意思。他摔的那一跤,使我意识到,鲍尔尚且如此,我们进入北冰洋以后,一定要叮嘱每一个考察队员,务必格外小心,丝毫马虎不得。如果有一个人摔伤了,整个考察就会前功尽弃。

　　最感动的是最后一幕。一个星期走下来,所有人都精疲力竭、饥肠辘辘。大家终于可以上岸了。孔晓宁等几人跑到附近的村子,想找老乡买点东西吃。老乡们一听我们要去北极考察,马上烧火做饭,又是米饭又是菜,用两个铁桶装着,挑到了我们眼前。大家吃着热腾腾的饭菜,感激之情油然而生,纷纷表示要给老乡钱,可他们坚决不要。按理说,老乡们对于北极并不怎么了解,但他们知道北极科学考察是为了国家,所以慷慨解囊,把他们最好吃的东西拿了出来。真是,人同此心,心同此理,老乡们质朴的心感人至深,令人无法忘怀。可惜的是,当时没有记下那些人的名字,甚至连那个村庄的名字也想不起来了。

选拔队员

　　1995 年 2 月 8 日,中国北极科学考察筹备组向中国科协、中国科学院、南德集团以及筹备组的各位顾问书面汇报了冬训的情况,内容如下:

　　中国首次远征北极点筹备组组织中国首次远征北极点科学考察队的预备队员 29 人,其中科考队员 12 人、新闻记者 17 人,在松花江冰面上,模拟北极的情况,从 1 月 21 日到 26 日,全封闭式的,不能上岸,6 天5 夜,负重步行 130 千米,完成了预定的四大训练项目。这次冬训不仅检验了队员们的体能状态和心理承受能力,而且也检验了我们现有的野外装备;不仅为挑选首次远征北极点的科考队员提供了依据,而且还为下一步大规模的北极科学考察培养了骨干、储备了人才;不仅锻炼了每个人在极端艰苦和寒冷状态下的意志品质和适应能力,而且还检验了团队的整体素质和组织能力。这次冬训有力地证明,我们中国人有信心、有能力,完全可以深入北极中心地区进行实质性的科学考察。

　　在对冬训总结的基础上,中国北极考察筹备组还就中国首次远征北极点科学考察队的总体安排、人员组成、所需经费和组织机构做了说明。

1995 年 2 月 9 日,中国北极科学考察筹备组发布了《中国首次远征北极点考察队组队办法》。文件指出,本次考察队以保证完成北极科学考察规划的目标为前提,并以此作为人员安排、后勤保障诸方面的原则。由于经费及运输条件的限制,参加此次活动的人员很有限。鉴于此次活动的科学重要性和极端艰苦性,为保证本次活动的顺利开展,团队将由三部分组成,即北京指挥部、北极指挥部(设在加拿大的雷索鲁特)和远征北极点科学考察队。

再立生死契约

我这一辈子,作为正式的法律文件,签订过两次生死契约:第一次是为了去南极,第二次是为了去北极。

1982 年我在南极几经生死,幸运返回。13 年以后,我又面临着同样的问题。但这一次是我提出来的,每一个要去北极的人,必须签一份《生死合同》,而且必须由最直系的亲属签字。这确实有点残酷,因为这些队员,绝大部分都已结婚生子。只有效存德最年轻,还没有结婚。刘少创刚结婚不久,要妻子在这样的生死合同上签字,无疑是同意自己的丈夫去冒生命危险,这种情感上的折磨是常人难以承受的。但是,对极地考察的组织者来说,这是绝对必需的,因为风险极高,万一发生了不测,只能按法律办事。

附录二附件 13 是我的《生死合同》影印件,是经过法律公证的。与美国的《生死合同》不同的是,我们又加上了一条,就是死后尸体的处理方式,虽然给了三种选择,但那只是给家属的心理安慰,实际上只能就地掩埋,要运回国内是不可能的,因为这需要一大笔资金,我们根本就没有那样的经济实力。所以,当时有人挖苦说,我是一个老疯子,带着一群小疯子。如果我们真是疯子就好了,可以不必顾及后果,但我们并不是,头脑非常清醒。所以,我们每个人的内心都承受着巨大的压力。

机场送行的时候,刘少创和鲁丽萍小两口,默默无语,依依惜别,四目相对,目光灼热,但却充满了担心与焦虑。李栓科的妻子张佩燕,带着儿子来送行,当时只有 5 岁的儿子小枭,抱住爸爸的脖子恋恋不舍,不愿意让爸爸走,后来竟哇哇地哭了起来。作为考察队长的李栓科,深知自己责任重大,摸着儿子的脑袋说:"别哭!爸爸很快就会回来的!"作为妻子和妈妈的张佩燕,既心痛儿子,又担心丈夫,但又不能表露出来,只有强忍泪水,镇静自己的情绪,把儿子紧紧地抱在怀里,其内心的波澜是难以言喻的。在场的人无不为之动容。我的妻子李秀荣,面对记者的采访一时语塞,说不出话来。我赶紧出来打圆场说:"家事为小!国事为大!"这样,总算应付了过去,把夫人从"困境"中解救了出来。

登机的时刻到了。当考察队员和送行的亲人最终分手毅然决然地踏上征程时,我望着家属们用力挥动的双臂和泪光闪闪的面容,看着身边队员们坚定的脚步和高大的身影,内心涌起了一种庄严的感觉,却也似有千斤重担压在心头!我在心中默默地祈祷:"老天保佑!愿我们能完璧归赵,活着回来!"

刘　健

— LIU JIAN

向北,再向北

刘健,中国科学院地学博士,1986—1990 年在中国科学院自然资源综合考察委员会研究黄土高原土地资源。1993—1994 年获英国政府高级奖学金留学曼彻斯特大学。1991—2004 年在中国科学院资源环境科学局工作,历任助理研究员、副研究员和研究员等专业技术职务和副处长到副局长等行政职务。其间,曾于 1992 年赴南极考察,1995 年代表中国科学院组织北极科学考察。2002—2003 年在国际山地中心工作。2005—2010 年任联合国环境署·气候变化适应计划主任,政府间气候变化委员会(IPCC)副秘书长。现任联合国环境署·国际生态系统管理中心主任。

1995 年 5 月 6 日，一群志同道合的科学工作者和新闻工作者到达北极点，完成了中国首次北极科学考察，从而奠定了中国在北极科学界的地位，开启了中国民间资助科学考察的先河，推动了我国北极科学考察和建设的国家行为。今年是中国首次远征北极点科学考察 20 周年，我们考察队的各位难忘 20 年前的往事，因此大家商定执笔将自己的经历和感受写下来。我因当时在中国科学院工作，主要是负责极地科学研究相关的活动，因此参与的是北极科学考察筹备到后续的全过程，主要是负责科学院作为组织方的具体组织工作，以及与国际北极科学界的交流与合作。我这篇文章，因为时间关系，对事件的时间、地点等信息的把握可能有疏漏之处，还请各位补充、纠正并海涵。

因缘际会　加入一个有远见的战略团队

我于 1991 年由中国科学院国家计委自然资源综合考察委员会调入中国科学院资源环境科学局，在综合处负责中国科学院南极研究项目的立项工作。在立项和项目的实施过程中，结识了自己仰慕已久的极地和气候方面的科学家和中青年才俊，像刘东生、张青松、秦大河、刘小汉和李栓科等先生。当时，国家南极考察委员会下设南极科学委员会，科学委员会主任是当时的中国科学院副院长孙鸿烈院士。孙先生在 1998 年后成为我的博士生导师，当时我的另外一个职责是做他的秘书。其实，从 1991 年开始的这项工作，为我后来介入北极的事情奠定了一个良好的人脉基础。我在这项工作中结识的这些人带领我走到这条路上来，参与极地科考及其组织工作。1992 年，我有幸参加了中国第九次南极考察队。然后，我的兴趣从书本上读到的资料、听科学家讲故事，真正转到了极地知识的天堂里面。叶研先生称那个地方为"极地天堂"，如果你真的到了那个地方，你一定会发现此言不虚。

顺便提一下，还有两位科学家对我影响很大：一位是中国科学院大气所的高登义先生，他在气候大气方面特别是极地气象方面给我上了不少课，让我学到了很多东西；另一位是中国科学院海洋所的王荣先生，他教了我很多关于海洋生态、海洋科学方面的基础知识，这为我后来参与、组织中国首次北极科学考察奠定了一个良好的知识基础。秦大河院士后来成了我们的局长，当时他在南极科学考察中已取得很大的成就。他的事迹对我的鼓舞，也是我坚定信念，支持这一批科学家完成北极科学考察这一重要任务不可或缺的因素。

1993年，印象中是刘小汉先生介绍我认识了位梦华先生。位梦华先生20年前和现在一样，不紧不慢但很有战略思维，也是一个很有远见的科学家。他对当时我国极地考察的状况有自己的看法，认为当时我国南极的考察工作搞得很好，参与的人多，经费投入也多，然而国家对于北极地区——这个对我国的气候、政治、经济、军事、环境各个方面影响最大最直接的区域却研究甚少。当时中国已经成为一个世界性的大国，一个区域性的强国。基于这样的认识，我介入到北极考察的部分筹备工作。比如说，协助位先生还有我们科学院资源环境科学局促成了美国阿拉斯加州巴罗（北美大陆最北端的村镇）和中国科学院资源环境科学局的合作。我记得，当时巴罗接受了中国科学院海洋所董金海先生的博士生祝茜在那里研究弓头鲸的成果，成果发表得也很好，而且为当地的因纽特人定量捕猎提供了很好的科学基础。另外，中科院大气所邹捍博士在挪威的工作、张青松先生在阿拉斯加地区的工作，都为我们后面组织北极科学考察，特别是北极点的科学考察奠定了很好的基础。

值得一提的是，我之前从不写科普类读物，参与北极科学考察的筹备工作也是我涉猎、撰写科普读物的开始。位梦华先生和河南郑州的海燕少儿出版社组织编写了一部"神奇的北极"系列丛书，我当时被指派撰写其中的一本《未来与北极》。1993年9月，我因到英国的曼彻斯特大学去做高级访问学者，只能匆匆完稿，然后把草稿交给了刘小汉先生，在他手下的一位得力助手徐文立女士的帮助下完成了后续的工作。另外，我也特别感谢海燕出版社的王舒妹女士，作为这一本书的责任编辑，她的专业水平、敬业精神和责任心令人折服，让这本书得以跟广大读者见面，确实不易。

到英国曼彻斯特大学虽然留学仅一年，但我却时时挂念着当时已经逐渐成形的北极科学考察筹备队伍。当时,位梦华先生和刘小汉先生在我行前向我交代任务,因为我们特别需要跟北极科学界建立起有效的联系,因此我去英国留学也是带着两位先生交给我的任务走的,后来证实我算是不错地完成了这个任务。

未雨绸缪　首次访问国际北极科学委员会秘书处

1993年9月去英国之前,我与位梦华先生和刘小汉先生设定的中国首次北极点考察的目标之一,就是使中国在北极科学界有一席之地,其中主要的标志是加入国际北极科学委员会。我利用在英国曼彻斯特的便利,趁受挪威南森研究所邀请进行学术交流的机会,于1994年4月由曼彻斯特飞往奥斯陆。当时去奥斯陆还有另外一个目的。因为我们已经想到中国以后会在北极建站;而北极和南极不一样,其领土都归各个国家所有,北极领土为8个国家所属;在什么地方建站、哪个国家可以接纳我国在北极建站,这也是我到挪威考察要解决的问题。

在结束了与南森研究所的学术交流之后,我花了相当多的时间去拜访国际北极科学委员会(IASC)的秘书长奥德·罗格那(Odd Rogne)先生。当时他也是挪威极地研究所的所长,是一位在国际上非常有声望的科学家。他首先对我来访表达中国有意加入国际北极科学界的愿望表示非常真诚的欢迎。之后,他非常详细地介绍了国际北极科学委员会及其成员国的状况。当时还没有北极理事会(Arctic Council),国际北极科学委员会实际上是环北极国家的一个科学家合作和交流的平台。各国通过这个平台,通报各自开展研究工作的情况,探讨在环北极地区开展国际合作的计划并做了很多事情,包括筹资申请欧洲和其他有关方面的资金及进行北极地区的科学研究。国际北极科学委员会关注的重点,当然也是全球气候变化对北极地区影响的问题。另外,环北极地区有很多原住民,像因纽特人、楚科奇人、萨米人和鄂温克人等。当时,人和环境的相互作用也是他们研究的主题之一,这里面有一个很重要的背景就是气候变暖问题。他介绍了这一情况后，我重点跟他探讨了中国作为一个北极圈外的国家有没有可能加入国际北极科学委员会，以及成为其成员国的门槛是如何设定的、主要的指标是什么。罗格那先生回答说，有两个很重要的指标：一是要有5年以上的连续研究工作并发表文章，这是一个硬指标；二是有组织的、大规模的科学活动。

　　我想，我们那时候已经有了一部分科学储备，也有一些文章发表了，像我前面提到的张青松先生在北极阿拉斯加地区进行的古气候的研究，祝茜在巴罗进行的弓头鲸的研究，中科院大气所高登义先生领导的团队包括邹捍博士在挪威的卑尔根大学进行的气候和气象方面的研究等，都有了一些积累，也发表了一些文章，但是有组织的、大规模的科学活动我们还没有。所以，这就是为什么说1995年的首次远征北极点的科学考察，实际上把我国加入国际北极科学委员会的日程提前了5～10年的原因。后来，罗格那先生还详细介绍了申请程序，申请书的写法、格式，附件及如何准备，等等。我是1994年4月访问罗格那先生的，1995年我们完成了北极科学考察，1996年4月中国在德国不来梅港加入了国际北极科学委员会，前后整整用了两年！

　　关于中国能不能在北极建站的问题，我和罗格那先生也做了非常详尽的探讨。北极地区包括北冰洋，是分属八个环北极国家，即加拿大、美国、丹麦、瑞典、挪威、芬兰、冰岛、俄罗斯，所以这个地方的领土是各有其主的。北极不像南极，国际上不承认任何一个国家对南极拥有主权。所以，中国要是想在北极建站，是建在某个国家的领土上。那么，哪儿是最有可能建站的地方呢？罗格那先生的建议是建在斯瓦尔巴群岛，约北纬78°的挪威领土上。这个岛在20世纪初是挪威和俄罗斯之间有争议的一个地方。后来，挪威政府提出了《斯瓦尔巴条约》，条约规定这个岛属于挪威领土，凡是条约的签字国，只要承认这一点，就有权在岛上进行科学考察、打猎、开矿和其他符合挪威法律的任何形式的活动。后来，以西方列强为首的40多个国家，第一批在上面签了字，这实际上在某种程度上化解了挪威和俄罗斯的争端，也是一个和平的解决争端的办法。现在到斯瓦尔巴群岛上去是不用签证的，可以自由登岛，这个群岛变成了一个国际上公共的地方。其实，我 1994 年访问挪威极地研究所的时候，就已经有包括英国在内的很多国家在那里建了站。我在奥斯陆见到了英国在岛上工作的科学家，也向他们询问了相关的情况。

1925 年，中国正处在北洋政府时期，统治者是段祺瑞，当时北洋政府就在条约上签了字。这样，中国在斯瓦尔巴群岛建站就有了法理依据，这实际上是前人留给我们的一份外交遗产，后来我国在该岛建立了黄河站。我回国之后，又在北京和国家有关部门，包括我国科学院一起，和挪威大使馆通过外交途径就建站问题探讨了很多次。所以，当时这次访问是做了两件事：一是为中国加入国际北极科学委员会开了一个头，二是为中国黄河站在斯瓦尔巴群岛上落成起了一个头。

现在回想起来，我当时仅是一个 34 岁的年轻人，冒昧地"代表"中国科学院做这些事，在外人看来可能和我的身份不十分相称，谈话的对象也是不对等的。我当时是科学院的一个项目官员，也就是一个办事员，而罗格那先生是极地研究所所长，又是国际北极科学委员会的秘书长，在国际上非常有声望。我现在回想起来仍对这件事诚惶诚恐，也感怀罗格那先生的宽容大度和对中国的友善。后来在中国正式加入国际北极科学委员会之后很长一段时间里，我和罗格那先生始终保持着业务上和个人之间的联系。

精心筹备　千难万难始成行

1994 年 10 月我从英国曼彻斯特回到北京，这时中国科协已经成立了北极科学考察筹备组，所有活动以筹备组的名义来进行。当时的国家科委（就是科技部的前身），批准了开展民间北极科学考察活动的申请。在这一年里，位梦华和刘小汉先生及其他同事已经做了大量的工作。回来之后，我又重新加入团队，担负起筹备组与科学院协调局的沟通协调工作。我们很荣幸也很幸运的是，徐冠华院士被任命为主管科学院资源环境工作的副院长。当时中国科学院的资源环境工作，处于一个比较低潮的时期。徐冠华院士是继孙鸿烈院士之后，另一位主管科学院资源环境工作的副院长。他出于对国家科学发展的战略考量，以中国与全球关系的远瞻性战略眼光，认为中国科学院作为科学技术力量的国家队，在定位方面不能有偏差。他排除干扰，大胆决定支持北极科学考察，并主动与科协和科委的领导进行协调，决定由科学院来组织这项工作。当时经费很少，大家都没有钱。1994年12月中国科学院投入20万人民币作为考察启动资金，并指定刘小汉先生和我具体落实考察计划。之后，我配合位梦华、刘小汉以及中央电视台杨伟光等同志，还有科协、科委以及新闻界和中国科学院有关研究所，进行了大量的沟通和协调工作。1995年1月9号，徐冠华副院长、中国科协书记刘恕共同发布要举行中国首次北极科学考察的消息。

1995年3月21号，由科学院协调局发文成立了组织机构，位梦华先生担任总领队；我任副领队，负责科考与外事工作；李栓科任队长；刘小汉任北京办公室主任；沈爱民出任考察队的副领队。这里还应该提到一位科协的工作人员即翟晓斌，他是考察队的政委。

发文指示我们积极准备择日出发。当时最大的挑战是赴美国和加拿大的签证。在时间很紧的情况下，通过中国科学院国际合作局的努力，批准了第一批22人去美国的签证申请获准，这批人于3月27号出发。拿到这个签证在当时是很困难的。所以，我记得当时国际合作局的三位同事：郑健先生——他是签证处处长、陈荣先生和张雅君女士，几乎是在两天之内创造了奇迹，使我们拿到了赴美签证。

1995年3月24日，中国远征北极点科学考察队正式成立。3月26日凌晨，在天安门广场举行授旗仪式，由国旗班授予中国远征北极点科学考察队一面五星红旗。3月29日，首批队员19人，位梦华、李栓科、李乐诗（中国香港，女）、效存德、刘少创、赵进平、牛铮、方精云、毕福剑、张军、郑鸣、沈爱民、孔晓宁、张卫、王卓、智卫、吴越、孙福海、刘宏伟启程赴美国、加拿大进行冰雪训练和狗拉雪橇训练。值得一提的是，1995年1月，我们也在松花江的江面上进行了初步的训练。4月22日，我和翟晓斌、卓培荣、叶研、刘刚、王迈飞赴美国，与首批队员在美国的伊利小镇会合，23日到达加拿大康沃利斯岛的雷索鲁特基地。上冰队员飞往北纬88°的北冰洋冰面。至此，中国首次北极科学考察的筹备和启动工作结束。

殚精竭虑　居中协调雷索鲁特

　　1995 年 4 月 22 日到了雷索鲁特基地之后，我就变身成了基地指挥，主要负责与加拿大、美国方面联系，保障后勤，包括与雷索鲁特当地村子、机场、国内等几方面的联系。我们向国内办公室的刘小汉主任、科学院协调局随时报告情况。刚到达雷索鲁特基地后的场面有些混乱，原因是大家都期望能首次上冰。我们前后两批一共 25 名队员，第一批 19 人，第二批 6 人。这 25 名队员谁能够上冰需要做出选择，最终只能 7 人上冰。我们当时定的大原则是科学家优先，因为我们是代表中科院去做考察研究，科学家肯定是上冰的优选，所以位梦华、李栓科、效存德就被选中上冰了。效存德那时候很年轻，只有 25 岁。另外，我们还要记录这一事件，所以中央电视台的记者毕福剑、张军就跟着一块去了。当然，考察的话不能没有 GPS 定位和导航，刘少创当仁不让，他是这方面的专家。当时对冰上队员的组成确实也有一些争议，一直持续到后来在北纬 89° 还在调整。总起来说一句话，在资金有限的情况下，首先要考虑的是使国家利益最大化。

　　考察一开始还比较顺利，天气也比较好，但由于天气变暖，中间发生了一件比较严重的事情：考察队被一个巨大的冰裂缝挡住了去路。这个冰裂缝有三四十米宽，无法知道有多长，因为在北冰洋上一眼望不到边，也不知道怎么绕过去。那几天是很难熬的，一方面是前方遇到了这样大的冰裂缝，前进不了；另一方面是雷索鲁特基地遭遇大雾，飞机无法起飞。这就意味着前方的给养包括人的食品、狗的粮食以及燃油等都送不上去。时间短还可以，时间长了的话就很紧张。到了第三天，前方报告说，狗粮已经吃完了，现在已经开始分享人吃的东西。我们尽量争取，跟机场方面做了大量的工作。最后机场方面同意在大雾弥漫的情况下继续向前方输送给养。当时没有像卫星电话或者手机这样方便的通信设备，实际是微波接力。等我们飞机上天之后，传回来的消息说考察队已经过了冰裂缝。因为冰裂缝是漂移的，慢慢地冰裂缝就合上了，所以考察队得以通过。这时，我们的给养也到了，考察活动可以顺利进行了。

第二件事情是根据人员的身体状况和考察的整体需要进行人员替换。走到北纬 89°的时候，队员已经在冰上走了 100 多千米，非常艰苦。当时队里唯一的女士李乐诗是一位非常热心极地事业的香港人，南、北极不知道跑了多少次，为这次北极科学考察也倾注了大量的心血，所以我们安排李乐诗女士在北纬 89°上冰。我和总领队位梦华都担心她的身体状况和安全问题，包括基地办的刘小汉主任也很担心，出了事情无法向香港同胞交代，于是没有让她上冰，而由中国科学院海洋所的研究员赵进平继续走向北极点，这样也方便做一些考察工作。

另外，中央电视台派了一个很大的拍摄队伍，其中毕福剑和张军在冰上，但只有张军有航拍经验。我们希望张军能够执行航拍任务，即记录下到达北极点的镜头，为此就商量把张军换下来，把哈尔滨电视台的郑鸣换上去。

这就是在北纬 89°做的两个调整。后面的调整相对比较容易，大家都理解是任务的需要。而李乐诗女士未能上冰，可以说给她本人留下了一个遗憾。她是一个个性非常强、非常有献身精神也很敬业的女士，有很强的爱国、爱港情怀。她这次说得很明白，她不仅代表中国，而且代表中国香港来做这件事情。所以，她被换下来的时候大概有两三天情绪不佳，一直需要有人做思想工作。作为基地的指挥，我也应该为她的遗憾承担相当的责任吧。

除了 7 位上冰的队员之外，另外 18 个人一方面在雷索鲁特基地周边做考察，一方面与当地的研究部门做一些交流。例如，牛铮是做遥感的，就跟当地的遥感部门对接；方精云是做生态的，他在周围做了一些生态取样的工作。我们的记者很多时候会放下手上的工作帮搞科研的队友去野外做一些事情。另外，前方发回来的任何消息，他们都要及时撰写成新闻稿发回国内。

队里很多人是第一次出国，大部分人不会说英文，也不太懂当地的规矩，所以有时会犯一些小错误。雷索鲁特机场很小，没有铁丝网和围墙，对此我们并不了解。有一次,队员们在野外考察回来的路上就从机场跑道上穿了过去。后来警察过来找我问话,我虽然解释清楚了,但因为这件事情,我的名字还是上了加拿大的黑名单。现在想来在机场跑道上走路确实很危险。

还有一件事,我们用二锅头换当地居民的北极熊的熊头。当地居民是因纽特人的后裔,非常喜欢喝白酒和烈性酒,但有一个致命的问题是他们喝醉之后回不了家,会睡在外面,因当地气温很低,很容易被冻死,所以,当地的法律是禁止饮酒的。当时我们有一个队员用三瓶二锅头换了一个熊头,这件事也引起了一些波澜。总体来说,当时前方在进行科学考察,后方基地则发生了一些小插曲。

5月5日,我们收到考察队的消息,知道他们快要到达北极点了。5月6日我们组织飞机从雷索鲁特基地北纬74°起飞,飞到北纬90°,也就是北极点的地方,把考察队的人和狗拉雪橇全部接回来。所有的准备工作看起来一切顺利,我们的飞机降落在北纬82°加拿大最北边的一个叫埃斯梅尔基地的地方,在那里加油修整,以便继续往北极点飞。起飞的时候一切都正常。我坐在飞机副驾驶的位置,后面有很多记者,此外还有另一架飞机,搭载着我们另外的一些队员,另有几架空的飞机,去接冰上的队员、狗拉雪橇和装备,总共大概有五六架飞机。

从埃斯梅尔起飞大概20分钟后,飞行员告诉我不好了,出问题了,你们队员搭乘的另一架飞机漏油,问我怎么处理。我问漏油是不是很危险的事情,飞行员说是的。我问他按照你们的规矩应该怎么做,他说必须立即返航,我说那就按你们的规矩做吧。很遗憾,我们有一部分队员像沈爱民、张卫、李乐诗女士等,都在那架飞机上,都很想去北极点看一下,但没去成。

最激动人心的是我们的飞机到达北极点的时候。还在飞机上时,我们就得知冰上的队员已经到达了北极点;下飞机时见他们正把五星红旗插在北极点上,我们非常激动。1995年5月6日,是我们这一伙人"找不着北"的日子——因为站在北极点上,就没有"北"可言了。我们实现了自己的夙愿,成功地完成了中国首次远征北极点科学考察任务,把五星红旗插在了北极点上。

首次远征北极点科学考察队的大批人马，在全部返回雷索鲁特基地之后，由雷索鲁特乘包机飞到加拿大的温尼伯，在那里稍作休整，和支持我们的美国、加拿大的朋友道别，之后大家就分头回国了。大批人马随总领队位梦华老师回国；我是副领队，在那里做收尾工作。

中国科学院作为这次活动的组织方也给各个队员提供了很多支持。因为当时徐冠华副院长调任科技部副部长，考察中间大量的领导工作实际是后来接替他的陈宜瑜副院长和资源环境局的局长秦大河院士做的。这次考察的成功应该感谢很多人，我们在有关部门的支持下，踏踏实实、有条不紊、科学有序地完成了任务，还取得了一些科研成果，为后来的研究打下了基础。这也得益于陈宜瑜、秦大河两位领导在后台的支持，他们自始至终都默默关注和支持这件事情。

大部队回国时，在北京机场举行了欢迎仪式，由陈宜瑜副院长作为代表中国科学院正式邀请各个方面的人员，包括中国科协、提供赞助的民营集团代表，还有从头到尾支持这件事情的社会各界朋友，共聚一堂，还在科学院的小白楼餐厅给我们举行了简朴但是热烈的欢迎仪式和晚宴。席间，令我印象最深的就是陈宜瑜副院长端了三杯酒对我说："刘健，我敬你三杯，你代表科学院把 25 个人带出去又给我好好地带回来了，我要感谢你。"一句很朴素的感谢的话，让我深深地感到了陈副院长在我们考察期间夙夜忧思、日日夜夜都在挂念着我们前方队员的心情。

初出茅庐 新罕布什尔的亮相

之后，我们加快了申请加入国际北极科学委员会的进程，我又开始和国际北极科学委员会秘书长罗格那先生联系，并开始做大量的准备工作。其间，刘小汉先生和他的团队牵头收集相关材料，将大家过去五年来发表的关于北极研究的文章和本次考察取得的初步数据和资料汇集成册，并由我起草了中国加入国际北极科学委员会的申请书。

1995年12月,中科院秦大河院士作为团长率领代表团赴美国新罕布什尔参加国际北极科学大会,成员有我和刘小汉、张青松、赵进平等人。这次会议,我们成功地完成了有关任务。一是在大会上我们尽管没有专题发言,但积极参与了讨论;二是我们专门举办了中国北极科学考察活动的专场边会,邀请了国际北极科学委员会的主席、副主席以及执行局的各位委员和秘书处的相关人员来听我们的报告,与他们进行了极其充分的交流,让他们确实了解到我国作为北极圈外的国家是真正有资格加入国际北极科学委员会的。

首战告捷　不来梅港圆梦

1996年开始,随着国家科技体制改革,我们这次民间考察活动正式由国家海洋局极地办公室来接管,包括后面申请加入国际北极科学委员会,也是由中国科学院和国家海洋局联合进行的,国家海洋局极地办公室主任陈立奇、中国极地科学研究所所长董兆乾、中国科学院秦大河和我作为联络员。1996年4月,在德国不来梅港召开的国际北极科学委员会年会上,我们正式向大会提出了申请。委员会经过讨论,正式接纳中国作为国际北极科学委员会的成员国。我们是加入国际北极科学委员会的第一个发展中国家,也是第一个北极圈外的国家。这为后来我国正式参与国际北极科学活动,特别是在斯瓦尔巴建立黄河站;为我国正式成为国际北极委员会的观察员奠定了一个特别好的基础。我认为这件事是非常有意义的。

20年过去了,回顾中国首次北极科学考察活动,我觉得有三个方面的重要意义。一是与我们现在的一些战略相比,中国人的眼光已经投射到全球,北极的事情远不是想象得那么简单,这里面有很多对国家有利的事情。我们当时做的这件事情为中国走向世界,为中国在国际上的科技合作开了个头。二是我们首次尝试了民间支持科学考察、民间支持科学研究的可行性。我觉得,后面还有很多这样的事例,我们不敢说是领风气之先,但是在20年前能做成这件事情还是要感谢提供赞助的民营企业南德集团的。三是科学界和新闻界这种整合,这种紧密无缝的结合是十分可贵的。新闻界不仅是简单的宣传报道,而是积极参与到科学考察活动之中,这也是一件很了不起的事情。当时参与的记者都特别专业、敬业、实事求是。我在这段工作中得到了他们很大的支持,向他们表示诚挚的感谢。

刘小汉

LIU XIAOHAN

首次北极点
考察随想

刘小汉，1968 年北京 101 中学毕业，赴西藏上山下乡。曾在可可西里地质队钻井队当过学徒工，后被推荐到成都地质学院当工农兵学员。1978 年考取中科院地质研究所张文佑院士的硕士研究生，同年考取"文化大革命"后首批国家公派留学生。在法国获得硕士、博士学位后，回到中科院地质所从事构造地质领域的研究。1984 年参加了我国首次南极考察，荣立二等功。1995 年首次北极科学考察时任北京联络部总指挥。2003 年参与组建中科院青藏高原研究所，现任该所研究员。参加并承担国家多个项目的研究工作。

时光荏苒，首次北极科学考察已经过去了20年。这毕竟是一个大事件，它为祖国的科学事业做出了巨大贡献，许多参与这次考察的年轻人也因此改变了人生的道路。我想，我们今天有责任认真回顾这个事件的过程、意义、经验和教训。这不仅是对历史的严肃交代，更是为了祖国的明天，为了我们子孙后代生活得更加美好。

20年前，一群年轻人徒步滑雪到达北冰洋中心——北极点，完成了中国首次北极科学考察壮举，把五星红旗插在了北极点的海冰上。

第二年，中国正式加入了国际北极科学委员会。也就是说，在中国首次南极考察10年之后，这群年轻人把中国推进了北极国际俱乐部。他们中的科研工作者在极其艰苦的条件下取回了重要的科学数据，率先在物理海洋学、极高纬度遥感、环境本底与环境保护、地理地貌、雪冰研究等学科领域进行了高水平的科学研究。这些人今天已经成为国家北极、南极研究的骨干科学家，其中有的已经被评为中国科学院院士（如方精云院士）。效存德研究员当年踏上北冰洋冰面时，是秦大河院士的一名25岁的硕博连读研究生，而今承担着若干重要的国际、国内科学领导任务，如世界气候研究计划/全球能量与水分循环实验（WCRP/GEWEX）中国委员会副主席、国际冰川学会（IGS）理事、国际冰冻圈科学协会（IACS）副主席、世界气候研究计划/气候与冰冻圈（WCRP/CliC）计划专家委员会（SSG）委员、格陵兰NEEM深冰芯计划的中国国家代表、中国第四纪科学研究会理事、中国地理学会冰川冻土分会理事、冰冻圈科学协会中国国家委员会（CNC–IACS）执行秘书长、气候研究计划–气候与冰冻圈计划中国国家委员会（CNC–CliC）执行秘书长、《冰川冻土》《第四纪研究》《气候变化研究进展》《极地研究》及*Advances in Polar Science*、*Science in Cold and Arid Regions*学术刊物编委等。首次北极科学考察时，效存德对北冰洋中心地带海冰上覆积雪密实化作用和雪层剖面特征开展了系统性观测研究，揭示了北极大气水汽自南向北逐渐降低及深霜层普遍存在于雪层的事实。最近10年来的后续研究表明，在全球变暖条件下水汽来源与雪层剖面特征发生了显著变化，局地水汽的比重变大，北极雪冰特性向更加脆弱的方向发展。他揭示了有毒重金属元素铅（Pb）、铬（Cd）等自加拿大北极区域至北极点的浓度变化，并给出了源解析，显示越接近极点浓度反而越高（与常人预想相反），源解析认为主要污染源在欧亚大陆一侧。近10年来的后续研究和别人研究，进一步证实了我们当初的结论。效存德对北极中心地带雪冰化学及电导率的研究还显示了其在全球雪冰化学空间格局中的位置，部分研究结论入选 Springer 于2011年出版的《雪、冰与冰川百科全书》。

随队的媒体人与科学家们一起摸爬滚打，首次向中国观众直接、详尽地介绍了北极科学考察的艰苦历程，介绍了北极地区的自然环境和风土人情，把中国公众的目光引向遥远的北方地平线。4年后，国家海洋局派出"雪龙"号破冰船进行了北冰洋综合科学考察，开启了中国大规模成系统的北极科学考察活动，南极考察办公室也正式更名为极地考察办公室。

是的，中国科学进入北极这样的历史大事件，是一群年轻的小人物成就的。也许历史都是这样，当年万马齐喑的旧社会，一小群信仰共产主义的青年知识分子，为着理想舍命奋发。他们呐喊呼吁，发动贫苦农民和工人一起改变世界。他们前赴后继，流血牺牲，仅仅几十年，就创造了当今世界的最大品牌——中华人民共和国。

当年的那群年轻人来自祖国各地各部门，包括中国科学院、中国地震局、中国科协、新华通讯社、人民日报、中央电视台、中国青年报、哈尔滨电视台、工人日报等。他们行业不同、秉性各异，但都有一种共同的性格：热爱我们的国家和民族，具有强烈的责任感和使命感。他们一听说要组织首次北极科学考察，为国家争光，立刻热血贲张、奋勇前行。

这群人的头儿是位梦华教授，他是队伍中年龄最大的，也是多次参加南极、北极野外考察的科学家。他具有丰富的极地野外工作经验，不达目的绝不退缩的强韧毅力，忍辱负重的精神品质，以及行云流水般的组织力与领导力。还有一位香港爱国企业家李乐诗女士。她曾与我一同参加过中国南极第7次考察队，穿越西风带的狂风巨浪，在南极大陆拉斯曼丘陵的冰雪山野中艰苦作业。后来又多次参加过珠穆朗玛峰、塔里木、罗布泊等地的野外探险活动，是国内外有名的探险家和科普作家。

首次北极科学考察是民间组织开展的活动，没有其他的经济和后勤保障,因而道路极其艰难曲折。但这些年轻人义无反顾,连牺牲性命都在所不惜,他们在北冰洋的冰天雪地中喘着粗气一步步艰难行进,极度疲劳,极度寒冷。天苍苍,雪茫茫,坎坷冰路向远方。那里是绝无救援机会的环境,几乎所有人都不同程度地冻伤、摔伤。狂怒的暴风雪,凶险的海冰剪切带,他们好几次死里逃生。我相信他们内心深处也会有恐惧,也会有后怕,可是与五星红旗相比,与祖国的科学事业相比,他们永远矢志向前、绝不回头。他们是英雄,是真的英雄!

我有幸参加了中国首次科学南极考察,参与了中国南极长城站的建立,使中国昂首挺胸进入南极条约组织和国际南极研究科学委员会。之后几年间,我常常琢磨,既然我们在南极站住脚了,那么也应当尽快开展北极考察,在国际北极事务中取得发言权,更好地维护国家民族的权益。何况,中国本身位于北半球,北极自然环境变化对中国的影响更加直接,北极事务与中国经济发展和国家安全关系更加密切。一个偶然的机会,与隔壁办公室的位梦华老师聊起这些想法,才发现他不仅也有同样的想法,而且想得时间更长、更急迫、更周密、更成熟。两人真可说是志同道合、相见恨晚。于是,我们紧锣密鼓地商量如何推进这个大事业,如何宣传扩大影响,找谁汇报请示,以求得到国家的支持,使行动尽快官方化。随着一批批热心朋友的加入,中国首次北极科学考察的酝酿、筹备工作逐渐形成规模。

俗话说,世间第一难事是求人。可要想成就这件大事,我们只能四处求告,恳请领导和组织的支持。大部分领导干部是热心支持北极科学考察活动的,其中印象最深的就是时任中科院副院长的徐冠华院士。我们刚向他汇报了没几句话,他立刻看出这个活动对于改革开放中的祖国科学事业具有巨大而深远的意义,马上表示全力支持,甚至连夜带着我们拜访相关部门的关键领导人。徐院士无保留的支持,给了我们巨大的动力,我们甚至感到瞬间就和他成了朋友。我捉摸,也许在他眼里,我们这批年轻的小人物虽然有些不安分守己,但确实是一批浑身充满正能量的好人,想努力做成一件对国家有利的大事。之后不久,中科院下拨了 20 万元作为首次北极科学考察的筹备工作经费,这是我们收到的第一笔经费,可谓久旱逢甘霖。这期间,中国科学院地质研究所和国家地震局地质研究所提供了各种工作便利。最终,在中国科学院、中国科协、国家科委等领导机构的有力支持下,正式成立了中国首次北极科学考察筹备组。

名正了,言顺了,可是由于当时国家经济状况的限制,没有办法拿出合理的经费支持首次北极科学考察。尽管有许多领导支持,但是由于职能范围所限,不可能随意划出一笔经费,支持也就只能是"声援"了。声援也很重要啊,比起打着官腔踢皮球,那可有本质的不同。

时间不等人,万事俱备,只欠东风。正在大家抓耳挠腮、心急如焚的当口,当时南德集团的负责人牟其中先生伸出援手,郑重承诺出资 300 万元支持中国首次北极科学考察活动。这恰如一股强劲的东风,把我们这支急不可耐跃跃欲试的年轻队伍推向松花江,推向北冰洋,推向北极点!

杨
小
峰

—

YANG XIAOFENG

我的北极朋友圈

杨小峰,1953年1月出生于上海市。1969—1970年知识青年上山下乡到黑龙江生产建设兵团,1971—1975年在部队服兵役。1975年起为中国科学院地质研究所研究实习员。1978年起在中国地震局地质研究所工作,历任工程师、高级工程师、副处长、处长等。2000年1月任中国地震局地质研究所副所长。2010年2月任中国地震局工程力学研究所党委书记、副所长。现已退休。

2015年4月5日，为了纪念20年前中国首次远征北极点科学考察活动，一群当年谓之"梦想乌托邦"的人又重聚在一起，想再为我国的北极科学事业做点什么。开个纪念会，出版一本纪念文集，或者重走北极路，洒一腔热血，尽一份薄力。一群爷儿们议论得热血沸腾，仿佛又回到20年前的北极点。但众说纷纭，却难有统一且可行的意见。有人提议先把联系方式建立起来，不如建立一个微信群，交流方便，从长计议。大家一致同意，推选老位为群主，冠名"20年前北极点"。

"群主"老位

老位，中国首次远征北极点科学考察队总领队。此姓不多见，好像年轻时也用过魏姓。他，山东平度人，本名位梦华，北京地质学院67届毕业生，一个真正从山东农村走出来的汉子；1981年，作为访问学者赴美国进修，并于1982年10月去过南极；1983年回国后，利用业余时间，埋头于两极的综合研究，从此与两极结下了不解之缘。

老位原本可以沿着科研的路走下去，在其研究的领域功成名就，但是他所在的研究所已经把他作为副所长的人选培养。骨子里并不安分的老位就像他的名字一样，不愿意在繁杂的行政事务中虚度年华，立志实现心中的中华梦——在国际的北极科学研究领域建立中国的一席之地。

1989年夏秋之际，已经是研究所人事教育处处长的位梦华毅然辞官，孤身独闯北极，作为先行者，深入到阿拉斯加北极因纽特人聚居区进行了一个半月的综合性科学考察，1992年回国后撰写了大量文章介绍北极的各种情况，并且上书党中央、国务院，建议尽快开展北极科学考察，为中国的北极科学事业鼓与呼。历经几年的艰苦努力，由中国科协主持、中国科学院组织，组成了老位任总领队的中国首次远征北极点科学考察队。他率领由25人组成的队伍，冒着生命危险，克服了重重困难，于1995年5月6日把五星红旗插上了北极点。此后，他又多次前往北极，与当地因纽特人结下了深厚的友谊。

老位不但是研究员、教授，还是中国作家协会和中国科普作家协会会员，他是发表和出版有关南北两极的科普文章（数百篇）和科学专著（9 余部）最多的中国科学家；主要著有《奇异的大陆——南极洲》《南极政治与法律》《南极之梦》《美国随想与南极梦说》《冰雪世界的资源》《北极的呼唤》等，主编的丛书"神奇的北极"获第六届冰心儿童图书奖大奖（1996）和第三届国家图书奖提名奖（1997）。他曾与浙江电视台合作，策划拍摄电视专题片《南极与人类》（6 集）和《北极纪行》（20 集），《南极与人类》获广播电影电视部颁发的 1991 年度全国优秀电视社教节目科技类一等奖。老位独树一帜的科普散文文风质朴，文笔流畅，老少皆宜。

老位还是美国探险家俱乐部国际成员，享受政府特殊津贴的有突出贡献的科学家。对此，老位自己经常会扪心自问：自己到底是干什么的？是科学家，还是探险家？是地球物理学家，还是极地考察专家？是科学研究人员，还是科普作家？似乎都干过，但又什么都不全是。

确实，我们也很难把他归类，但有一点是明确的，他是我们的群主。老位总说，北极的事能干成，是各位贵人相助。其实，我们这些人倒是真正受益于他老人家的。

"谋士"小汉

小汉姓刘，是圈中的 2 号核心人物，一位与新中国同龄的地质学家。"文革"中小汉高中毕业自愿到西藏插队，以后考入成都地质学院。1983 年 12 月，小汉毕业于法国郎盖多克科技大学地质系，获得法国理学博士学位，并于 1984 年 1 月回到中国科学院地质研究所工作，从此与构造地质学结下了不解之缘。小汉长期从事构造地质与造山带的研究，曾 6 次赴南极考察。1984 年我国首次赴南极考察，他参加了中国南极长城站的建立，荣立二等功。1998—2000 年，他又两次带队赴格罗夫山综合考察。

小汉是我们这群人里头衔最多的一个：研究员、博士研究生导师、中科院岩石圈构造演化开放研究实验室主任、国际南极研究科学委员会

（SCAR）地球科学工作组常任代表、中国科学院极地科学委员会秘书长、国际极地学术刊物 *TERRAANTARTICA* 编辑《南极研究》编委会委员、中国科学院现代地球科学中心学术委员会委员、联合国"全球计划—公共管理与灾害科学相结合"项目中国协调办公室主任。退休前他曾任中科院青藏所副所长，一生从事南极与青藏科学研究工作。因为在极地研究做出的贡献，他被授予国家级有突出贡献的中青年科学家。

小汉是一个典型的红二代，父亲是我党情报战线的老干部。小汉留学归国后，由于其政治素质高、业务精湛，曾被中科院重点培养，是当时科学院两位党的十三大代表之一。那时，我们都认为他是在政治上最有可能上进的一位，但是天不如人愿。也许是其性格使然，也或许是出于对自己专业的热爱，他最终没有走向行政管理之路。

尽管有不同的经历，但相同的梦想、共同的志趣使他和老位一拍即合，命运又把他们拴到一起，于是形成了"梦想乌托邦"的雏形。小汉作为国内屈指可数的极地专家，有着丰富的极地科考经验和资源，又熟悉国家层面科技体制的运作，自然而然成为老位最好的帮手。1995 年我国首次远征北极点科学考察时，他任北京联络部主任，在后方坐镇协调。

"队长"栓科

现今作为中国国家地理杂志社社长兼总编辑的李栓科可谓是知名人士。他高大英俊，周围的粉丝肯定不少，可当年还只是默默无闻的小字辈。最初的见面是在 1993 年 11 月 23 日。在有马杏垣、孙鸿烈、孙枢、周秀骥、马宗晋、李延栋等多位院士，及郭琨、秦大河等有关专家参加的首届中国北极科学考察研讨会上，栓科作为孙鸿烈院士的助手、年轻的极地专家参加会议。会上栓科的表现给大家留下了深刻印象，从而被吸收加入北极科学考察的筹划团队，成为骨干成员，继而在 1995 年的中国首次远征北极点科学考察活动中担任科考队队长。

栓科，北京师范大学地理系硕士研究生毕业，曾长期从事南极、北极和青藏高原地区的地貌、第四纪地质环境演变等方面的研究工作。1990—1993年三次进入南极,并在南极越冬;1994年获中国"第二届优秀青年科学奖"。他现任中国科学院地理科学与资源研究所研究员,中国国家地理杂志社社长兼总编辑;同时,他还兼任中国地理学会科普工作委员会主任、中国期刊协会副会长、中国海洋学会理事。因为《中国国家地理》的突出成绩,栓科被认为是业内最年轻而又富有专业学术背景的社长和总编辑。

与其他长期从事纯科学研究的人不同,进入到媒体领域的李栓科,不但不觉得事务繁杂,反而异常兴奋。1997年7月,栓科着手筹备《地理知识》杂志的改版和扩版。第二年全面改版,并实施了杂志社新的运行机制。2000年10月杂志更名为《中国国家地理》,他生生地把一个普通的纯科技期刊办得风生水起。天生具有商业素质的栓科甚至发现,科学研究和商业活动的相似处,有如鱼得水之感。作为成功人士,他说:"我最大的享受是什么,过去我可能会是说南极、北极,回来的时候那些光荣啊,但现在我可能首先会想到《中国国家地理》。把一个纯科学的理论变成社会的话题谈资,这是对我10年趴冰卧雪的最大回报。我现在追求的就是把一个地理概念变成流行时尚。对于受过良好教育的人,和对社会存在一定影响力的人,我想我的杂志应该是他们喜欢的一种读物。"

"官员"刘健

刘健是我们这群里唯一的一个正儿八经的官员。当时他还只是中国科学院资源与环境局的一名职员,后来官至处长、副局长,现在已经是联合国环境署(UNEP)国际生态系统管理伙伴计划主任。1993年3月10日,由中国地质学会、中国生态学会、中国海洋学会、中国气象学会、中国地理学会、中国科学家探险学会7个全国性学会联合发起,经中国科学技术协会正式批准(〔1993〕科协发学字110号)成立中国北极科学考察筹备组,刘健作为中国科学院业务主管部门的代表参加了筹备组的工作。在他的努力协调下,1994年12月,科学院从院长基金中拨出20万元,作为中国民间北极科考计划的启动资金,他受托与刘小汉一起负责该项计划的组织与实施。

当年的中国首次远征北极点科学考察队在领队老位之下,有两名副领队,刘健是其一。作为业务出身的官员,他更了解北极科考对国家的意义。为此,他不遗余力,克服重重困难,不计个人名利,全力投身其中,协助老位带领科考队圆满地完成了任务。而后他又和刘小汉、赵进平一起,参加了1995年秦大河率领的中国科学代表团,出席在美国举行的国际北极科学委员会(IASC)第一次科学规划会议,就中国申请加入国际北极科学委员会一事进行答辩,使中国最终正式成为该组织成员。

"策划"张卫

张卫,1991年7月毕业于北京广播学院国际新闻专业,中国首次远征北极点科学考察活动的策划兼科考队电视报道组组长。当时身为《东方时空》《焦点访谈》编导的张卫,被中国青年报一篇呼吁北极科考的文章所吸引,找到位梦华采访。出于新闻记者的职业敏锐和老位人格魅力的吸引,年轻的张卫以一个媒体人的身份投身其中,为中国的北极科考事业奔走呼吁。

张卫天资聪慧,办事干练,组织活动能力强,进入筹备团队后出谋划策、多方联络,尽显其策划的功力。他和老毕同在央视,远征北极点科学考察活动结束后,虽不如老毕知名度高,但也是央视体育部的骨干。他曾任中央电视台派驻美国有线电视(CNN)的协调员,回到央视后任职于体育节目中心,多次报道世界杯和奥运会,是一名优秀的中国电视体育节目的制片人。

"艺人"老毕

1959年出生的老毕是考察队里最为活跃的一分子。小名"小六子"的老毕从小浑身透着艺术细胞,拉二胡、吹笛子、唱样板戏、说山东快书、跳东北大秧歌,样样都能比画两下,天生多才多艺。年轻时在国家海洋局第一调查船大队服兵役,担任过俱乐部主任、副航海长、团委书记。1985 年,老毕部队转业。这一年,他 26 岁,在战友的鼓励下考入北京广播学院。1989 年,从北京广播学院导演系毕业后进入央视,分配在文艺部。尔后担任中央电视台文艺部导演、制片人,同时又是一名优秀的电视节目主持人,其主持风格朴实自然、风趣幽默,常被称作"老毕"。他创办的《梦想剧场》《星光大道》等栏目,由于其草根化接地气的风格而深受国人喜爱。2012 年至 2015 年老毕连续四次担任了中央电视台春节联欢晚会主持人,不负众望。

老毕能进北极科考队纯属机缘巧合。当年名不见经传的老毕还只是央视的普通员工。如果不是岳母来了使他实在无法在 10 平方米的单身宿舍将就,如果不是到小屋里只有两张床的好友张卫处借宿,如果不是张卫恰巧看到了他脱下衣服以后健壮的体魄并采访过位梦华并刚好在帮他工作,那么,虽然有当过《三国演义》主摄像的经历,但作为电视文艺导演的老毕还是会和中国首次远征北极点科学考察失之交臂。冥冥中,命运之神在向他召唤,他终于成行了。世界上第一次在北极点现场直播的专业电视摄制组,由中央电视台 6 名记者组成,但在央视的 6 人团队中,只有老毕一个人背负 60 多斤的摄像器材,从北纬 88° 开始,徒步滑雪,两次遇险却最终胜利抵达北极点。

"艺人"老毕说自己的经历并不传奇,却经历了从知青、军人、大学生、科考队员、摄影师、导演、制片人、主持人的"曲折"过程。老毕可爱,观众爱他滑稽幽默、乐观向上的鲜明个性;老毕可敬,人们敬他坚忍执着、认真负责的人生态度。

"好汉"郑鸣

郑鸣是典型的东北汉子,人高马大,几十斤摄像器材扛起来跟玩似的。正是他军人的素质、精湛娴熟的业务,使他在众多的报名记者中脱颖而出,成为省市级电视台中唯一的一名摄影记者,参加了中国首次远征北极点科学考察队,并和另一位中央电视台记者老毕一起,徒步滑雪成功到达北纬90°。他到达北极点摄制的纪录片《北极的太阳》,成为中国申请加入国际北极科学考察委员会唯一指定影视文件。

郑鸣,1956 年出生于哈尔滨,现为哈尔滨电视台高级记者、纪录片部主任,曾获得"全国百佳新闻工作者"称号。中学毕业的郑鸣当过工人、战士、电台值班员,曾到黑龙江大学中文系和北京广播学院新闻系进修,擅长创作大型纪录片,曾两上北极、两下南极。2001 年,郑鸣加盟凤凰卫视,任总经理助理。随后,郑鸣创建了哈尔滨电视台《郑鸣工作室》。2006 年 8 月15 日,他获得由中国记协主办的全国优秀新闻工作者的最高奖——第七届"范长江奖"。

他横穿前苏联摄制的 22 集纪录片《前苏联纪行》,被业内专家高度评价为"是关于前苏联的最后一部纪录片"。近年来,他以职业记者特有的政治素质、独特的新闻敏感、新颖的创作理念,精心策划并周密组织了百集系列节目《睦邻》《兄弟》采访行动,历时 178 天,行程 10 万多千米,完成了对周边 13 个友好邻邦的采访。他带队访问了 18 个阿拉伯及伊斯兰国家,拍摄了大型纪录片《中阿友好万里行》。2015 年,为纪念世界反法西斯战争胜利 70 周年,他带队深入俄罗斯各地,慰问俄罗斯"二战"老兵。

"名记"叶研

叶研是中国青年报新闻采访中心副主任,第四届范长江新闻奖获奖者,从事新闻工作 40 多年。由于去过北极、南极和珠峰地区,他被人称为"三极记者"。他是中国最先报道科考队到达北极点的记者,还是中国新闻界第一个报道科考队在南极越冬的记者,发表在《冰点》等处的 4 万字报道,视角独特,让人记忆犹新。叶研的新闻职业生涯颇具传奇色彩。他两次赴老山前线随军采访:1985 年 6 次通过敌炮火封锁区,进入前沿阵地乃至作战现场;参加了 11·3 潜伏侦察作战,并担任机枪掩护。1986 年他深入距越军阵地 40 米的前沿阵地。他赴汤蹈火，采访过大兴安岭火灾；参加并参与指挥了 1998 年的长江抗洪报道。1988 他作为第一名非军方记者到南沙群岛采访，随海军编队航行漂泊 28 天，到达最南的华阳礁。1993 年他采访空降部队新兵跳伞训练，随机伞降，获初级跳伞证章。1995 年他骑马、徒步至 5000 米以上哨所，到帕米尔高原中吉、中巴、中塔、中哈边境采访。2001—2002 随中央电视台、凤凰卫视《极地跨越》摄制队从南极点过南美洲、北美洲到北极，随队报道。另外，他关于南极格罗夫山的报道，关于"驼峰航线""高黎贡山"的报道，都是非常有价值的新闻。

"学者"进平

赵进平博士，1984 年参加我国首次南极科学考察；1995 年参加中国民间组织的首次远征北极点科学考察；1999 年参加我国政府组织的首次北极科学考察，担任首席科学家助理；2003 年参加我国政府组织的第二次北极科学考察，担任海洋组组长；现任中国海洋大学二级教授、博士生导师，国家 863 计划海洋监测技术主题专家组组长，国际物理海洋科学联合会中国委员会主席。

赵进平多年从事北极科学研究，是我国最主要的北极科学家之一。他参加了迄今为止我国组织的所有北极考察，对北极进行了大规模的考察研究，使我国的极地海洋研究上升到国际前沿水平。他以极地物理海洋学为核心，针对北极的重大科学问题将研究领域拓展到海冰物理学、极地气候学、极地卫星遥感等广泛的研究领域，他的团队成为国内最大的极地研究团队之一，在国际极地科学界有良好的声望。

除上述几位外，北极朋友圈内的新华社高级记者，中宣部新闻阅评组组长，原新华社新闻研究所副所长，曾担任过全国"两会"新闻中心副主任的卓培荣；被授予中央国家机关"十大杰出青年"称号和获得"全国先进工作者"称号的年轻有为的科学家效存德；中国科学院遥感应用研究所研究员,号称"生猛海鲜"的科考队员刘少创;人民日报海外版高级记者,科考队新闻组组长孔晓宁;央视记者张军;香港南北极协会女摄影记者李乐诗,等等,个个都是腕级人物,受篇幅所限,不一一描述。

除此之外,还有科考队政委兼副领队、中国科协报社社长翟晓斌,科协学会部部长沈爱民,南德集团代表刘鸿伟,等等,都在我国首次远征北极点科学考察活动中做出了重要贡献。

"出资人"牟其中

牟其中,原南德集团董事长,一个用国内大量的轻工业品从前苏联换回 4 架图–154 民航机的风云人物。当年他是南德的领军统帅,据说现今的潘石屹、冯仑、任志强等地产大亨都曾出自他的门下。平心而论,如不是老牟当年慷慨解囊,出资 300 万,中国首次以官助民办的北极科学考察也许很难如期成行。尽管事后对此有这样那样的议论和看法,但这件事终归成为我国科技体制改革过程的一次有益尝试。

北极,曾经是一个梦。20 年过去了,弹指一挥间。皑皑的北极冰雪依然掩盖不了这群人的热情。一群 60 奔 70 岁的人如今依然有梦,依然在逐梦的路上奔波。

注:1995 年,在中国科学技术协会和中国科学院的支持下,在民间资助下,位梦华、李栓科、赵进平、效存德、刘少创、毕福剑、郑鸣 7 位科考队员首次完成了中国人自己组织的北极科学考察。同时,王卓、孔晓宁、刘刚、孙覆海、刘健、叶研、吴越、卓培荣、王迈也乘机到达北极点。但是,另一架飞机上的张军、张卫、牛铮、方精云、沈爱民、智卫、翟晓斌、李乐诗、刘鸿伟,因为飞机在尤里卡出了故障,中途返回了基地,他们距离北极点只有一步之遥。

李栓科
—
LI SHUANKE

激情抵御
飞雪的日子

李栓科,甘肃省平凉人,毕业于北京师范大学地理系,中国
科学院地理科学与资源研究所研究员,《中国国家地理》杂志
社社长兼总编辑。曾任中国首次远征北极点科学考察队队长。
曾多次赴南极考察。

中国人组队进入北冰洋并以到达北极点为目标的首次综合科学考察已过去 20 年，曾经掀起的极地科学热潮和媒体关注，也已随岁月的流失而沉寂。当年的队友，也在丰富的都市生活里书写着自己的精彩。回望曾经不知疲倦为何态、不知严寒为哪般的日子，我不仅为时光匆匆过而唏嘘，脑海中也不断地上映着一幕幕豪情万丈的画面。

冰封记忆

滑雪和驾驶狗拉雪橇是北冰洋上徒步考察必备的技能。如果离开滑雪板，那每迈一步都要先把腿脚从深陷的积雪中拔出来，而落脚又是陷入不知深浅的松软雪层，不仅速度极慢，而且要付出极大的体力代价。另外，受洋流的推动，浮冰会产生许多大小不等、或明或暗的裂缝；明的冰缝可以绕行或回避，而隐没于雪层下的暗缝却很危险，如若腿陷其中，轻者扭伤筋骨，重者也许会整个人落入北冰洋，直接威胁生命安全。使用雪板可避免暗冰缝的伤害。1995 年 4 月 5 日，考察队员到达加拿大北部的丘吉尔市，在哈德孙湾专门进行了滑雪和驾驶狗拉雪橇的训练。

队员们几乎都是初蹬雪板，从蹒跚学步中不停地摔倒爬起，开始还有人统计每日摔跤的次数，渐渐地也就习以为常了。两天过后，队员们基本上都能直线滑行了，又开始增加负重，即身负装有急救衣物、食品及重要科考资料的大背包滑行。因为在北冰洋上随时都有可能遇到各种险情，如果队伍因突然的冰裂而分离，则每人的背包就是最重要的生活和急救保证。

大量的物资、食品、装备、科考仪器、样品等都是装在狗拉雪橇上运输的。队员们刚开始驾驶狗拉雪橇时还有些新鲜感，很快会发现驾驶狗拉雪橇很危险、很辛苦，体力消耗远大于滑雪。狗的速度不易掌握，往往在冰凌重重、冰缝密集、冰障嶙峋处，狗显得格外亢奋，总是高速冲刺，人要赶上去几乎要背过气去。一旦在相对平坦的冰面上，狗则显得不屑一顾，松懈中拉力大大下降，驾橇人又不得不在后面持续向前推。

难忘的爱斯基摩狗

爱斯基摩狗非常强壮彪悍,其动作之敏捷、吠声之尖嚎、体形之粗壮,与家犬相去甚远,而与野狼则格外相似。它们对主人的忠诚、对人类的亲善却是任何狗都无法比拟的,即使生人故意弄痛或碰伤它们,它们也只有委屈的哀鸣,同时抬起头来流露出可怜的眼神,而绝不会反击;在茫茫雪野里它们即使脱套而出,也不会离开主人。它们是因纽特人生活的一部分,因纽特人靠这种狗拖拉家眷和物资在冰海上迁徙追捕猎物,同时抵御北极熊的侵袭。爱斯基摩狗具有特殊的寒区生存能力。我们曾在加拿大丘吉尔市看到过刚出生不久的狗仔子,被主人用绳索套在一起,伏冰卧雪,在寒风中吞食冻硬的肉干和冰雪。

驾驶狗拉雪橇必须及时准确地向狗群发出跑、走、停、卧、转向等各种口令。起初这些聪敏的狗一听我们的口音就知非其故主,多少有些抵触情绪,总是出点难题故意弄出些麻烦来试试我们的反应。软硬兼施是最明智的手段,切不可姑息迁就,否则它们也会欺软;但也要有耐心,不能操之过急而施以暴力,否则它们会变得唯唯诺诺、瞻前顾后,丧失面临挑战时的冲击力,当过冰障、裂缝时不敢贸然前进。另外,记住每条狗及其搭档的名字非常重要。每组狗队由 10 条狗组成,每两只狗并排套在一起,它们都是长期并肩拖拉雪橇磨炼出的最好伙伴;如果更改其搭档,则总要互相拼命咬伤,即使头破血流也不罢休。两组狗队共 20 条狗,其外形大体相近,实难分辨,但有诀窍,那就是当你突然大声呼叫某条狗的名字时,它自会对号入座,扬起头来看你。每条狗的名字都写在套索上,而套索的位置一般都固定不变。

要掌握狗队,关键在于控制头狗。每一狗队都有两只头狗,它们并非身强力壮者,但都是耳聪目疾、理解力和判断力极强、性情乖巧、勇猛顽强的狗。狗橇行进的方向、速度、路径以及驾橇人意向的实现全凭头狗的引导。行进中总要不停地向头狗发出各种口令;如遇险境,要及时停下来或抚摸或搂抱头狗以使其冷静并增加信心,同时对其讲话,用手势指引方向。紧接头狗的是两只"见风使舵"的狗,它们并不使很大的拉力,但其敏捷的感受性却能帮助头狗完成各种运动意向,并准确地传达给其后的六只真正的"纤夫"。而这六只"纤夫"的确名副其实,身高力大,只埋头拉撬,从不抬头看路。

狗食定量供应,每天只有 500 克颗粒状高能食品,而且只有赶到宿营地后才能一次性支付。它们经常在饥饿的叫叫声中,连带着冰雪三口两口吞下全天的口粮。这点东西根本不能果腹,只能够塞牙缝,饥饿的狗常常抢食其他狗的排泄物。不过,狗食的热量基本上可以保证这些狗的基本需要;如果让这些狗饱餐,那么它们将缺乏冲击力,拉撬时大概谁也不愿使劲。

在向北极点进发的日子里,爱斯基摩犬就成了我们最不可或缺的"队员",当遇到大面积冰裂时,总是犬队率先冲过冰隙;每当在冰面上觅食的北极熊偷袭时,总是犬队最先嗅到其味并发出警报。过北纬 89°的剪切带,犬队多有受伤,其中最严重的一只主力犬前腿骨折。聪明的犬儿挣扎着不让其套索解下,它似乎明白北极冰面再大也容不下任何只吃饭不干活的队员。我们不得不强行解套放弃,那只犬儿瘸着拐着一直尾随着队伍。我们谁也不忍心驱赶,过了一坎又一隙,它总在不远处跟着望着。就这样,全队都在默默地行进,除了风声就是雪板和雪撬与冰面的摩擦声,犬队都安静了。最后一次看见它,是在越过宽近 10 米的冰隙后,补充食品的队员破例给了它一块肉干。那只可怜的犬儿,把肉干衔在嘴里,低着头,反身向来时的方向走去。我知道它再也找不到回家的路了,那一刻队友们眼眶潮湿了,犬队都回头张望。首次北极点考察,惊险和曲折无数,可就这一刻总在我眼前闪现。

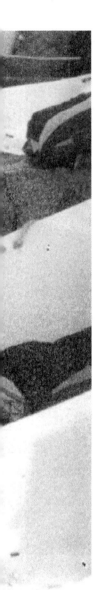

赵进平 | ZHAO JINPING

北极冰海行

赵进平,男,1954 年生,理学博士,物理海洋学家,中国海洋大学海洋与大气学院二级教授、博士生导师,山东省泰山学者。现任中国海洋大学极地海洋学与全球海洋变化重点实验室主任,国际物理海洋科学协会中国委员会主席。他多年从事北极科学研究,以极地物理海洋学为核心,针对北极的重大科学问题,将研究领域拓展到海冰物理学、极地气候学、极地卫星遥感等广泛的研究领域,是我国主要北极科学家之一。

北极归来,脸上尚未褪去风吹日晒的斑痕,身上还未卸去爬冰卧雪的倦怠,梦中依然萦绕着北极冰原上的忙碌,却已20多年过去。我愿以本文留住日渐逝去的记忆,献给关心北极事业的朋友。

·

冷地热肠

衣锦还乡和马革裹尸,大概可明显地用喜剧和悲剧来表现。但在出征前的忙碌中,两者都是未及细想的一回事。一纸令人不悦的"生死契约",把我们送上了义无反顾之路。

过去的几百年,世界地理大探险,大大推进了社会的发展,在人类历史的长河中,树起了一座座光彩绚丽的丰碑。令人遗憾的是,我们这个有着五千年文明的古国却没有留下多少值得夸耀的名字。几百年闭关锁国和列强凌辱,使我们失去了应属于我们的荣誉。随着我国的改革开放,国家富强起来了,国人也挺起了腰杆,然而在这颗星球上,探险时代却已近尾声。

我们是一个有远见的民族,看到了地球上科学时代的到来;以尚不强健的经济之臂,撑起了历史的责任,支持成千上万的科学家走向世界。冰冷的南极,高耸的珠峰,浩瀚的海洋,广袤的太空,到处都留下了中国科学家的足迹和成就。美苏冷战的终结,宣告了北极科学时代的到来。1995年的我国首次远征北极点科学考察,大大推进了我国向北极进军的步伐,在极端困难的情况下使北极科考由梦想变成现实。在北极考察的大旗下,聚集起了一批有志之士。他们愿意付出艰辛的努力甚至生命,投身到北极事业中去。一时间,北极这块荒芜、寒冷的地域,引起了很多中国人的关注,产生了巨大的社会反响。社会各界的有力支持,使北极科学考察终于成行。

神奇世界

自从我们踏上了南极,中国人掀开了南极的面纱,了解了那片古老的冰覆大陆,逐渐认识了南极。每次科学家送往迎来,让人感到南极并不遥远。而北极,尽管比南极近得多,在人们心目中却仍然是一个陌生的世界。

北极是一个大海——北冰洋。这个海是个地中海,被周边8个国家的领土和领海环绕。平均深度4 000多米的北冰洋,被横在中间的罗蒙诺索夫海脊分割为两个大小相近的海盆。除了为数不多的水道之外,进出北冰洋只有一个"大门"和一个"小门"。"大门"即是北冰洋与大西洋的宽广衔接处,而"小门"则是与太平洋相连的窄窄的白令海峡。半年冬天,黑夜笼罩着北冰洋,没有太阳的热量维系,北冰洋结起厚厚的坚冰。半年夏天,不落的太阳在天边环绕北极运行,投下了吝啬的但无比宝贵的阳光,融化了近岸的冰层,形成了季节性航道。

在北冰洋上,凡是我们能够踏上的地方,都是冰,大片的冰。北极冰最大的厚度可达6米,上面由积雪覆盖。坚实的冰层面积巨大,平坦处飞机可以起降,让人误以为那是大陆;只有当看到从裂开的冰缝中涌出的苦涩海水时,人们才意识到自己是冰雪巨舰的乘客。海水是不停运动的,它承载着海冰,却又不停地蹂躏着、撕裂着海冰,把海冰忽而挤碎,忽而拉开,将本该是平坦的冰原搞得高高低低、起伏不平。冰脊是海水最值得炫耀的杰作。涌动的洋流,将坚实的冰层挤得爆裂,堆成一座座隆起的山岭,形成了一条条绵亘的山脉,把北极编织成曲径通幽的大观园。肆虐的海潮,有时将几百吨重的冰块,放在高高的碎冰之上,让人不得不对它的力量肃然起敬。被海水堆起来的冰脊,成了大自然创作的素材。凛冽的寒风,将一块块冰块镌刻成各种形状,有的像猪、像狗、像马、像龙等动物,有的像连绵的群山,有的则像雄伟的长城,千姿百态,让人想到了张家界的神奇、九寨沟的古朴、八达岭的巍峨以及山海关的雄风。我们每日纤行于冰脊雪原之间,饱览着这令人目不暇接的冰雪雕塑、鬼斧神工的人间奇景。

海水有时会残忍地将冰原撕裂,形成冰缝,露出一片片温暖的海水。用不了多久,寒冷的天气又会帮助海冰修补起裂开的肢体,用新冰将裂冰重新连在一起,打上一个补丁。皑皑白雪,掩盖了冰的伤疤,让人看不到支离破碎的雪下世界;只有当深陷其中的时候,你才会知道,那些和冰脊一样多的冰缝,是一些多么可怕的陷阱。雪堆的形状,像沙漠中的沙丘,在风力的驱动和雕琢下，形态各异，缓缓移动，不断变化，朦朦胧胧，俨然是白色的沙漠。

与冰脊和冰缝相比，冰谷则非常稀少。有时候，海水挤压海冰形成冰脊，又重新将两块冰拉开，形成由冰脊夹着的冰缝，冻结之后就形成了冰谷。冰谷下面是平坦的冰面，两侧是峭立的悬崖，上面是和冰谷一样宽阔的蓝天。有一次，我们进入了一片辽阔的乱冰丘陵群，找了一个多小时路，终于发现了一条一米宽的曲折冰谷。通过那静谧隐秘的曲径，我们竟然轻松地前进了相当长一段路程。

北极冰原，是连细菌都没有的"死亡"世界。但是，如果你把生存的艰难忘到一边，北冰洋又是那样的纯洁，神奇，寂静，美丽，令人心旷神怡，流连忘返。只可惜，这些天地造就的自然景观，再也不会有人看到了。它们在漂向大西洋的途中将慢慢融化，渐渐消失得无影无踪。

永夜的北极，显得并不那么可怕，因为美丽而活泼的北极光悬在空中，呈条状、带状或片状，从天顶向四周分布。黄的，绿的，红的，淡淡的色彩，缓缓地变化着，和星斗交相辉映，织成了奇妙的夜幕。然而，在美丽的夜色中，不要忘记的是，气温在摄氏零下六七十度，滴水成冰，深邃迷离，长夜漫漫，危机四伏。

而永昼的北极，更接近我们熟悉的世界，有阳光灿烂的晴空，有乌云笼罩的阴雨。极目远眺，空旷无垠，足以抒发英雄之浩气。冰封雪覆，一望无际，大可展现豪杰之气概。

北冰洋被人类遗弃，即使习惯寒冷的因纽特人，也不会选择到冰上去生存。但是，冰原并不孤寂，北极熊是这冰雪沙漠的主人。几万头北极熊，在冰原上独来独往，繁衍后代，统治着这片严寒、荒凉、凶险、暴风雪频仍的世界。它们厚厚的皮毛和皮下脂肪，将寒冷拒之身外。它们在大型冰缝附近，寻觅着那些在冰上懒洋洋休息的海豹。在北极，北极熊除了人类没有天敌。它们可以自由自在，大摇大摆，悠闲自得，甚至连人类也不放在眼里，俨然就是这个妙不可言的冰封天国的主宰。

问鼎冰原

飞机飞走了,把我们留在北纬 88° 的冰原上,陪伴我们的只有"好自为之"四个字。最好不要发生紧急情况,因为飞机来这里要 8 个小时,而且只有在少见的晴天才能来。最好不要有要紧事告诉基地,因为无线电信号太弱,基地要听清每一个字十分困难。

在我们的路上,北纬 88° 到 89° 之间,属于波弗特涡旋区,冰缝和冰脊多,平坦的地方少,行进尤为困难。北纬 89° 到 90°,属于穿极流区,冰原辽阔,冰脊少且矮。

绝大部分冰脊,高大险峻,不可通行;每次穿越冰脊,都要寻找那些人和雪橇都能通过的通道。许多情况下,人和雪橇都要在两三米高的冰崖上攀上跳下。因而,我们每天都在走折线,向东、向西甚至向南。

行进主要靠滑雪。滑雪要背着全部个人用品。我自忖体力有限,将个人用品减至最少,只带了餐饮具、药品、小型仪器和一件薄薄的羊毛衫。队伍行进速度很快,只有一板一板地跟着前面的人走才能不掉队;脱一次衣服或喝一次水都会落后几百米,要追很久才能追上。摔跟头是常事,而且穿着滑雪板,要爬起来非常困难,但又必须迅速爬起来,以免被拉得太远。即使这样,每天行走十几个小时,北向直线距离也不过二十几千米,因为走了太多的折线。

太阳是我们最忠实的朋友。因为罗盘在极区很不可靠,只有太阳才能指出正确的方向。更重要的是,阳光使世界层次分明,滑雪容易掌握平衡。阴天时,天空与冰雪融为一体,四周一片混白,分不出平坦还是起伏,像是行进在牛奶中,只能靠两只脚的感觉来分辨高低升降,要多摔很多跟头。

顶风行进最难熬。不去保护脸,风会损坏皮肤。把脸用毛线帽遮起来,呼出的热气会将护目镜蒙上一层雾,什么也看不见。护目镜是不能摘的,否则三个小时内就会得雪盲症。此时,只能摘掉毛线帽,听任风吹脸;隔一段时间,用手暖一下冰冷的面颊,以防冻伤。幸好,此行温度不是太低,风力不是太大,没有造成太严重的冻伤。

滑雪相对来说比较轻松。驾驶狗拉雪橇,是一项既艰苦又危险的工作。

狗只知自己走好路,经常把后面的雪橇卡住或弄翻,驭手必须用足吃奶的劲,才能把雪橇扶起来。只要雪橇的绳子一松,狗就拼命跑,它们害怕被驰来的雪橇砸伤。所以,在下坡时,雪橇速度很快,很容易把人撞伤。遇到复杂冰况,滑雪的人也要停下来,帮助驭手将雪橇拖过危险的地带。

北极熊是可怕的,因为葬身熊腹的人已经太多了。美国人对熊十分敏感,有一次发现了北极熊的足迹,两支猎枪子弹上膛,发火枪、发光棍都准备好了,幸好北极熊并未光临。而我们中国人不知道它的厉害,也不知道害怕。

帐篷是橘黄色的,透光性很好,在帐篷里可以写日记。因为是永昼期,24小时是白天,每天睡觉都会有午睡的感觉。睡觉要钻进睡袋,因为帐篷只能挡风,帐篷里实际上和外边一样冷。睡袋是羽绒的,保温性很好。每天睡前,要将睡袋展开,让风吹一吹潮气。进睡袋后要用体温将睡袋暖热,因为身体是唯一的热源。要将照相机、袜子、手套、笔、电池拿到睡袋里,否则第二天就无法使用。

早上起床最让人难受,不愿意离开睡袋——在此地唯一温暖的地方。尤其是听着外边呼啸的寒风,感受着冰冷的空气,想着未来一天的艰辛,要起床真要有点儿毅力。穿鞋更让人发愁,潮湿的鞋无法烘干,冻了一夜定了型,要呐喊着把脚硬往里塞,真恨不得削足适履。穿好鞋必须马上运动,不然鞋里的冰会很快把脚冻坏。只有运动着才能抵御寒冷,所以起床后要马上去干活。

晚饭和早饭是正式做的,每顿都是相似的稀粥,将大米、面条、奶油、香肠、果仁等一起炖熟,我们称之为"八宝粥"。可是这种洋八宝粥味道古怪,实难进口,但为了生存,只好拼命吃。中午没有热饭,吃点果仁、干肉,喝点热水就继续赶路。

冰缝是行军的大敌。多如牛毛的小冰缝还是容易过的,一两米宽的小冰缝只要有一层薄冰擎得住狗,5米长的雪橇就可以冲过去。越过大冰缝则要困难得多。一次,遇到一条10余米宽的大冰缝,附近几千米没有路可过,最后拉来三大片6~10厘米厚的冰片,用绳子连在一起,搭成一座浮桥。这座浮桥让人心里没底,我们先将背包、滑雪板拿过去,再将狗卸下来,一条条牵过去。大雪橇过"桥"时,前面用长绳拉,后面也用绳拉,如果雪橇落入水中,后面的人要将它拉上来。幸好,薄薄的冰片承载力很大,雪橇的重量虽已将它压入冰水中,但它还是成功地载过了全队人员和装备。

还有一次,我们面临一条6米宽的冰缝。在附近,我们只找到一块没完全裂开的冰块卡在冰缝中间,我们叫它冰桥。这是一条可看而不可行的"桥",只有两米宽,上面是犬牙交错的冰,而且漂浮的冰随时都会让它成为断桥。我们只好攀到桥上,用斧子劈出一条一米宽的槽,在一片吆喝声中,将狗拉雪橇弄过去。

接近北纬89°时,我们远远看到天上一条黑色的云带,向东西方向无限延伸,云海之间连着一片轻纱般的雾障。开始我们以为那里是在下雪,走近才知道,那是一条1千米多宽的冰缝,云雾是寒冷天气中大面积海水蒸腾的奇特景象。这条大冰缝附近,是海冰的剧烈活动区,冰块之间相互挤压,发出各种声音,有的如啸叫,有的如鸟鸣。冰缝处是辽阔的大海,对岸却又是那样遥远。向导鲍尔感到了危险,决定马上后撤,另辟蹊径。于是,全队迅速往回跑。归途中,有一块2米厚、10米宽、20米长的大冰块,在潮汐的作用下斜插向天空。随着冰的开裂,我们眼看着这块大冰又慢慢落回海里。那时候,谁都忘记了疲倦,在最后一刻,全队冲了过去。如果有谁落在后面,不久就会被汪洋阻断,没有食品和睡袋,后果不堪设想。鲍尔松了一口气,大喊感谢毛主席。

冰缝是完全不能预测的,我们的海洋考察需要冰缝也害怕冰缝。有一次,我找到了一条只有2厘米宽的小冰缝,渗出少许海水,只好用斧子砍出一个直径40厘米的洞,将仪器放入水中过夜。吃过饭来干另一些项目时,冰缝已有30厘米宽。3个小时后,冰缝已裂成了一米多宽。我们担心次日清晨冰缝将宽得过不去,谁知起床后发现冰缝消失,两块冰又紧紧地压在一起。亏好仪器是放在砍开的洞中过夜的,才免遭被封在冰下的厄运。这次的有惊无险,使我对冰缝再也不敢掉以轻心,即使有开阔的水,我也在边上砍孔测量,以策安全。

北极冰的漂移速度,令人咋舌。一夜之间,北极冰在南北方向可以漂上3千米,这相当于我们要跋涉6千米甚至10千米才能完成的路程。所以,每天早上大家都兴致勃勃地听刘少创报告位置的喊声。听到向北漂了，响起一片欢呼声；而听说向南漂了，就感到很沮丧。

深海探测

在北极进行海洋考察，对中国人来说是一种全新的考验。我们熟悉的海洋考察，都是在船上作业的。长年的经验，使我们有对付任何风浪的能力。而现在，我们成了海军陆战队，弃船上冰。在没有一丝风浪的水中探测，似乎更为简单。然而，这种全新的考察环境，给我们带来了巨大的困难。我们没有在冰上钻孔的经验，花了大量的时间对付厚厚的冰层；我们熟悉的装备都因太重而不能用，只能制造一些轻型装备；仪器都未经过寒冷天气的考验，不知道哪些事情要格外注意。更不用说没有载我们的船，没有可以休息的床，没有做好的饭。一切都要靠自己，面对的考察局面格外严峻。我们就是这样，用世界上最简陋的装备，吊放昂贵的科学仪器；用世界上最原始的考察方式，发挥着现代化的技术，开始了北极之行。

这种探险式行进，对科学考察是非常不利的。到达宿营地时，人困狗乏，只想赶快搭起帐篷躺下休息。在这种情况下，还要再干三四个小时的科学考察，其难度可想而知。宿营后，干完分工的杂务，我就带着斧子去找冰缝。有时要滑雪走很远才能找到。找到合适的冰缝，再砍窟窿。砍冰不是易事，冰太薄不敢砍，怕砍塌了冰，人掉进海中；冰太厚即使砍透了也无法扩孔。有时要用1个多小时，才能砍出合适的孔。然后将30多千克重的仪器拉到冰上，将需过夜的仪器放入水中。晚饭后，开始海水的观测和取样。我们将仪器放到水中，取表层、50米、150米和300米海水样品，然后再把测量温度和盐度的仪器放到水下300米深处。天气太冷，有时把采水器取上后，还没等取完样品采水器又冻了，只好拿到营地的锅里化开。如果离营地太远，就要放到冰水中待其慢慢解冻。最可气的是，当把采水器拉上来时，发现胶盖没有关上，只好再用半小时重来一次。

测温度和盐度的仪器用起来很麻烦。首先要接通计算机，启动仪器程序,然后将仪器放入水下。拉上来后,要用淡水冲洗,用嘴将探头吹干。最后再接通计算机,将仪器关闭。温度太低计算机不工作,大家轮流将计算机搂在怀里,有时要在睡袋里搂一夜。雪面太亮,计算机屏幕看不清,只好像鸵鸟一样,把头钻到睡袋里操作。冰天雪地里,电池的寿命不足原来的15%。诸多的困难,加大了考察的难度,也留下了不少的遗憾。

这样的海洋科考项目,一个人很难完成,全靠队友帮助。大家帮我拉绳子,一次要拉很长时间。我们没有防寒的防水装备,只有薄如蝉翼的塑胶手套,手指时常被冻得发麻。一个站,一般要干三四个小时,全部要利用睡眠时间。因此,有观测项目的晚上,实际上睡得很少;而且因为有仪器在水中,第二天还要早点起来收仪器。

有一次,做完观测是早上 2:30,大家都去睡了,气温只有零下 20℃,风也不大,我决定做采泥实验。我准备了 7 000 米长的尼龙丝和自制采泥器,准备试验着在北极点的海底挖上一点儿泥。因为国内外都没有成功的先例,这次采泥是一项有价值的尝试。谁知由于十余天的行军,雪橇上的撞击使自制绞车出了故障,当放至水下 500 米深度时,绞车卡住了。我将尼龙绳缠在一只脚上,开始修理绞车。我不停地呵气暖手,想着各种办法。两个小时过去了,一只鞋已冻在冰上,终因没有台钳,无法纠正仪器的变形。仪器下不去,也拉不上来。因为冰漂得太快,作用在绳上的拖力比预计的大得多,一个人毫无办法。我难过地将绞车和挖泥装备扔入了海中。但愿北冰洋能记住中国人在这样恶劣的环境中做过采泥的尝试。我也希望,这次失败的教益会孕育下一次的成功。

疲倦,劳累,没有足够的睡眠,没有松弛的机会,严重的、超乎想象的体力透支困扰着我。我不能因为工作忙、睡眠少而提出特殊要求,因为必须和大家一样滑雪和驾驶雪橇,全队不会为一个人而休息一天。我们再累也必须搭帐篷、套狗、捆雪橇、做饭,不能因疲劳而让人感到我们懒,丢了中国人的脸。我们更不能向美国人诉说自己的疲倦,因为谁也帮不了我们,只能换来无谓的怜悯。行军以后,要马上忘记昨夜的劳累和困倦,否则会影响自己的士气。要经常自我暗示,我昨夜休息得非常好,今天处于最佳状态。累了就找快活的事去想,闷了就大声唱歌,疲倦了就紧紧跟着领路人拼命往前滑行。我的体质,几乎是全队最差的,可在所有方面,我没比别人差,赢得了中外队友的赞誉和科考的成功。但是,为此我却付出了每天掉一斤肉的代价。

经过这次考察,我们了解了北极,积累了海洋考察的经验,取得了宝贵的资料,为中国的北极科学写上了有价值的一笔。我们希望,未来国家会更加重视对北极的研究,把这一笔延续成美丽的画卷。

人犬情深

我很爱爱斯基摩犬。在北极,它们是我们可靠的朋友。

爱斯基摩犬喜爱寒冷,皮厚毛长,个个都很美丽。这些狗训练有素,绝不咬人;即使你踢它,打它,它也只委屈地哀鸣。但狗之间打架却是互不相让,经常咬得头破血流,如果你不慎卷入狗的争斗中,很可能会被咬伤。

爱斯基摩犬有强烈的奔跑欲。早上套好雪橇,狗就急着跑。有时雪橇还没有捆好,只要一条狗把雪橇拉动一点儿,整队狗就会跑起来,将没捆好的雪橇拖跑,追都追不上。每天早上出发前,群狗大唱狗歌,一个个仰天长啸,那意思就是"我要跑"。歌声震耳欲聋,连人之间都要靠近耳朵说话。这时一声令下,狗会像箭一样冲出去。

爱斯基摩犬最不能容忍的,就是别的狗超过它。如果后面的狗超过头狗,头狗会凶狠地把超过它的狗咬伤。试图篡权的狗自知理亏,不敢顽强对抗;如果后面的雪橇,超过前面的雪橇。前面的雪橇会群犬齐上,把后面的狗队彻底击溃。谁当头狗是任意的,一般挑那些不偷懒的当头狗。头狗很珍惜它的荣誉,让它当头狗,它就更加卖力气。

狗和人一样,喜欢猎奇。平坦的路,它们跑起来无精打采。路越是崎岖或冰脊、冰缝越多,它们就越来劲,简直无法停下来。

狗和人一样,喜欢听表扬。只要你在它们跑过一段险路时适时地表扬它们"好狗",它就会像真的听懂了似的,满意地舔舔嘴唇,摇头晃脑地跑起来。

爱斯基摩犬最完美地体现了强者风范,勇猛顽强,不怕艰险,这一点也和人一样。实际上,它们的内心世界却十分柔弱,喜欢人的爱抚。当你走近它,它会焦急地把嘴伸过来,让你摸一下,这时它就会感到十分愉悦。如果你为它挠一挠,它会躺下来,舒舒服服地听任你抚摸。不过,你在爱抚一条狗时,千万别冷落了它的同伴;否则的话,它们会嫉妒地低吼,甚至把专心享受爱抚的同伴咬得狗血喷头。

爱斯基摩犬非常强壮。每天早上,亢奋的狗跃跃欲奔。每套上一条狗,都要累得一身汗。狗只在每天晚上吃一顿饭,第二天早上狗还饿,就让它半饥半饱地跑。据说喂太饱,狗就不使劲了。当我们到达北极点时,狗的力量也接近极限,一个个瘦得皮包骨头,躺在雪地上再也爬不起来了。我用了近2个小时,和每条狗告别。我把狗一个个地搂在怀里,心酸地抚摸它们。没有这些狗,我们不会到达北极点,这些爱斯基摩犬个个功不可没。多少次被压在无情的雪橇之下,多少次被割破了柔软的肉爪,它们为了我们人类的荣誉付出了惨痛的代价,我们不该忘记它们。我们来北极是为了事业,而它们是为了什么?

在我们国家,把人比作狗是骂人。而在北极,每个人都愿意把自己形容成狗。能够借用狗的忠诚、顽强、勇猛来表现自己是一种光荣。

北极心绪

从不同的角度看待这次北极之行,会有不同的感慨。有的注重中国人踏上北极的历史意义,有的看重此行体现的民族精神,有的强调此行的科学意义,而我对在北极的拼搏则有更深刻的体会。

当时,我们没有发达国家的经济实力,是刚刚解决了温饱的民族,能想着为世界科学事业做出贡献,本身就是一种拼搏,没有哪个发展中国家有此义举。

我们没有美国、加拿大、俄罗斯那么多的研究经验。面对他人长达80年的研究积累,中国科学家敢于从零开始,奋起直追,这本身也需要勇气、需要拼搏。

我们没有美国人那么强健的体魄，那么丰富的滑雪经验。中国的文弱书生，凭借顽强的毅力走向北极，赢得美国人的赞誉和钦佩，靠的就是顽强的拼搏。

我们很幸运，没有遇到重大的危险。但是，我们是怀着面对更大艰险甚至不惜牺牲自己生命的思想准备走向北极的，集中反映了我们中华民族的拼搏精神和顽强气节。

当回国受到英雄般的礼遇时，谁都耻于谈论身心俱疲时的沮丧、情绪低沉时的懊悔。我自知我不是英雄，有时甚至脆弱；我自知我并非乐于拼搏，有时甚至愿意享乐。支撑我的是一种责任感，对国家、对民族的责任感，对事业的责任感。北极是我的老师，告诉了我如何成为英雄；北极净化了我的思想，告诉了我人生的美好和奋斗的光荣。

漂移的北极冰，给我以启迪。我踏上北极点，随即又漂离了它。今天回顾那段难忘的日子，像是翻阅掀过的日历，像是观看身后的脚印。昨日的辉煌已慢慢淡去，我们必须开始未来的奋斗，停止了就会漂离目标。

北极的条件毕竟太严酷了，并非每个人都要到北极去。朋友们在各自的岗位上，只要有拼搏精神，就会实现人生的价值，就会使世界变得更加美好。在此，我愿意把在北极的感受告诉青年朋友们。我希望，大家把对北极共同的关注转向各自钟爱的事业。

效存德 —— XIAO CUNDE

当年零的突破
从此再难割舍

效存德,1969 年 11 月出生于甘肃定西,中国科学院寒区旱区环境与工程研究所冰冻圈科学国家重点实验室副主任、研究员,中国科学院"百人计划"入选者,国家杰出青年基金获得者,获"中央国家机关十大杰出青年""全国先进工作者""全国优秀科技工作者"等荣誉称号,获世界气象组织(WMO)青年科学家研究奖(个人)、国家海洋局科技创新一等奖(排名第5)。主要从事冰冻圈与气候环境变化、冰芯记录研究。

　　我自 1992 年大学毕业后,追随秦大河先生从事极地科学研究,20 多年来频繁穿梭于南北极和高海拔地区,一晃人到中年。这个年龄,或许还该意气风发,但我似染了"老年症"一般,开始将往事一闪一闪地抽出来亮在杂乱的脑际。这年头,大家都说世事太纷繁,提倡不改初心。"初心"两字太好,给回忆癖的人定好了原点。1995 年的我国首次远征北极点科学考察连着我的初心,或说少年梦想。我于是愉快地回忆起这件事的前前后后,以及对我 20 年来科研之路产生的深刻影响。

极地科学梦　懵懂开始

　　1988 年,我一个黄土高原的山里娃考上了兰州大学地理系。报考地理系可能与我自小生活在农村有关,我的第三志愿就是兰大地理系,性本爱丘山吧。虽然我的分数还算不错,完全进入第一、二志愿的热门专业,但兰大偏偏就把我录到地理系。入校后得知,报地理专业的人少,只要有人报,不管第几志愿,一般就录取了。这个结果我当然也满意,用我那懵懵懂懂的脑子想,地理就是到处跑、到处看。打小一直在山里憋着,能够到处跑其实就算上升到了人生抱负的高度。那年月还是有不少人问你有什么人生理想,我经常说,没啥人生理想,最大的愿望就是到处跑跑,不要在山里憋屈着,就这么点出息。

　　大学一晃四年。

　　这个令我神往的殿堂和人生阶段给我的印象并不好,甚至有点灰暗。20 世纪 80 年代后期那几年,不但社会治安有点乱,校园里也弥漫着"读书无用论"气氛,"造原子弹的不如卖茶叶蛋的",报纸上则用一个斯文的词语叫作"脑体倒挂"。稍后有了那么一种解释,说是"价格双轨制"滋生了"官倒",当时对这些我也是半懂不懂的。总之,大家的学习劲头不高,很多人浑浑噩噩。我记得不少人经常逃课,不是在宿舍里睡懒觉,就是做着花样繁多的小本生意。印象最深的是不少人宿舍抽屉里装满了香烟,不断有烟民们去买。除了周末食堂边上那位力学系学生雷打不动地修鞋给了我对勤工俭学的敬意,其他大多数买卖在我看来都是不务正业,不上课而醉心于挣钱能算勤工俭学吗?!

大学难道就是这样?与我的想象相去甚远!

久旱盼甘霖,需要来点正能量。

1989年后半年,报纸上不断报道中国人秦大河与其他五国队员在徒步横穿南极大陆的壮举,并且秦大河还是兰州大学毕业的,于是我对兰大尤其是地理系产生了一种自豪感。而且我逐渐弄清楚了,秦大河就职于和兰大一街之隔的中科院冰川冻土研究所。横穿途中的各种艰难险阻和命悬一线的消息不断传来,秦大河沿途克服各种困难采集样品、开展科学观测,体现着科学家不懈追求的精神。大半年内偶尔也有他的豪言壮语通过媒体传到国内,当时觉得那才是地理人应该追求的境界,是一种榜样,一种激励,一种正能量。

秦大河横穿成功后,兰州大学邀请他来母校做报告。当时6位英雄如数到齐,在兰州大学礼堂做报告。秦大河做演讲,其他人只是亮亮相。他举重若轻,将一桩桩生死壮举讲述得津津有味,给我以极大震撼。这决定了我两年后直接报考他的研究生。

1992年我放弃保送兰大研究生的资格,考进中科院兰州冰川冻土研究所,开始了我的极地梦想,一种天下任我行的梦想初现曙光。

1993年和1994年两年的夏季,我先后去唐古拉山、东昆仑山和帕米尔高原高海拔地区开展科学考察,初步领略了冰天雪地和大自然的神奇,锻炼了野外技能。1994年我通过了硕博连读考试,第一学期的博士基础课在北京大学上。

1994年12月28日我接到秦大河老师捎来的话,他让我做好准备参加1995年首次远征北极点科学考察。29日我即去北京祁家豁子国家地震局地质所位梦华老师办公室报名,并表达了我的热切愿望。位老师热情地鼓励了我,表示雪冰研究有学科优势,让我精心准备,争取拿出好的科研成果。那两年里,几家报纸不断吹风,中国开展北极研究的时机已经成熟,其中位梦华老师在科技日报上有个整版宣传,提出谁愿意出钱,他就可以拉起一支队伍去北极。

看来,我初步搭上这趟车了。我的极地之路,就这样不期而遇地飘然而至,在我对极地的认识还懵懵懂懂时开始了。

爬犁加双脚

"中国首次远征北极点科学考察"冬训前预备会议,1995 年 1 月 16 日在北京祁家豁子国家地震局地质研究所举行。会上定下了考察队的组织领导关系,由于非常拗口,便统一口径:"中国首次远征北极点科学考察"是由国家科委领导、中国科协主持、中国科学院组织、七个全国性学会参与、国家有关部门支持的民间活动,以便媒体宣传报道。会上宣布了冬训期间的组织领导班子。总指挥:郭琨(原国家南极考察办公室主任);副总指挥:徐力群(著名探险家,与鄂伦春人一起生活十几年,花 5 年时间骑摩托车绕中国边境一圈);领队:位梦华;副领队:沈爱民(中国科协团体处处长,北极考察先遣组队员);队长:李栓科(中国科学院地理研究所副研究员,曾赴南极考察);另外,还有翟晓斌(科协)、孔晓宁(人民日报记者)等。

会议宣布了冬训计划和冬训纪律:以徒步方式沿冰封的松花江江面行进约 150 千米。所有吃、喝、拉、撒、睡都在冰上进行,称全封闭式淘汰制。冬训目的是模拟北极环境,全面训练和检验队员在极端寒冷和异常危险条件下的自救和互救能力。其最终结果是要淘汰掉大多数预备队员,挑出六名左右精兵强将,作为远征北极点的正式上冰队员。沈爱民强调要采取半军事化训练。之所以这样,一是大家来自不同的部门和单位,彼此不熟悉,行为规范不同,步调很难捏齐,半军事化容易解决这一难题;二是松花江下面是滔滔江水,冰上行进,危险四伏,散兵状态行动容易发生意外。冬训纪律定格在"全封闭式"这一词条上,具体说就是谁要是离开冰面(上岸)一步,或者接受岸上任何救助,立刻取消预选资格。制订如此苛刻纪律的原因很简单:进入北冰洋无岸可上,也没人救助。

29 名预选队员 1 月 17 日由北京乘火车前往哈尔滨。因为缺票,中科院地质所博士生全来喜一路上钻睡袋睡地板度过,大家笑着说他"提前进入冬训"了。黑龙江省体委负责接待和协助冬训队,到达哈尔滨后安顿大家在五环宾馆住下。郭琨同志已提前抵达哈市,主持部署冬训工作。郭老说将于21日在哈尔滨以东的高楞镇下江,沿江向佳木斯走,从图上量距离为158千米。20日先开会部署冬训步骤,晚间组织参观了哈尔滨冰灯,从火车站拉回托运装备,分发上冰食品:主要是方便面、面包、巧克力、黄油、鸡蛋、香肠、果珍等,全部是成品,体积小便于携带。据说,已对其中所含卡路里进行过计算,以每人10天左右分量安排(7天另加不可预料的3天),杂七杂八每人有那么两书包的食品。趁美国教练未到之前,大伙儿下午驱车到松花江面练习搭帐篷,一来为正式下江做准备,二来在美国人来之前有个热身。对我而言这比较容易,因为通过唐古拉山考察对冰雪生活已经轻车熟路。当天晚上6名美国人也到达五环宾馆。

21日大部队去江边开展揭营仪式,我则受队里委托接从北京飞来的美国探险家鲍尔·舍克。冰坚路滑,开车的当地司机不太谨慎,差点把我们扔进沟里。傍晚赶到高楞镇林业局招待所,大队伍正吃完晚饭准备下江。到江面后大家齐动手,将冰上物资分装在几个铝合金制作的雪橇上,东北人管那叫爬犁。队伍分成三人一组,要求每人20千克负重,每两三人共拉一只雪橇前进。拉着笨重的雪橇在布满冰凌的冰面上走,就像人拉着犁在犁冰。当晚只走了两千米,就已经是满天星了,于是就地搭帐篷宿营,体验卧冰的滋味。我和中科院海洋所赵进平博士共用一顶帐篷。帐篷外不断传来尖叫声,不知何故。

第二天,美国人展示了他们带来的全套美式行装,所有的帐篷杆和帐篷布是连为一体的,帐篷杆以帐篷顶端那一点为中心向四周辐散,搭帐篷时只需将帐篷杆一个个拱起即可;拆起来更容易,只需放松杆子,再把帐篷杆拢成一捆,就势用连着的帐篷布一裹,塞进袋子里就算完事,省时省力,整整齐齐,干脆利落。最让大家啧啧赞叹的是鲍尔腰部拖着的梭形雪橇。这个雪橇底部呈弧形,两头尖尖,所有行李装上后,用像鞋带一样交错的绳子从绳头一勒,捆绑完毕。看他踏上滑雪板,将滑雪杆往地上轻轻一点,便悄无声息地飞走了,这可羡慕死我们了。相比之下,我们的装备就很土气,也不科学。用的帐篷是去郊游、野炊有时间四平八稳慢慢搭的那种帐篷。

那几天不断有人拆帐篷弄断了杆,装进套子后参差不齐地翘着,像老大爷挑担上的柴捆。平底铝合金的爬犁阻力大,摩擦生热后经常冻在冰上;终于起动了,听到的则是这合金片在冰上摩擦发出沙哑的声音。当年中国的户外产业还处于萌芽阶段,就那个水平。

随着一天天行进,队伍逐渐拉开了距离。领头的是天津人刘少创。此人曾在武汉市万米长跑比赛中取得全市第6名,是个精瘦机灵的"孙猴子"式人物。这次他听到北极考察的消息后,将带到天津刚完婚的妻子搁在老家不管,自己径直往这儿来了。他一下江面自然遥遥领先,大家给他起了个"生猛海鲜"的外号。紧随其后的是赵进平和我这一组。中间是主体队伍,是正态分布的大多数。"大部队"之后尾随的是所谓"特困组",由两位年长者和两位女性"整编"而成。严冬的松花江上记者云集,仅中央电视台就有6人,哈尔滨电视台1人,另有新华社、人民日报、中国日报(China Daily)、羊城晚报、中国科学报、科技日报、中国青年报、北京青年报、青岛日报、中国减灾报、中国建材报、今晚报等报社文字记者,年少者有20出头的实习生,老者有近花甲之年的资深记者。

困难很具体,不少人上了岸,钻进了跟随行走的收容车,自动放弃了。我总结了一下,困难主要有以下几方面:一是冰面太滑摔跟头多,北师大的赵烨说他一天内摔倒40多次,毕福剑则边安慰边吹牛说他摔了100多次,不知真假。二是天黑容易迷路,CCTV的张军和《中国减灾报》的金雷天黑迷路后向岸边的老乡问路,老乡半信半疑,猎枪都端出来了。后来还听说有几个违反纪律偷偷上岸吃了热乎饭的,反正队伍拉开了,谁也不知道别人的遭遇和偶尔违纪的事。三是冷,早上起来每个帐篷底下的冰面上砣出两个人形,手和脸受冻更严重;留胡子的则满脸冻着霜,痛苦更甚。毕福剑一脸络腮胡子,一头乌发扑到后肩,这种酷相在松花江上可遭尽了罪:胡子全结冰了,大半个脸白花花的,上嘴唇胡子上的冰条一串串奔拉到下嘴唇,开口说话时像串珠门帘一样拍打着。每个人呼出的气刚一出来就被冻上了,结在羽绒服领角上形成两个大冰坨;两个大冰坨随着你走路的节拍一上一下地蹭着脸蛋,脸就一直麻木着。四是有点吓人,整夜的冰裂声和水流声吓跑了不少人。

说实话，后来去加拿大哈德孙湾，以及去北冰洋训练，都没有在松花江上受的罪大。严酷的条件也正好达到了挑选队员的目的。

1月26日队伍完成训练从宏克力上岸，到佳木斯吃了第一顿岸上饭。饭后开总结大会，却突然停电，在烛光辉映的朦胧里，郭锟、位梦华、佳木斯市副市长、赵进平、李栓科、王迈等都讲了话。位梦华主要讲经过这次冬训找到了我们存在的最大弱点就是装备太差，这对我们明年单独组队是一个很大的考验；二是事实证明我们已经有了一批非常优秀的人才，将成为今后北极考察的中坚力量。

1月28日，大伙坐火车到达北京，中国科学院徐冠华副院长、中国科协刘恕书记、时任南德集团总裁的牟其中已在站台迎接。领导们一阵问寒问暖后，再次合影、摄像，大家冲着镜头齐喊："北极见！"

箭在弦上，只等春节后进发！

滑板加雪橇

队里的中国人当初基本上都不会滑雪，更不会驾驭狗拉雪橇。既然是徒步考察，这两项技能必须具备。协助中国队员的美国探险家鲍尔·舍克安排大家先去加拿大中部哈德孙湾练习这些技能。

我们需要1995年3月份下旬从国内出发前往北美接受训练。

3月25日9:00，"中国首次远征北极点科学考察"行前集训会在国家地震局地质研究所实验楼204室准时召开，会议由位梦华主持，内容包括：（1）中科院副院长陈宜瑜讲话，主要精神为：① 北极科学我们和西方人差距很大，不能重走别人以前走过的路，必须选择优势学科和方向，以紧跟国际当前水平。科研任务艰巨，科考人员责任大，要特别体会秦大河的成功之所在；② 野外的团队精神、组织纪律性的重要性；③ 怎样搞好与外国人员的关系。（2）科协高潮副主席讲话，除同意陈副院长的讲话外，还补充了两点：① 加强对沿线风俗、文化的了解，搞好与海外华人的关系，并尽可能得到他们的资助；② 塑造良好形象，提高信誉，为以后科考做好准备。

（3）南德集团对外联络部马部长讲话,指出北极考察是南德的骄傲,预祝考察成功,并表示将为以后北极科考做积极准备。（4）中科院协调局副局长（忘了名字）宣布科考组织机构。领队:位梦华;政委兼副组长:翟晓斌;副领队:刘健;科考队长:李栓科;新闻组长:孔晓宁,副组长:张卫;北京联络部主任:刘小汉,副主任:杨小锋。（5）翟晓斌宣布科考纪律。（6）刘健宣布科考日程(暂定)。（7）李栓科宣读野外应急措施,主要是:① 服从领导;② 互救与自救问题;③ 保险问题:中国人民保险公司总公司营业部为每人担保30万元人民币,总经理为杨超。会后签发了"协议书"即家属协议书,基本上是《生死合同》,我自己填上了父亲的名字。

1995年3月26日授旗仪式在天安门广场举行,场面热闹非凡。30日拿到机票后,我与位梦华、李栓科、刘少创四人前往南德集团总部,与牟其中总裁等人会谈。南德集团大厅正中悬挂着一大横幅:"欢迎北极科学考察代表团光临南德集团"。大厅内早已云集了公司员工,掌声欢迎。到楼上会议室与牟总会谈,双方都表示要"忘记过去,着眼未来",把本次考察看作中华民族的一件大事,从这个高度来做好一切工作。最后位梦华提出,在北极他应掌握一笔应急备用金,因为在北冰洋徒步考察危险性很大,人随冰漂,以前死人的例子很多,万一有不测,可调动飞机援救,显然这笔钱很重要。南德方面同意用国际旅行支票,由南德随队代表刘鸿伟保管,到北极后用于考察基地应急。31日在首都机场举行了欢送仪式,科协翟晓斌、南德集团牟其中、科学院协调局国土处张琪娟处长以及位梦华讲了话。各界都将这次我国首次北极科学考察看作中华民族的一件盛事,专请了中央民族学院的身着各民族服装的大学生向科考队员献花。

考察队主力飞往美国,开始了北极之行。

在纽约和多伦多华人的协助下,考察队如期于4月5日赶赴哈德孙湾,开始了滑雪和狗拉雪橇训练。

训练一开始,胖女孩贝赛(Bethy)在宾馆里演示了睡袋的用法;美国冬青(Wintergreen)公司老板、探险家鲍尔·舍克和他的长期合作人瑞克在哈德孙湾冰面讲解演示了滑雪要领,大家再一次品尝着不断摔倒的滋味,一切又从笨拙中开始了。约翰讲解了驾狗的注意事项和要领:① 对狗要人道,每只狗也像人一样有各自的个性,要努力记住每只狗的名字;② 要随时注意套狗的套带是否正常,防止狗受伤;③ 记住驾狗口令:前进—"hap! hap!……",右转弯—"ji! ji!……",左转弯—"ha! ha!……",停止—"woo——";④ 要随时表扬狗:好狗,好狗! 好孩子,好孩子! 等等。

驾驶狗拉雪橇的第一天,我、赵进平和约翰一同驾驶一辆狗橇,另一辆狗橇也由三人负责,其他人滑雪前进。我们先绕了个大弯,最后和先走一步的滑雪分队汇合,跟上了大部队。雪面平坦,驾驭简单。但一开始狗听到陌生的声音似乎有点不适应,一喊口令它们就回头好奇地瞅一眼,有时还不听命令。要不就是我们的英语发音不准? 近中午时,我们面前出现了一片小岛,上面建有一座城堡,大家在此停歇休息。城堡石碑上标着"华莱士王子城堡(Prince of Whale's Fort):1733—1771",看来也有点年头了。约翰告诉我,这是一个英国人为了独占这里皮毛动物的壁垒,是抵御法国人的。我们趁休息时间从一破损的土缝钻了进去。里面被齐膝的积雪塞着,枯蒿萋萋。城堡四面墙头均有旧式大炮守候,炮口黑森森地朝外仰张着。堡墙以沙质灌制,结实得很,构思很像我国古代军事要塞的城池。大家进去拍了照。

当天下午,鲍尔等决定专找一片酷似北极的乱冰区,他们说这是极好的训练场地。我先滑雪前进,感到滑雪技术提高不少,摔跟头也少了些。过了一会调换人员,换了去驾狗。在这种地带驾狗很危险,到处是半人高的冰凌子,急驰的狗橇和擦身而过的冰凌随时可能伤人,所以得十分警惕! 约翰讲,人要控制住雪橇,不能稍离,否则很容易受伤。另外,要密切注意前方的地形,判断雪橇将会左翻还是右翻,到时候人要使劲地使其平衡:雪橇往左翻人就往右拽,往右翻就往左拽。远看踩雪橇的人左右来回地晃动,我便想起了我在家乡崎岖的山路上拉架子车的情形,有点类似,于是这一技术我很快就掌握了。狗橇有时候来的还很惊心动魄,因为狗队偶尔会不听使唤(取决于领头的狗),楞往冰坎上冲,急驰的雪橇撞上冰坎,一束冰碴子就会卷过来,撒我们一头,灌我们一脖子。但有时候狗儿们跑的是正路,后面的雪橇偏偏往冰上撞,其结果往往把雪橇弄翻,人也控制不了,几百千克重的雪橇一翻,狗队也就戛然而止。要说这些狗真是力大无比,约翰说它们分两个品种:爱斯基摩狗和北极狗,具有狼的血统,叫起来也酷似狼嚎,仰起头拉长音。狼就是以这种方式在空旷的原野上互相联络的,要不狼怎会总是成群结队的呢?!

接下来的几天里,大家在森林地区训练,方精云和我都在哈德孙湾开展了积雪和生态学观测与样品采集。我和郑鸣、孙覆海、阿乐、埃迪还有贝赛(后来大家亲切地叫她"美国小芳")留下来帮赵进平试热水钻。从兰州带来的军用火炉很不好使,几乎用了4个小时点炉子,一会儿烧一会儿灭。等压力表上了点刻度时,我们将蒸汽喷嘴往冰面上一戳,"哧—哧—哧"几下子就钻出一个孔来,下面的海水冒了上来。看来症结是火炉。后来约翰等开来了摩托雪橇,其中一辆摩托还拖了个拖斗。这摩托用滑板代替轮子,行驶在冰面上像水上飞艇,很刺激!大家收兵,上车上拖斗回基地。

哈德孙湾的训练似乎很顺利。因为是越野滑雪而不是高山速降,比较容易掌握。雪橇驭手也好当,尤其是这些队员不是农村长大的就是有部队历练的,这类活儿一学就会。

4月12日,我们经温尼伯赶往美国明尼苏达州小镇伊利(Ely),在那里经过了一周的休整。20日下午,后续队员刘健、翟晓斌、卓培荣、刘刚、叶研、王迈等自国内到达伊利。刘健说在国内办理赴加拿大的签证遇到了麻烦,于是立即在鲍尔的木楼前开会,通报基本情况:(1)因为加拿大使馆认为中国考察队只办理了去美国的签证,而未办理去加拿大的签证,是对加拿大的不恭,所以已通知加拿大各海关不给中国考察队以方便。应急措施是我们需要马上飞到明尼阿波利斯,再转机飞到底特律,在加拿大驻底特律领事馆办理赴加签证。刘健已通过北京的刘小汉让外交部办理照会。刘健简单介绍了他在北京跑签证的艰辛,嘱咐大家到底特律后如何统一口径。(2)翟晓斌介绍国内情况:电视记者和文字记者的报道很及时,把大家的近况随时反馈到国内,家里感到放心,现在国内基本上是掀起了一股"北极热",反响很大。(3)位梦华总结过去、分析现状、展望未来,要求大家遇到困难不气馁,心系北极,克服困难。

立即行动!

第一批队员马上整理行装,准备赴底特律补办签证(第二批在国内已办妥)。大件行李留给第二批队员,由他们从伊利直接带往加拿大温尼伯(远征北极点的最后征程将从那儿出发)。

南德的钱没有到位,没路费,当即记者们解囊,掏了往返底特律的机票这笔"枝外生节"的钱。张军、毕福剑和其他科考队员一样,由南德集团赞助参加本次考察、采访,除张军、毕福剑外的其余记者们,全部自费随北考队采访。出发前,他们都颇费了一番周折才筹齐每人20万元的经费,来之不易。事情突然撞到节骨眼上,记者们顾大局解围,让大家感激涕零。所幸在张卫的运作下,大伙儿取得了加拿大签证,从底特律飞返加拿大,在极度疲劳下踏上了赴北冰洋的征程。

22日上午,在温尼伯位梦华的房间里,科研人员通报了科研计划,讲讲各自的考察内容、上冰细节问题,看哪些需要统一协调,由记者记录。赵进平讲,他每个纬度要测一次海流和温、盐、深(TCD),将北冰洋海冰戳穿一个洞,放入球状海流计,让海流计自动采集深度断面上海流速度、海水温度、盐度和深度。所采集的数据导入笔记本电脑保存,回到国内要做的就是大量的数据处理,这对揭示北冰洋中心海域物理海洋学特征有重要意义。此外,赵进平还需采集不同深度内海水样品,除可进行各项海洋化学分析外,有些数据可与海流计采集的数据对比,互相佐证和校验。他自行设计加工的海水采集器精致而神奇,采集器下至设计深度后,一个小铁球顺着绳索滑下,撞上采集器会使其发生连锁反应:开门-进水-关门,这样采集的海水代表某一层位的水,不致在上下移动过程中混入其他层位的水。有可能的话,他想挖出北冰洋海底的泥来,分析海洋沉积特征,但此项没把握。鲍尔在哈德孙湾时听说赵进平要挖出北冰洋底的海泥,便找赵进平商量能否高价卖给他一份。赵进平表示泥的科学价值不能以金钱度量。赵进平的工作有一个小小的技术难题,就是液晶显示的笔记本电脑在低温下不工作,需要给它保暖。刘少创的工作除进行GPS定位和导航外,另一项就是摄影,说要进行两极对比研究。他的专业是摄影测绘,我是外行,不大领其要义。我总结我的雪冰工作实际上从南部的伊利就开始了,到哈德孙湾已开展了很好的工作,比预想的好多了。这样,我考察的空间断面就不仅仅局限于北冰洋,而是从中纬度地区延伸到北极点。但也有比预想的差的地方。由于海冰表面微地形复杂(如冰丘、冰脊),风吹雪使积雪发生重新堆积,很多地方并不适宜采集雪坑样品,因为后期扰动已破坏了原有的时间序列。简单地说,降雪本是一次次堆积叠加的,雪冰物理学和化学方法本可对其准确断代,然后分析其中的各种气候、环境信息,这些信息就有了时间性,像古人续的家谱。但经吹雪这么一扰动,就会信息混乱,爷爷孙子同辈份,甚至爷爷管孙子叫祖太爷⋯⋯但毕竟有平坦雪面,而且有雪层厚度规则变化的积雪,就不会存在上述问题。况且,通过哈德孙湾的工作,我已总结出到北极后如何有效、规范地开展工作的方法,一定能达到预想的目的。方精云、牛铮、李栓科均讲了各自的科研计划。方精云博士要求尽量上冰。方博士搞生态,在日本做博士后,人也很敬业,训练、休整期间即已开展预定工作。方博士除生态方面的内容外,兼做温室气体通量方面的采样和测试。他要求上冰徒步考察是想做北极低温微生物研究。牛铮希望能有航拍、航测的机会。他问我能不能测雪的物理特征,以作遥感地面验证资料,我说那正是本人工作之一。牛博士若不能上冰,我将在北冰洋代他做这项工作。

4月22日,全体队员从温尼伯飞往雷索鲁特(Resolute),分发装备并整理仪器、个人物品。最后一刻,领队位梦华宣布上冰队员名单:位梦华(国家地震局地质研究所研究员)、李栓科(中国科学院地理研究所副研究员)、赵进平(中国科学院海洋研究所研究员)、效存德(中国科学院冰川冻土研究所博士生)、刘少创(武汉测绘科技大学博士生)、张军(中央电视台记者)和毕福剑(中央电视台记者),共7人。

23日,3架双水獭飞机在尤里卡(Eureka)和埃尔斯米尔(Ellesmere)岛国家公园加油站补充了燃料,直飞至北冰洋88°冰面。中国人开始了对北冰洋中心区域的徒步考察。

史无前例!

地球顶端来了中国人

飞机终于下降,颤抖着滑跑直至停稳。舱内再次报以热烈的掌声。刘少创跑出,立即用 GPS 定位:北纬 87°59′。随机到起点来采访的记者们忙着拍摄、问感受……三架飞机将所有徒步考察人员、狗、装备下卸后,即旋起螺旋桨,直刺青天向着来的方向远去。

留给 7 个中国人和 9 个外国人飞舞的扬雪、冷寂的环境,还有一丝莫名的惆怅……

"中国首次远征北极点科学考察"徒步考察就从这里开始了。

两只狗队拉四架雪橇很快就绪。鲍尔、少创商定 GPS 所示北极点方向,随着"Hap"一声,狗队冲出,人员驾狗滑雪跟上。浩浩荡荡的科考队正式出征。从这一刻起,北冰洋真正意义上接纳了中国人;她之前喧嚣也好宁静也好,缺少了中国人是不够热闹的。

宁静被打破,北极的探索史掀开了新的一页。

从北极回来后,危险性固然是大家问得最多的问题之一,但如何生活——吃、喝、拉、撒、睡——也是常问的话题。我先试着回忆一下每天的生活节奏。在那人迹罕至的宁静的北极冰面上,蹒跚着一群这样的人和狗,怎么说都是让人难以想象的。

一早先由一两人早起值勤,支锅烧水。地点通常选一个突兀的冰脊后面,背风操作。这里冰脊遍布,每一天宿营时只需要挑一个高的。背风宿营的好处:一是搭帐篷时容易控制帐篷布,否则帐篷布会像迎风的旗子一样狂舞,大风天气不管刮跑任何一样东西都是致命损失;二是相对暖和,做饭时火苗也不致被风扑灭。经过哈德孙湾的拉练,这套程序变得轻车熟路。

灶具精减到最简单水平:一便携式喷炉,一铁桶当锅,还有一铁铲。做饭程序如下:(1)在背风的雪面上用铁锹铣铲出一平台,支好喷炉,将喷炉的铁皮围子圈于上风方向,呈半圆形围住喷炉。(2)提铁桶、铁锹到附近处找硬雪,盛铁桶中压实、装满。(3)点着喷炉,铁桶放于炉子支架上。等水开的同时,一边再搬大雪块准备烧第二桶水,一边吆喝让帐篷里其他的人快起床。第一桶水满足喝,第二桶则用来煮饭。"厨子"从雪橇底的大口袋里掏出米、干面条、葡萄干、鹿肉干、红糖,一股脑下到桶里。味道很杂,但大家都知含热量足,每次两三碗下肚。

卧雪一夜的狗有时候看上去与雪地浑然一色,不小心还会踩上去。狗食非常简单,每只狗可得军用搪瓷缸半缸的狗粮。狗粮看上去像一粒粒灰豆,只知是合成的高热量东西,不知究竟。

吃完早饭,需要利索地拆帐篷,收拾所有公共装备和个人装备上雪橇。通常会在出发之前通报一下当天计划(当然,计划经常赶不上变化),以及注意事项。经常是,鲍尔和少创手持 GPS 领路,后面的雪橇和滑板跟上。鲍尔"猴子探海"似的找路,跑前蹿后,张罗整个考察队的行程。有时见他远远在前头,踩着滑板左右摆动在找路;有时又见他返回来了,或者告诉怎么走,或者指挥狗橇怎么过冰坎、怎么过冰沟,简直像个孙猴子! 他在这种乱冰区滑雪也能应付自如;只见他的滑板巧妙地架在冰碴上,如人在浮冰上,走起来快极了!

这支中外混编的队伍,有老有少。对老的少的,大家也不会刻意照顾或放慢节奏等他们,好在他们多数情况下都很争气,没有拖后腿的。

傍晚时分我们会找一片周围被冰脊环绕、较为温馨的地方扎营。每天的扎营程序雷同,基本过程如下:(1)支大帐篷和个人小帐篷,拴狗,大家分头干这几项事。(2)将滑雪板支成"∧"形,从高山包中取出睡袋,搭上去晾干。因为前一天晚上睡觉时呼气凝结形成的冰屑还保留着,必须晾干,否则今晚会很难过。(3)喂狗。基本上由瑞克包揽,按每狗半搪瓷缸狗粮分发。此时的狗很兴奋,狂吠不止。另外,需要架起天线(两个滑雪板间拉一根铁丝),和基地人员通话,通报情况,用的是短波。(4)吃饭,一般聚火炉旁,或在大帐篷里。(5)开短会,总结经验教训,商量第二天计划。(6)科考人员开展科考项目,之后睡觉(之前可能有人像我要写日记)。

记者们最辛苦。因为行进中要工作,尤其出现特殊情况时更不能放过机会。所以,大冷天里摄像机一会儿要扛着,一会儿又要绑在雪橇上;有时候刚绑好,情况来了,又要卸下来。宿营后记者们也要抓紧时间采访。晚饭后,有时会聚在某个帐篷里来点小热闹。有天晚上毕福剑召集大家在帐篷里唱歌。他点子多,一曲《铁道游击队》里的插曲被他篡改,成了这样子:

"西边的太阳怎么也落不了

　北冰洋上静悄悄

　吹起那心爱的口琴吆

　唱起了现填词的歌谣

　踩上飞驰的狗橇

　滑雪急

　驾狗忙

　……"

七位中国队员在老毕帐篷里围坐着，每人眼前放一只铁碗供敲打。老位的碗简直像从弹坑里拣出来的一样，坑坑洼洼。老位边瞅边说它该进博物馆了。老毕现编的歌词每人一句往下唱，老毕口琴伴奏，郑鸣拍摄。回来后这场景还真在中央电视台播出了，南腔北调的很酷，尤其是老位那碗。

在这广袤的北冰洋上，可能从没有响起过中国歌曲，又是合唱，是那样的热烈……

办法总比困难多

在到达北纬89°之前，老天似乎要给初来北极的中国人一个下马威，考察队遇到了北冰洋险象环生的各种困难。

4月26日傍晚快宿营时遇到了险情。一条宽冰沟横在眼前，像条宽广的河，两头蜿蜒远去，不知尽头。怎么办？队伍向右循冰沟移动，找"渡口"。所幸遇到一稍稍狭窄的沟段，里面有两块浮冰泡着，表面平平的。

鲍尔估摸可以冒险通过。

全队当即解下滑雪板和高山包，从雪橇里找出钢钎钉、榔头和绳子。瑞克、鲍尔自告奋勇先跳到小浮冰块上，荡荡悠悠地，先在靠我们一侧的浮冰块上钉了两只大钉，每只大钉上拴一绳子，绳子的另一头甩给"岸"上的人，由"岸"上的人拉紧，控制不让浮冰随海流漂走。接着，鲍尔又将两块浮冰间用绳子连住……

一道"浮桥"搭成了。

人、狗、雪橇通过顺序如下:(1)狗先过。要求人牵其脖子上的套带。要特别注意,狗一开始也有点害怕,一旦下了决心,一般是狂奔而过,牵狗的人必须手脚麻利,赶上狗的节拍,否则可能被狗甩进海里。(2)滑雪板、背包过岸。此项以传递方式完成。两岸均留人,"浮桥"上的人不断接此岸递过来的东西,再传递给彼岸的人。需要注意的是,不能扔,防止掉入海中。(3)雪橇通过。此项最危险。办法是,此岸的人使劲拽拉绳,使"浮桥"尽量地靠近岸边;推雪橇缓缓上"浮桥",等雪橇完全上去后,松拉绳,由"浮桥"上的人将雪橇拉过对面岸边,再在对岸队员的协助下上到彼岸。如此四趟,雪橇全过。特别应注意的是,雪橇刚上浮冰时可能使浮冰倾覆,浮冰就像个跷跷板,所以浮冰上的一两个人要站在另一头以保持平衡。此外,雪橇上去后,将浮冰压入水下,而且总有点倾斜,人要特别警惕不要顺着"坡"滑入海里。(4)人员通过。此项较容易。当时瑞克背上旦恩老人后,正要来个双脚跳上岸的表演,被大家喝令制止。一道难关总算安然渡过。

4月29日队伍向北纬89°冲刺,但遇到了剪切带。剪切带是相向运动的浮冰流之间,或运动方向有一定夹角的浮冰流之间,由于剪切作用形成的海冰破碎带。剪切带两侧冰流快速滑动,剪切带内海冰翻腾、支离破碎,且天气极坏,这是海冰区工作的最大威胁。据判断,此地当为北冰洋两大冰流(波弗特环流与穿极海流)的交界处。鲍尔架电台后和维尔·斯蒂格取得了联系,维尔领着仨俄罗斯娘子军,从俄罗斯方向穿过北极点后正朝加拿大方向奔来,现离我们不远。维尔报告鲍尔,他们已漂到东经40°去了,可见海冰剪切很厉害。于是,当机立断,后撤!到下午时,后撤了2千米扎营。

突然背离目标而去,大家感到很扫兴,2千米如此漫长!

扎营处冰面平坦,可落机。由于剪切带大面积水面暴露,蒸发的水汽向天空伸展,造成阴霾天气,看上去前方似有一片黑幔将天地衔接。

我们遇到了最头痛的困难。

鲍尔滑雪去前方"黑幔"处探视,归来后直摇头,说不敢贸然前行,决定等明天飞机一到,先让飞机侦察一趟,找好路线后队伍再穿过。

趁等飞机之机,及早扎营休息。刚躺进帐篷不久,有几个老美很快钻出来,大谈冰裂声。的确,这冰裂声比松花江的来得更悠长、恐怖。在北冰洋考察史上,由于冰裂将考察营地肢解的例子不胜枚举。更有甚者,曾有一道冰缝从一营房正中穿过,将其填入大海。有前车之鉴摆着,大伙察看了周围,见营地在一完整海冰上,附近无明显裂缝,料无大事,便回帐篷就寝。松花江的"修炼"使中国队员变得浑身是胆,好比金庸笔下的小鱼儿,能从"恶人谷"里活着出来,世间就没有什么可怕的了。"生猛海鲜"宽心道:"要死松花江早死了,咱踏踏实实睡觉吧。"

4 月 30 日,天气仍阴沉、大雾,从短波得知飞机不能来。我们决定拔营起程尝试穿越剪切带。

队伍甩开昨天回返方向,朝右绕行寻找突破点。行进约 2 小时后,终于见到剪切带真面目:头顶乌云密布,方圆不知边际,一道碎冰带横在眼前,像有神功在这平展的浮冰上刻画了一刀,一边保留平展,另一边则用乱棍搅了个稀巴烂。碎冰带弥漫着一股神秘,宽不知前方多远,长不见两侧尽头,延伸进蒙蒙的迷雾中。带内冰块挤压发出"咯—嘣—嘣—蹦—"声,如孕育千钧之力,只待释放。整体一看,大大小小的冰块就像一锅临近煮沸的饺子,在水面上微微活动开来。定睛一看,十分热闹:有两冰块相互挤压形成势均力敌的,则两冰块呈"∧"形上拱,倏尔又仰翻过去;又有下层冰流将大冰块抬起的,则大冰块在上面悠悠地打滚,像矿井里传送带上的煤块儿;更有大冰块将小冰块挤向一边的,则小冰块在咯嘣声中掉进夹缝,继续遭受挤压;还有小冰块被挤压入水,忽地又从附近一缝中探出头的。真是形态万千。

此景惊心动魄,有股大自然凛然的威慑力。

尽管如此,大家还是试探着从此处穿越。所有人解下滑雪板插进雪橇里或放在高山包上,尽量挑岿然不动的冰块踩上去;碰上活动的冰块,则在冰块被挤翻之前将其作为一过渡,脚尖一点迅速跳过。鲍尔、我、少创、赵进平行进约 10 米,回头见狗橇举步维艰,且前方不见尽头,感觉不妙,全队告退!

队伍继续向前探寻,终见靠我们一侧的平展冰面有一岬角伸进碎冰带,估计此处稍窄,决定就此试穿。办法依旧:少数人员解甲快进,多数人员与狗同行;在恐怖的吆喝声中,狗儿们也似乎感到大难临头,奋力拉橇。在人抬狗拉的合作下,狗橇一步步推进、推进、再推进。队伍找完整大冰块左右摆动,行进约2千米后,眼前呈现连续海冰,2千米宽剪切带胜利通过!

当天下午行进极快,我和少创在最前。天气仍阴沉大雾。地面几无反差,像孙悟空脚下的云彩,根本看不清地面。估计能见度在5米之内,几步之隔的少创像泡在淡淡的乳汁中。因为滑雪印辙也看不清,只好瞅着少创的方向走,深一脚浅一脚的。这实际上是很危险的"全白"天气,幸运的是大家没有遭遇冰裂缝,否则在低能见度下很容易葬身海底。

当晚宿营地为北纬89°03′。宿营后,鲍尔说万一飞机不能来,则燃料成问题,为节约燃料,今晚没做晚饭。老位听后感觉不对头,89°来飞机补给是双方协议中的重要一项,突然来了个"万一飞机不来"是什么话? 他立即回敬鲍尔:"飞机必须来。""百万富翁"等人也"绝不答应"鲍尔耍赖。鲍尔最终软下来,答应与基地联系,第二天等候飞机到来。老位能适时维护中方队员的权益,高兴! 处理这种纠纷也是考察队经常要面对的困难之一。

5月1日,考察队行进至北纬89°05′时停下,飞机正在从尤里卡飞往我们的途中,估计半小时后到达。大家欢呼。老位、栓科要求给记者们来点"场面",配合一下他们的航拍。于是,大家从雪橇里取出五星红旗、"中国首次远征北极点科学考察队"队旗,稍事演练,收起等飞机降临。天气突然间变了脸,大风起,骤然奇冷,气温降至-36 ℃,很像松花江上冻伤曹乐嘉10个手指的那次。

飞机从远处天际浮现,渐近,至头顶盘旋两圈,开始向下俯冲。带滑板飞机落地的场面,可谓壮观:滑板着地后,雪面上冲起的雪浪腾空而起,随即被机翼前部的螺旋桨搅得弥漫开来,将整个飞机裹起,只见在轰隆隆巨响中一个大白团向前滚去。

栓科、少创和我将五星红旗和队旗老早扯开,在飞机落地的一瞬间被迎面卷来的风雪打得仓皇告退。

飞机停下,缠裹的雪团渐渐散落,依稀露出飞机面目。冰面队员冲上,飞机上孔晓宁、阿乐、孙覆海、卓培荣、智卫、王卓、郑鸣、"万里行"（王迈）跳下，大家热烈地拥抱。随机过来的都是记者，目的很明确——采访。他们也不多说废话，各自逮一个采访对象便提问开来，掏出衣兜里的笔记本、圆珠笔，飞速地记录着。

徒步队员中，郑鸣接替张军，其他人员不变。至此，考察队最困难的阶段过去了，后半部分过程比较顺利。我一直滑雪前行。这后半段一马平川，完全是天赐的白色天堂。队长栓科总结说："咱队里有俩人一直在'保持晚节'，小效坚持滑雪不上雪橇，少创坚持露天不进帐篷。"办法总比困难多，一一困难被克服之后，老天爷常给点甜头，让大伙享受到北冰洋的静谧、安详和美丽。

5月5日上午，随着少创执GPS喊一声"北极点到"，栓科打出三颗信号弹。老毕、郑鸣分头将明亮的信号弹和GPS显示的位置拍摄下来。这样，1995年北京时间5月6日10点55分，中国人首次以徒步方式到达北极点的行动大告成功！

眼睛会骗你

既然是科学考察，应该说说我都干了些什么活儿。

我从美国启程就开始采集雪样，关注其中的环境信息。如此，样品的采集点就从北美洲的伊利到加拿大哈德孙湾，北至雷索鲁特、尤里卡、北纬88°～90°，形成了纵贯北美一侧的连续断面。虽然样品来自一个季节，好在雪层是一个冬季积累下来的，具有一定的时间代表性。采集样品回到实验室后，我分析了很多参数，但重点是重金属元素及其稳定同位素。一个意外的发现是，从加拿大往北极点方向，越往北越"脏"，重金属含量越高。也就是说，之前想当然地认为北极点会很纯净，事实上是被污染了的——眼睛会骗人的啊！后来我通过了解海流和大气环流形式，得到了合理解释。就是说，北冰洋从欧亚大陆一侧来的气流是污染的主源，可以横贯北极。加拿大一侧的大气污染远远小于欧亚大陆一侧，因此，形成了与预想完全相反的结果。这个结果被后期的测试和分析不断证实,论文先后发表在《科学通报》《中国科学》《环境污染与毒理学通讯》(美国)等杂志上。我对北冰洋雪层物理特性的描述发表在《地理科学》上,对电导和雪冰酸度的论文发表在《极地研究》上,关于雪层内溴的环境指示意义发表在《冰冻圈》上。我注意到方精云教授也发表了与本次考察相关的成果。北极考察回来后,在这样一批科学家和记者们的笔下,一批北极科普读物和远征北极点的纪实文学相继出版。

从民间形式到政府行为

"中国首次远征北极点科学考察"成为"1995 年全国十大科技新闻"之一。

1996 年的某一天,科学院刘健(也是考察队副总指挥)打电话要求我总结一下北极考察的成果,他要带往国际北极会议上加以陈述,为中国加入北极俱乐部努力一把。稍后我们便得知,中国于当年顺利加入了"国际北极科学委员会(IASC)"。而后得知,中国代表团由陈力奇、秦大河、刘健等完成了这一使命。

第三年,即 1997 年,考察队里的关键人物重新组织第二次北极考察——东半球北极考察,拟定从黑龙江漠河北上,按地理景观的演替将考察队分为泰加林支队、苔原支队和北冰洋支队,三队衔接形成一条断面,从漠河直抵北极点,与 1995 年的断面对接,构成横贯北极的完整断面。当时,我接到北京来电,邀我参加北冰洋支队,与刘少创、毕福剑组成三人冰上徒步小队,从俄罗斯新地岛出发,以滑雪方式北进,直驱北极点。当时我觉得探险的味道更浓,好像变成"敢死队"了。但是,经我第一次北极考察的经历,我自信可以提出较为满意的科考计划,于是我进行了紧锣密鼓的准备。正当我预订好车票上京的前一天晚上,北京又紧急来电话,说你别来啦,泡汤啦,给你打声招呼,免得白跑一趟。北京那边只解释说原因很复杂,民间的事儿很难办,赞助商的款都原封不动地给人家退回去了。

自这次经历后,民间形式的北极考察便再也没有听说过。

所幸,我国试图筹资在挪威斯瓦尔巴群岛建立中国考察站和在国内建立极地博物馆的努力一直在继续着,当前这些愿望都一一实现了。而且,从1999年开始,中国以政府行为开展的北极考察正式启动,截至目前已经开展了6次北极考察,中国还成为北极理事会观察员。中国虽非北极域内国家,却也是举足轻重的北极利益攸关方。

回首往事,谁说1995年的"中国首次远征北极点科学考察"不是一次盛事呢?我有时想,它的意义类似于当年安徽小岗村的"包产到户",冒死以民间形式成就了一件大事。

南征北战:20年来极地路

1995是我效存德的极地考察元年,从此再难割舍对极地的情谊和热爱。

1995—1996年我加入了中国第12次南极考察队,遭遇了"雪龙"号最大的一次灾难。在长城站附近海域雪龙船机舱着火,差点酿成大祸。我是坚持不下船"稳定军心"的一员(因为据说船随时可随风撞上冰山),最终克服了种种艰险,搭乘修补后的"雪龙"号回到国内。

1997—1998年我参加了中国第14次南极考察,从中山站向南极冰盖最高点——Dome A方向前进了470千米,沿途开展了冰川学考察研究。这条断面,中国人一步一步往前走,目标是到达顶点Dome A。

2001—2002年我作为南极冰盖内陆考察队副队长,参加了中国第18次南极考察,在内陆冰盖建立了中国第一个南极冰盖自动气象站。

2004—2005年我作为南极冰盖内陆考察队副队长,参加了中国第21次南极考察,实现了人类首次从地面到达南极冰盖最高点——Dome A的考察行动(据说前苏联考察队之前曾从Dome A边上擦肩而过)。

为了将格陵兰冰盖钻透,取得距今12万年前的间冰期气候信息,由丹麦发起的14国联合科学计划——NEEM计划于2011年将格陵兰冰盖钻透,取得了迄今最好的末次间冰期记录,被英国的《自然》杂志发表。我和我的同事李传金、王世猛、张通参加了相关考察和钻探工作,享受了格陵兰冰盖科学大餐,也品味了北半球大冰盖的美景与辽阔。

2014年,为了执行973项目和科学院重大科学计划的相关研究,我将其中一个观测点设在阿拉斯加最北端的巴罗,并在那里开展了选点工作。2015年,我的研究生们在巴罗开展了为期两个月的北极海冰观测研究。从我自己、我的同事和学生的资料,我逐渐意识到,北冰洋已非1995年的北冰洋,那样一个当年还算冷酷的地方,现在已经在全球变暖的强迫下逐渐变了模样,到处是冰缝和软化的海冰,如果现在去徒步考察,危险性可能又增了几分,或许变得不可能了。

由于极地的特殊地理位置,以及全球变暖,发挥着地球"空调器"作用的南北极首当其冲受到关注。"极地科学热"从未消减,我很幸运选择了喜欢的专业。在2015年中国极地科学学术年会上,我被特邀做了大会报告,将南北极联系起来谈了由远而近的故事,关注点就是全球变暖与南北极响应。

那样一个冰封了数万年的北冰洋,难道真要揭了她的洁白面纱,露出蓝色的海洋底色,用肆虐的风暴横扫北半球吗?这是我作为一个科技工作者深思的、将信将疑的也拭目以待的……

北极,我怎能不关注你?!

刘少创 — LIU SHAOCHUANG

从北极开始的
探索之路

刘少创,博士,研究员,博士生导师。1985—1988 年,防灾科技学院地球物理系本科;1996 年武汉测绘科技大学摄影测量与遥感系工学博士学位。1997—1999 年,中国科学院遥感与数字地球研究所博士后,2000 年至今。主要研究方向为月球及火星车导航定位及制图技术;全球重要地理信息数据获取与更新的理论与方法;对地观测技术在自然保护中的应用。2005 年,"利用卫星遥感技术确定全球大河源头和长度"项目入围"亚洲创新奖";2007 年,获得英国地球与太空基金会"地球与太空奖";2008 年,获得中国地理学会首届"全国优秀地理科技工作者"荣誉称号。

1995年的"中国首次远征北极点科学考察"活动已经过去了20年。由于多种原因，我并没有像队友中的赵进平和效存德一样，长期从事极地科学研究，但是这次科学考察对我的科研生涯同样产生了至关重要的影响：1995年中国首次远征北极点科学考察活动为我开启了探索世界的大门。

作为1995年中国首次远征北极点科学考察队的队员参加科学考察活动时，我还是武汉测绘科技大学摄影测量与遥感专业的一名博士生。我的研究方向主要是利用模式识别和人工智能等技术手段，提取航空影像中的人工地物（如建筑物、道路等），这个研究方向似乎与北极考察关系不大。但是，武汉测绘科技大学有长期开展极地科学考察的光荣传统，并在学校设立了"中国南极测绘研究中心"。早在20世纪40年代，大地测量系的高时浏教授就到达了当时的北磁极点；鄂栋臣教授等多次参加南极科学考察，为我国的极地测绘和遥感发展做出了重要贡献；我的硕士生导师孙家柄教授就是一名极地遥感专家，曾参加过南极科学考察。在这些前辈们的感召下，我对极地科学考察也产生了非常浓厚的兴趣。

1995年1月，我正准备和我爱人一起回天津武清的老家结婚。父母已经为我们选定了一个他们认为非常好的日子：1995年1月22日（阴历的12月22）。当从新闻中得知"中国首次远征北极点科学考察"活动正式启动时，我觉得应该积极争取参加。我将这个想法告诉了我的导师王之卓院士和林宗坚教授，得到了两位导师的大力支持。王院士指出："在人类探索世界的过程中，测绘人总是走在前面的。对于北极考察来说，测绘技术更是必不可少。"

得到两位导师的支持后，我立即与中国首次远征北极点科学考察队总领队位梦华取得了联系。在电话中简单介绍了自己的专业背景后，我向位先生表明了自己希望能够参加松花江的冬训并加入本次北极科学考察队的强烈愿望。位先生说："目前冬训工作已经准备就绪，没有多余的冬训名额了！你可以来试试，但必须做好立即回去的准备。"既然总领队没有一口回绝，说明还有希望！我和我爱人立即由武汉出发到北京。由于来不及回天津,我让我小弟将我爱人由北京站接回老家,我自己直接到中国首次远征北极点科学考察活动组委会所在地——国家地震局地质研究所报到。

为了使我能参加这次北极科学考察,王院士与当时的摄影测量与遥感系系主任李德仁院士联名给组委会写了一封推荐信;林宗坚教授和鄂栋臣教授结合测绘和遥感技术的特点,为我制订了一个非常详细的考察计划。国家测绘局对这次考察也非常重视,除了为我参加北极科学考察提供各种支持外,还专门为组委会发了盖有国徽章的推荐函。这些支持为我能在名额非常有限的情况下顺利入选中国首次远征北极点科学考察队创造了有利条件。

中国首次远征北极点科学考察队在经过黑龙江的松花江冬训和加拿大的哈德孙湾的冬训后,由加拿大方向进入北冰洋。在总领队位梦华和队长李栓科的带领下,冰上队员经过 13 天的艰苦努力,于 1995 年 5 月 6 日成功到达北极点,圆满完成北极科学考察任务。就是这次被国家海洋局"极地办"(当时简称"南极办")定义为中国首次"民间"北极科学考察的活动,为中国加入国际北极科学委员会奠定了基础,并被评为当年首条"中国十大科技新闻"。

我的队友们已经出版了多部有关中国首次远征北极点科学考察的著作,也发表了不少文章,他们对这个伟大事件的描述已经非常详细了。因此,拙于文字表达的我,不打算在这些问题上再浪费笔墨了。事实上,除了2002 年单独实施了一次从俄罗斯北极角的单人徒步北极科学考察之外,我的研究工作与极地研究没有太大关系,这当然非常遗憾!但是,1995 年的北极科学考察,确实为我打开了探索世界的大门!因此,我还是打算介绍一下 1995 年北极科学考察对我科研生涯的影响。

1995 年中国首次远征北极点科学考察结束后,我回到了武汉测绘科技大学继续围绕我的博士论文开展研究工作,并于 1996 年底完成博士论文答辩。博士毕业后,我以博士后的身份来到了中科院遥感所。成立于 1979 年的中科院遥感所是我国综合性最强的遥感研究机构,从创立之初,就在我国的国民经济建设、资源环境调查和自然灾害监测等方面发挥了不可替代的作用,而最吸引我的则是遥感所那非常适合我的科研环境。

　　我加入了李树楷研究员领导的"机载三维成像仪"课题组。"机载三维成像仪"是李树楷先生主持的国家863计划资助项目开发的一种具有革命性意义的机载遥感传感器。这套设备集成了GPS/IMU、激光测距仪和多光谱成像仪，能够在无地面控制的条件下获取并实时（准实时）生成作业区域的DEM和正射影像，这对解决极地、滩涂等困难地区的地形测绘问题非常有效。

　　"不需要在地面上进行测量而进行摄影测图的系统"曾经是摄影测量领域重要的研究方向。早在20世纪七八十年代，我的导师王之卓院士就在他的著作《摄影测量原理》和《摄影测量原理续编》中明确指出："应用空中辅助仪器（测微高差仪、测高仪及其他），以便测出摄影机在曝光时间的位置和方位是摄影测量学必然的发展趋向。人们将努力摆脱地面控制，设计一种不需要在地面上进行测量而进行摄影测图的系统。"（《摄影测量原理》第111页，1979年）"对今后空中三角测量特别有前途的将是惯性量测系统（ISS）和全球定位系统（GPS）等辅助数据的利用。"（《摄影测量原理续编》第19页，1986年）受"机载三维成像仪"这一极具创意的测绘遥感传感器的吸引，我在这一研究方向上开展了深入的研究。我主持的博士后科学基金项目和第一个国家自然科学基金项目均围绕这一方向。我曾向位梦华先生推荐过"机载三维成像仪"，希望这套设备能在我们后续的北极考察中发挥作用。但由于多方面的原因，我们后来组织的大规模北极科学考察都未能付诸实施，"机载三维成像仪"用于极地测绘和遥感研究的计划也未能实现。

　　1999年，在"机载三维成像仪"的研制接近尾声的时候，我开始实施了一个几乎所有人都认为是异想天开的项目——利用卫星遥感技术确定全球主要大河的源头和长度。确定大河的源头是重大地理发现，一直是地理学家和探险家们追逐的目标，包括范•洪堡和斯文•赫定等伟大的科学家和探险家，也都探索过大河的源头。当重新确定世界大河的源头和长度这个问题提出后，大多数人认为这根本不是问题，这个问题已经解决了！但是事实果真如此吗？当翻阅各种不同的文献资料时，您一定会发现一个奇怪的现象：不同的文献资料中，同一条河流的长度差异很大。将不同来源的长度数据放在一起进行比较时,人们甚至无法确定尼罗河和亚马孙河哪一条是世界最长的河!早在20世纪70年代,《地理知识》(1995年首次北极考察队队长李栓科担任社长及总编辑的《中国国家地理》的前身)就发表了一篇文章,指出了国外大河长度数据混乱的问题。国外的大河长度数据混乱,国内的数据表面上并不混乱(如黄河的长度5 446千米、长江的长度6 300多千米等),但这些数据可靠吗?毫无疑问,按照统一的标准和技术手段,确定全球主要大河是一个有意义的课题。

利用卫星遥感技术确定世界大河源头和长度计划是从探索澜沧江源头开始的。引起我对澜沧江源头兴趣的是1995年5月19日《参考消息》上的一篇题为《长江和湄公河源头有新说》的文章。这篇文章介绍了法国探险家Michel Peissel博士在青藏高原发现了湄公河的源头,以及黄效文先生发现了长江的新源头的消息。其实在此之前,我们还在北冰洋上开展北极考察的时候,我的队友、中央电视台的张军就和我讨论过有关寻找澜沧江源头的问题。Michel Peissel博士认为,澜沧江的源头在一个叫鲁布萨山口的地方。Michel Peissel关于澜沧江(湄公河)源头的发现发表在英国皇家地理学会的《地理杂志》上和他的著作 The Last Barbarians—The discovery of the source of the Mekong in Tibet 中。

Michel Peissel博士是研究人类学的,他确定澜沧江源头时依据的标准是什么?他是如何找到这个源头的?这个鲁布萨山口到底在哪里?后来查阅资料才知道,1994年9月,中科院地理所的周长进研究员等就提出扎阿曲是澜沧江正源的观点,但他们认为扎阿曲发源于果宗木查雪山。

第一次和澜沧江近距离接触是1996年9月。我从昆明出发去雅鲁藏布大峡谷考察,从云南德钦到西藏盐井的公路就在澜沧江边。近两天的时间,我乘坐的卡车都是在澜沧江边的公路上行驶,但当时我还没有下决心去寻找这条著名的国际河流的源头。

"澜沧江源远流长,泽被东南亚广土众民,穿越南北复杂的气候带谱,为多国、多民族休养生息提供了丰富的资源和优美的人居环境。合作开发、资源共享,很可能成为21世纪国际河流开发的新范例。"这是1999年8月,我从澜沧江源头考察归来后,著名地理学家、中科院遥感所名誉所长陈述彭院士在给我的一封亲笔信中这样描述澜沧江的。

1999年上半年,我利用1:10万地形图上选取的控制点,对覆盖澜沧江源区的LandSat 5 TM影像进行了几何纠正,然后在影像上对源区的各个源流的长度进行了测量,在与地形图进行了对比分析后,选定了几个需要实地考察的源头,并着手准备赴源头地区的实地考察。

源头地区的实地考察需要经费支持。我把我的想法向李德仁院士和当时的中科院遥感所所长郭华东进行了汇报。在他们的支持下,我得到了中科院遥感所所长基金、遥感信息科学国家重点实验室开放基金和测绘遥感信息工程国家重点实验室开放基金的资助。总计10万元的资助,不仅使我圆满完成了澜沧江源头的考察,同时也使我踏上了探索世界大河源头、重测大河长度的征程。

在得到了考察经费之后,我邀请了我的北极队友、哈尔滨电视台记者郑鸣和我一起参加澜沧江源区的考察。在出发的前一天晚上,著名地理学家、中科院地理所名誉所长黄秉维院士亲自来遥感所为郑鸣和我送行。黄秉维先生对利用卫星遥感技术确定澜沧江源头的计划给予了高度肯定。在谈到确定河流源头的标准时,黄先生强调指出:一般情况下,人们是按照"河源唯远"的原则确定源头的,但是并不准确。"源"是什么?有水才能称为"源",所以应该按照"水量"来确定源头。事实上,我在确定澜沧江和其他大河的源头时,还是依据了"河源唯远"的准则,但是依据黄先生的观点,补充了一条重要标准:必须一年四季有水。"河源唯远"和"常年有水"也成了确定全球重要河流源头时依据的准则。

1999年6月,我和郑鸣由北京出发,经兰州到达澜沧江源头所在地青海省玉树藏族自治州杂多县。杂多县也是长江真正的源头所在地,这是我在一年以后才发现的。在杂多县人民政府的帮助下进入源区,并从莫云乡开始,用了13天时间,考察了澜沧江最上游的源流——扎阿曲和扎那曲的多个支流,其中包括Michel Peissel的鲁布萨源头、周长进的果宗木查源头、当地牧民的传统源头扎西气娃和扎那霍霍珠地等。根据"河源唯远"的原则,确定扎阿曲为澜沧江正源,吉富山为澜沧江源头。同年7月13日,我的北极队友《中国青年报》记者叶研发表了题为"澜沧江源头考察有新发现"的文章,公布了我的新发现。

2002年9月我再次进入澜沧江源区并到达吉富山,证明了这个源头在枯水期也有水。这样,吉富山源头不仅是澜沧江流域中最长的和水量最大的,也是一年四季都有水的。最终确认澜沧江(湄公河)发源于青海省玉树藏族自治州杂多县,源头地理坐标:东经94°40′52″、北纬33°45′48″,高程5 200米。从这里起算,澜沧江的长度是4 909千米。而此前的各类文献中,澜沧江的长度是4 020千米至4 880千米。

但这个问题并没有到此结束。当我由澜沧江源区返回玉树州政府所在地结古镇时,在玉树州政府遇到了由关志华先生和周长进先生带领的中国科学探险协会澜沧江源头考察队。他们也为了寻找澜沧江源头而来。在对源区进行了考察后,他们发布了自己关于澜沧江源头的结论:澜沧江源头是果宗木查。2007年,香港中国探险协会主席黄效文先生率领的考察队在对澜沧江源区考察后得出的结论也是"澜沧江源头是果宗木查"。另外,国外的一些考察队的考察结果也认为,澜沧江源头是果宗木查。

发源于吉富山的谷涌曲在北,发源于果宗木查的拉赛贡玛曲在南,两条源流仅一山之隔,果宗木查与吉富山仅相距6千米。为什么大多数人坚信果宗木查是澜沧江的源头,而不是近在咫尺的吉富山呢?这些来自不同国家和地区的考察队,历尽千辛万苦来到澜沧江源区,就是为了寻找澜沧江的源头,为什么不愿意再向北行进6千米,翻过一个山口去吉富山源头呢?是在确定源头时采用的标准不一致,还是技术手段有差异,或者另有其他原因呢?

我认为这种差异是由确定源头时采用的数据源的不同造成的。虽然其他的考察队都声称他们在确定澜沧江源头时利用了卫星遥感影像,但他们实际上主要还是依据了地形图。地形图在绘制过程中需要进行地图综合,因此谷涌曲迂回曲折的河道在1:10万或更小比例尺的地形图上不能得到准确地反映,而且1:10万地形图上谷涌曲的起点距离吉富山源头的出水点还有大约1千米的距离。这就造成了不论是目视估计还是在地形图上进行测量,谷涌曲均短于拉赛贡玛曲。利用卫星遥感影像进行测量,得到的结果是谷涌曲长于拉赛贡玛曲约2千米。除此之外,经过三次测量,谷涌曲与拉赛贡玛曲交汇处的水量相差无几。这就是我坚决主张吉富山为澜沧江源头的原因。

2008年7月,黄效文先生委托香港中国探险协会的地球系统科学家马丁·鲁塞克博士,利用来北京参加ISPRS大会的机会,和我就澜沧江源头的问题进行了交流。马丁·鲁塞克博士曾就职于美国的NASA,从事遥感应用研究,现任美国USRA科学计划负责人。马丁·鲁塞克博士坦然表示,他认可我关于吉富山是澜沧江源头的观点,但是他和黄效文先生进行澜沧江源头考察时没有到达吉富山。他们是在考察回来后才看到我在武汉大学出版的 Geo-spatial Information Science 上发表的文章 Pinpointing Source of Mekong and Measuring: Its Length Through Analysis of Satellite Imagery and Field Investigations。此时距我第一次考察澜沧江源头已经10年了。

1999年年底,我回武汉看望了王之卓先生,并向先生汇报了利用卫星遥感技术确定澜沧江源头的进展。这个项目虽然获得了成功,但在当时我对这个项目的认识还仅仅停留在纯粹的技术层次上,而王之卓先生则明确指出:"澜沧江是一条国际河流,其源头的确定固然很重要,但长江对中国更重要,你为什么不把长江源头也研究一下呢?"

王之卓先生的建议对我来说如醍醐灌顶!在他老人家的指引下,我开始了对长江源头的探索,进而关注到了世界大河源头和长度数据混乱的问题,走上了利用卫星遥感技术确定全球大河源头和长度的征程。

2000年9月,我在唐古拉山东段北麓的青海省玉树藏族自治州杂多县境内找到了长江真正的源头。长江源头的地理坐标是东经94°35′54″、北纬32°43′54″,源头高程5 042米。利用卫星遥感影像对长江源区的两条重要源流——当曲和沱沱河的长度进行量测后发现:当曲的长度为360.8千米,沱沱河的长度为357.6千米(尽管冰川不应计入河长,为了与"长委"的数据进行比较,计算沱沱河的长度时,将12千米的姜古迪如冰川计算在内),当曲长于沱沱河3.2千米。此外,当曲的水量是沱沱河水量的10倍以上,流域面积是沱沱河的两倍,当曲是长江当之无愧的正源。以新发现的源头为起点,我对长江的长度进行了重新量测,得到的结果是长江的长度为6 236

千米,而此前"长委"认定的长江正源是沱沱河,长江的长度为 6 300 千米
至 6 397 千米。这一结论纠正了"长委"于 20 世纪 70 年代得出的"长江的
正源是沱沱河"的错误结论,也对长江的长度数据进行了更新。

2004 年 6 月,我利用同样的技术手段,在青海省玉树藏族自治州称多
县境内的巴颜喀拉山北麓,找到了黄河的真正源头,得到黄河的正源是卡
日曲,卡日曲的最上源——那扎陇查河的源头就是黄河的源头! 黄河源头
的地理坐标是东经 96°20′23″、北纬 34°29′37″,源头高程 4 852 米。以黄河真
正的源头为起点,我通过卫星遥感影像对黄河的长度进行了重新量测,得
到黄河的准确长度为 5 778 千米。而在此前的各类文献中,黄河的正源是
玛曲,黄河的长度为 5 464 千米。

1999 年至今,按照"河源唯远"的原则,通过卫星遥感影像分析及源头
地区的实地考察验证,我已经完成了 15 条世界著名大河的源头确定和长
度量测,其中包括 10 条长度超过和接近 5 000 千米的大河。这十大河流是
尼罗河(7 088 千米)、亚马孙河(6 575 千米)、长江(6 236 千米)、密西西比河
(6 084 千米)、叶尼塞河(5 816 千米)、黄河(5 778 千米)、鄂毕河(5 525 千
米)、黑龙江(5 498 千米)、刚果河(5 188 千米)和澜沧江(4 909 千米)。这一
成果发表在《国际数字地球学报》(*International Journal of Digital Earth*)和
《地球空间信息科学学报》(*Geospatial Information Science*)等学术刊物上,并
被美国国家地理学会和国际湄公河委员会等机构采用。这个项目仍在进
行中,预计 2020 年前后结束。届时全球重要河流源头和长度数据混乱的历
史将彻底结束。

在利用卫星遥感技术确定世界著名大河源头的同时,我还在其他方面
开展了探索性的工作,其中包括:

(1)月面巡视探测器高精度导航定位及精细制图技术研究:自 2003 年
开始,我开始积极组织力量,针对我国月球探测工程中月面巡视探测器(月
球车)高精度导航定位难题深入开展研究工作,并与中国空间技术研究院
的航天专家成立了联合研究团队。在国家自然科学基金和国家 863 计划的
资助下,结合我国月球探测计划的特点,深入开展了我国月面巡视探测器

高精度导航定位和制图技术研究,解决了多项理论与技术难题,形成了我国月面巡视探测器高精度导航定位及制图完整的理论与技术体系。这些研究成果不仅满足了我国月球巡视探测计划的需求,也为我国未来的火星及其他行星的巡视探测器导航定位技术的研究奠定了坚实的基础。2013年12月14日,嫦娥三号月球探测器成功实现月面软着陆并开展科学探测。在嫦娥三号月面巡视探测器开展科学探测期间,针对嫦娥三号任务,我的研究团队以摄影测量、计算机视觉、导航定位和地理信息系统技术等为基础,开发的巡视探测器初始状态分析系统(RoverInitilizer)、巡视探测器高精度定位系统(RoverLocator)、巡视探测器立体视觉系统高精度几何标定系统(RoverCalibrator)、巡视探测器在轨里程计算系统(RoverOdometer)和巡视探测器精细制图系统(RoverMapper),成为嫦娥三号巡视探测器任务支持中心遥感操作系统的重要部分,为圆满完成科学探测任务发挥了重要作用。

(2)野骆驼及其栖息地的保护:野骆驼(学名 Camelus ferus)是国家一级保护动物,现主要分布在中国阿尔金山北麓(包括新疆和甘肃阿克塞安南坝)、塔克拉玛干沙漠东部、罗布泊北部戛顺戈壁地区及蒙古国的中蒙边境外阿尔泰戈壁四个片块。据估计,目前世界上现存的野骆驼不足 1 000峰,其中中国境内约有 650 峰、蒙古国境内约有 350 峰。近一个世纪以来,人们都认为家骆驼和野骆驼是同一个物种。但对采集到的野骆驼样本分析研究发现野骆驼和家养双峰骆驼的基因差异高达 2% ~ 3%。这表明,野骆驼和家养双峰骆驼是两个不同的物种。野骆驼已被世界自然保护联盟(International Union for Conservation of Nature–IUCN)列为极度濒危物种,濒危野生动植物国际贸易公约(CITES)将其列为一级濒危物种。中国在1962 年颁布的珍稀动物保护名录中,野骆驼被列为国家一级保护动物。在后来的 1980 年及 1988 年的修改版中,野骆驼一级保护动物的地位也没有变化。野骆驼以其能适应极端荒漠生存环境和饮用苦咸水的基因特性,在世界生物多样性保护中占有极为重要的地位,也具有重要的研究价值。受气候变化和人类活动(如生境破碎化、非法开矿和盗猎等)的影响,野骆驼已经到了灭绝的边缘。为了保护处于极度濒危的野骆驼,中国建立了新疆罗布泊野骆驼国家级自然保护区和甘肃安南坝野骆驼国家级自然保护区，蒙古国也成立了大戈壁 A 保护区（Great Gobi Strictly Protected Area A）。中国和蒙古国境内的三个以保护野骆驼及其栖息地为主的自然保护区管理机构所辖区域，以其极端干旱的自然环境闻名于世，是特殊环境下的生物多样性基因宝库。这三个自然保护区内的野骆驼占到全球残存野骆驼总数的 90%以上，其中罗布泊野骆驼国家级自然保护区是野骆驼模式标本产地和血统最纯的分布区。虽然这三个保护区的成立对野骆驼的保护发挥了重要作用，但因保护区自身的科研技术力量相对薄弱，对野骆驼的研究工作尚未全面展开。国内、国际学术界对野骆驼的研究起步较晚，研究力量也比较分散，除了少数学者开展了一些探索性的研究工作外，还有不少重要的科学问题需要深入研究。因此，野骆驼及其栖息地自然环境的保护与研究工作亟须加强。目前，我们已经与中国新疆野骆驼国家级自然保护区管理局、英国野骆驼保护基金会、蒙古科学院等机构建立了密切的联系，成立了野骆驼国际保护研究中心，共同开展野骆驼及其栖息地的保护。我们目前在积极开展野骆驼保护的同时，正在深入开展气候变化和人类活动对野骆驼及其栖息地生物多样性的影响方面的研究。这一研究将填补国际野骆驼研究领域的空白，并为其他珍稀野生动物及其栖息地的研究与保护发挥示范作用。

近年来，我一直在拟定结束确定全球大河源头和长度后的计划，我觉得我应该开展一个更具有挑战性的项目，这就是世界极高山峰的高程测量。世界上高度超过 8 000 米以上的山峰被定义为"极高山峰"。目前人类公认的高度超过 8 000 米的山峰有 14 座，这些山峰全部位于亚洲的喜马拉雅山脉和喀喇昆仑脉。这些山峰只有珠穆朗玛峰的高度被多次测量过，其他山峰的高程数据来源均不可靠，因此，有必要利用现代的测绘技术对这些山峰（还包括高度接近 8 000 米的其他山峰）的高程进行重新测量。我认为，这个计划如果能够实施并获得成功，将是对世界的一个重要贡献。

1995 年的中国首次远征北极点科学考察，不仅是我国科技史上的一个重要事件,也是我人生经历中一个意义深远的事件!它在我科研生涯的开始阶段,为我开启了探索世界的大门。在此后 20 年的科研工作中,我的研究领域覆盖了极地考察、地理发现、太空探索和自然保护等领域,虽然在每个方向上自己的贡献不一,但探索的过程和取得的成果都是令人激动的!

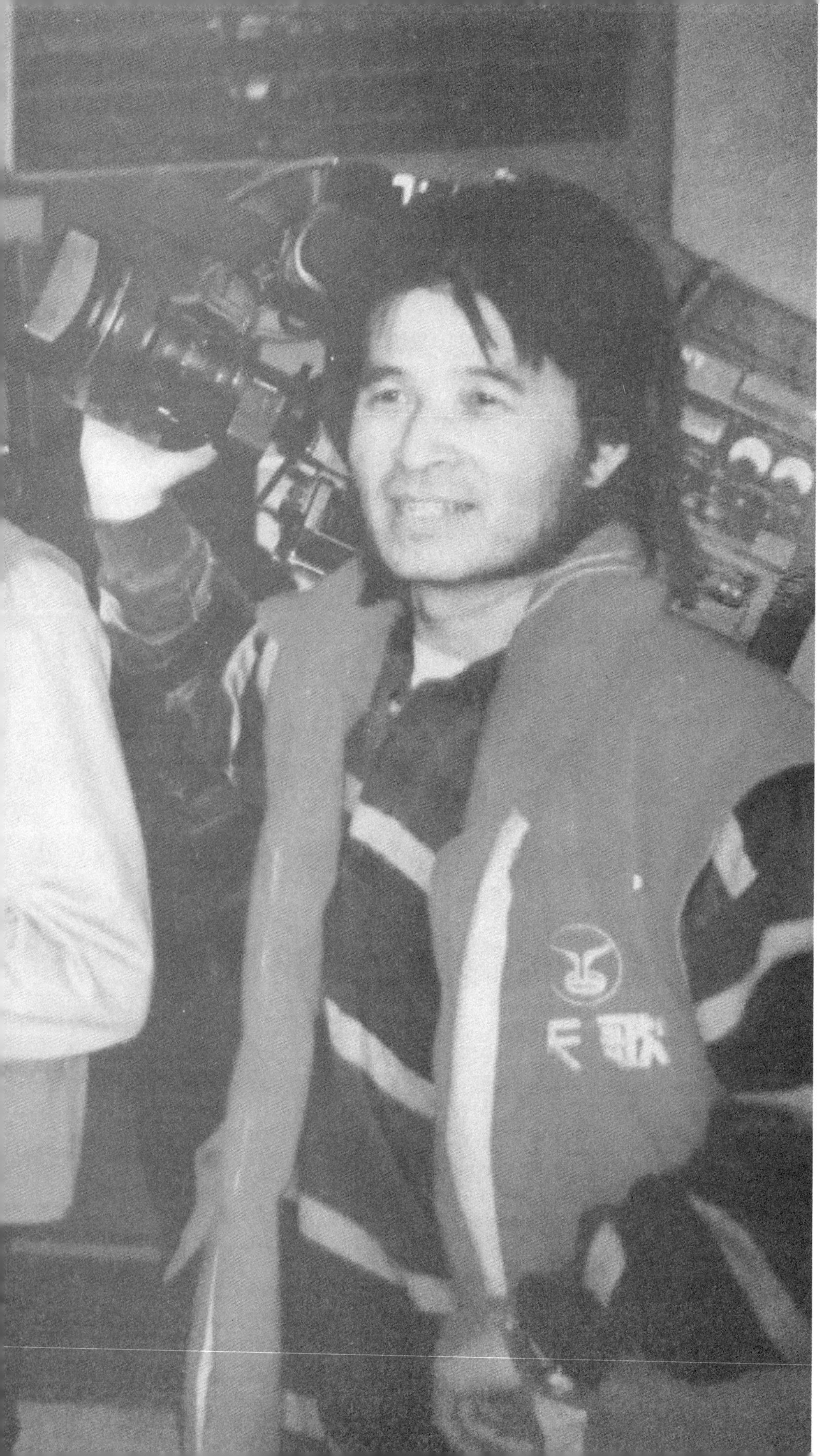

又回北极点

　　毕福剑，1976—1978 年，辽宁省大连市普兰店太平公社插队。1978—1985 年，(北海舰队)国家海洋局第一调查船大队服兵役，任放映组组长，俱乐部主任，副航海长，青年干事，团委书记。1985—1989 年，中国传媒大学电视系导演专业就读(本科)。1989 年至今，中央电视台综艺频道(文艺)任导演。1993 年任大型电视连续剧《三国演义》摄像。1997 年创办《梦想剧场》栏目，任制片人、导演兼节目主持人。2002—2009 年，参与主持动画栏目《快乐驿站》。2002—2010 年，创办"节假日七天乐"。2004—2015 年，主持并参与导演《星光大道》栏目。2011—2014 年，中国传媒大学电影学院就读(硕士研究生)。2014 年，获全国电视主持人"金话筒奖"。2012—2015 年，连续四届担任中央电视台春节联欢晚会主持人。

1995 年,我有幸参加了中国首次北极科考队,登上了北极点,这是我一生中最荣耀的事情。时至今日,一切都仿佛在梦中。如今,20 年过去了,回忆当年,犹如昨天。

结缘科考队

在北极科考与探险的历史上,有很多人失败了,也有很多人付出了生命的代价。

1819 年,英国人帕瑞船长坚持冲入冬季冰封的北极海域,差一点就打通了西北航道。他们虽然失败了,却发现了一个极其重要的事实,即北极冰盖原来是在不停移动着的。他们在浮冰上行进了 61 天,吃尽千辛万苦,步行了 1 600 千米,而实际上却只向前移动了 270 千米。这是因为,冰盖移动的方向与他们前进的方向正好相反,当他们往北行进时,冰层却载着他们向南漂移。结果,他们只到达了北纬 82°45′ 的地方。

1845 年 5 月 19 日,大英帝国海军部又派出富有经验的北极探险家约翰·富兰克林开始第 3 次北极航行。全队 129 人在 3 年多的艰苦行程中陆续死于寒冷、饥饿和疾病。这次无一生还的探险行动是北极探险史上最大的悲剧,而富兰克林爵士的英勇行为和献身精神却使后人无比钦佩。

直到 19 世纪末期,虽然有许多航海家都曾试图到达北极点,而他们却并没有把北极点作为当时的直接目标,而只是当作通往东方的必经之路。而且,征服北极点毕竟是他们最伟大的光荣梦想,这一梦想的实现随着北极航线的开通而变得更加令人迫不及待。在新一轮征服北极点的竞争中,民族荣光与体育冒险精神已经超越了商业利益。更为重要的是,现代科学考察活动也开始渗透到北极探险活动之中。徒步征服北极点的光荣,首先归于美国探险家罗伯特·皮尔里。他在 23 年的时间里多次考察北极地区,终于在 1909 年 4 月 6 日上午 10 时把美国国旗插在北极点的海冰上。

1978 年,一位勇敢的日本探险家植村独自驾着狗拉雪橇,完成了人类历史上第一次一个人单独到达北极点的艰难旅程。值得一提的是,他是到1993年为止,唯一一位只身抵达北极点的亚洲人。

我国很多科学家都想去北极做科学考察,但是难度很大,因为要沿途采样——水、冰、雪、空气,回来做科学实验。

1994年,有几个人自发成立了一个科考筹备队,向全国呼吁,招募志愿者,去北极科考。发起人是中国地震局地质所的位梦华。位梦华考虑到需要拍摄记录科学考察活动情况,就找了他认识的一位中央电视台记者张卫。张卫因为不是体育专业出身,有些担心身体吃不消,而我正好跟张卫住在一个楼层(属于当时的筒子楼),是邻居。

那天我在家健身,健身之后去找张卫聊天。张卫见到我之后说:"老毕,你的体格挺好啊,你想不想去北极?"我以为他在开玩笑,因为对我而言,北极太遥远了,这是不可能的事情。而且我脑海中有南极大陆的概念,那是人类可以去的地方,而北极属于北冰洋,是海洋,人类怎么可以徒步穿越?我随口说:"你要联系成了我就去。"

结果没过几天,傍晚的时候,张卫来敲我的门,递给我一张表格——自愿参加北极科考队的人员登记表。我也没当回事,就填了表格。又过了几天,张卫找我去开会,就在中国地震局地质所位梦华的办公室里。大家开始研究、策划。

之后就开始考核、淘汰,又去美国、加拿大训练。

出发之前,有件难忘的事,要妻子签字,可是,当时我的妻子在上海工作。位梦华要求必须妻子签字。没办法,我就找了大学同学吴迪,让她客串一天我的妻子,然后找到位梦华来签字。因为他们不知道我的妻子到底是谁,于是吴迪就用她的身份证、她的名字签了字。

过了几年,位梦华还跟我说过,我见过你的妻子,胖胖的。我很纳闷,我媳妇儿不胖啊?位梦华坚持说胖胖的——我才恍然大悟,只好承认,因为吴迪那时候是有些胖。

出发之前,签了生死状,我记得有一个三选一的内容:A. 如遇不幸,遗体就地掩埋;B. 如遇不幸,遗体运到陆地(加拿大)掩埋;C. 如遇不幸,遗体运回本国。

我直接给第一个选择打了钩。因为那个时候,如果遗体运回陆地或国内,那得给团队添多少麻烦啊,我觉得没必要。

结果后来才知道,凡是没有选择第一条的,都被淘汰了。原来考核内容不仅是身体素质等硬件,还包括团队精神。

北极科考队给我的单位中央电视台发了一份邀请函,大概内容就是"中国首次远征北极点科学考察团邀请贵部毕福剑参与此次活动,参与记录报道。感谢,请批准"。

我当时参加工作已 5 年,拿了邀请函,先给我的主管领导——文艺部副主任郎昆看。郎主任看到邀请函后说:"这是真的吗?"我说这怎么可能是假的,郎昆又拿给了当时的文艺部主任邹友开看。邹主任嘱咐我一定要注意安全,然后他又向台里汇报。台里觉得这是一件很光荣的事情,很快就批准了。

临出发的时候,副台长于广华给我们开了个欢送会,然后于广华拿给我一个中央电视台的台标,让我把这个台标留在北极点上。

我不太喜欢说满话,万一遇难了,这个任务就没法完成。最后我们到了北极点,把那个中央台的台标放在了北极点上,就算是完成了中央电视台布置给我的任务了。

训练的乐趣

1995 年 4 月,在去北极前有个训练阶段,记得是在美国底特律的白铁湖附近。那个时候我们在向导鲍尔家里住了半个多月。他家就在白铁湖旁边,一栋小别墅,四周都是森林。

我们二三十人到了他家之后,首先就是分配房间。跟我合住的是央视四套的记者张军,他打呼噜,晚上 10 点就睡了,可我到半夜一点也睡不着。他那个呼噜声震耳,像雷声,惊天动地的,我第一次听到人类还有这种呼噜声。于是,我把张军摇醒了。张军说,那你上客厅去睡吧。我跟他理论,是我先抽签在这屋的。张军只好说行,他就去客厅睡了。

客厅有一个很长的大沙发,拐弯状的。沙发的一边,睡着一个名叫大黄的大狗,张军就在沙发的另一边睡。

过了一个小时,我去上厕所。经过客厅时,又听到张军继续"雷声"隆隆,但是大黄不见了,狗被张军的呼噜声震走了。

其实,张军的鼾声可以理解。那个时候,我们白天的户外训练,包括跑步和滑雪,不少于6个小时,特别辛苦,很累,所以他会鼾声大作。

说到滑雪,我们几乎没人会,都是从头开始学,但这是去北极的基本条件,必须学会。我虽然也是刚开始学习滑雪,但是却救了滑雪教练一条命。这个滑雪教练大约30岁,美国人,比我年轻,那时我36岁。

我们训练的时候,已经是开春的季节,白铁湖上有些冰已经开始融化了,没那么硬了。那个年轻的美国教练有些傲气,不过水平很高,经常给我们表演高难度动作,旋转啊、急停啊什么的。我们很崇拜他。有一次,他又在冰面上给我们表演高难度滑雪动作,结果随着"咔嚓"声,冰面裂开,他掉进冰窟窿里了。

年轻的滑雪教练在冰窟窿里大声喊叫,不过我们听不懂,因为他喊的是英语,估计是"救命"的意思。见状,大家就手忙脚乱地准备救他。我因为生活在东北地区,对冰面比较了解,所以有这方面的经验。我让大家先别过去,因为附近的冰面已经出现裂痕,一过去,就会掉下去。当然,如果不及时救助,那个教练会在冰水里冻死。

我看了一下旁边,发现有很多训练用的滑雪杖,都是一米多长,上面都有绳子系着。我就把这些滑雪杖拴在一起,拴了四五根以上吧。然后我趴在冰面上,这样受力面积大,不容易让冰面塌陷。我把这几根连起来的滑雪杖抛给滑雪教练,他抓住了。然后大家拖住我,通过我拉的滑雪杖慢慢地就把他拖上来了。

滑雪教练全身都是水,上来后给我鞠了一躬,说了句中国话:谢谢!

过了一段时间,都离开那里了,一个美国朋友还告诉我,这位滑雪教练还委托他再次转达对我的谢意,感谢救命之恩。

遭遇剪切带

所谓剪切带,是在北冰洋上由两股或者两股以上的洋流引起的。如果洋流相撞,就会形成波谷,或者顶起冰山。如果两股洋流同时往相反方向流动,就会撕裂冰面,形成冰裂。我们去北极,一共13天,走了一半的时候,第一次遇上了剪切带,大面积冰裂,不知道到底有多大,走不过去了。

科考队一共7个中国人,5位科学家,两位随队记者就是我和张军。前面带队的美国探险家鲍尔大声说:"NO! NO!"告诉大家不能走了,因为前面有剪切带。其实,我们还没看见剪切带,但是鲍尔根据他的经验得出结论,因为他看到前方天空有一块黑云。剪切带离我们还有好几千米远。他说有黑云说明下面有剪切带,有冰裂。冰裂后往上面蒸发水汽,形成黑云。鲍尔说:"一旦到了冰裂附近,想逃都逃不出来了。"当时很多人不信,因为每往前走一步,就觉得离北极点近了一步,离胜利又近了一步,怎么可能往回撤,而且也没看见冰裂吗!很多人都不同意往回撤。

这个时候,领队位梦华召集大家开会:"告诉大家,现在要往回撤,往南走,因为前面形成对流。"这个时候,因为停下来了,我就开始拍摄旁边的冰山。美国向导瑞克就使劲拉我往回走,不让我拍摄。我还觉得他有些过分,不是没见到冰裂吗,怎么这么害怕?

他把我拉走后,没多远,我回头忽然发现,就在我刚才站着拍摄的冰面上,有一块篮球场大小的浮冰,已经翘了起来,形成了45°角。也就是说,如果我再晚走几分钟的话,就会掉进海里面。一旦掉进海里面,不是淹死,就是冻死。

如果说,训练时我救了一位美国滑雪教练的命,那么,今天就是美国向导救了我的命。我非常感谢这位美国向导瑞克,一直用英语说谢谢。

就在我们往回撤的时候,就听到了后方"咔咔"的冰裂声音。而这个时候,大家才意识到冰裂有多么可怕。

在北极的哽咽

当年我在北极哽咽的画面,很多媒体用过。不过,拍摄到这一段画面,实际上是有背景的,原因有很多:冤屈,劳累,极度的寒冷。

有一天起床,其实就是从睡袋里爬出来,走出帐篷。我准备吃饭。那个早饭,就是先把雪融化,烧开,然后各种吃的东西放在一起乱炖。还得抓紧时间吃,5分钟不吃,就凉了;10分钟没吃完,就别吃了,冻上了。吃完饭之后,我就开始拍摄。那天我准备拍摄一个考察队远景的镜头,就是队伍远去的画面,用广角镜头。拍完之后,我开始收拾设备,结果等我收拾完之后发现队伍已经成了一个小点,太远了。而且,这时冰面上飘起了北极雾。因为我要跟着大家的脚印走。可是起雾之后就看不见大家的脚印了。我一直在追他们,而且我还背着个摄像机另加电池。我得弯着腰跟着跑,拼命地滑雪。因为我很清楚,跟不上队伍就没命了。那个时候,还害怕北极熊。北极熊一般不会主动攻击人,但是一个人行动,那就很难说了。如果遇到饥饿的北极熊,我也就没命了。

差不多4个小时,我一直在拼命追。好几次累得实在不行,我都想到了放弃。但是,放弃就意味着死亡。

当我追上队伍时,已经累得筋疲力尽。我把摄像机放到雪橇上。而这时领队位梦华看见了我,还埋怨说:"小毕,你干什么去了,这么长时间看不见你? 你还有点集体主义观念没有?"我这个人的性格,又不愿意去解释,当时心里比较憋屈,心想:"4个多小时,你也不查查人,没见到我,也不等等。"我又累又委屈,说话也没劲了。位梦华说:"小毕来了,大家歇会儿吧。"我们便开始吃中午饭。

就在这个时候,我坐了下来。我的同事张军过来拍我。他说:"咱俩留段话,万一再碰见剪切带、碰见危险情况呢,都来不及留下几句话。"以前我给大家拍过类似于这种遗言、感想之类的镜头,但是没给我自己拍过。我只好对着镜头说了几句,说着说着,觉得自己心里很委屈。我掉队4个小时,是因为本职工作,要拍摄大家的远景,还不被人理解,还挨训。于是百感交集,心想这是为了啥呢? 而且那个时候还不知道是否能到达北极点,前途渺茫,所以哽咽。一直到今天,这个差点没命的境遇还经常浮现在心头,因为它深深铭刻在我的脑海里!

难忘队友

北极科考,艰苦中也有欢乐。因为北极春天的太阳早晚都在天上,总像我们这里八九点钟的样子,一直不落。我还编了一个歌曲:

西边的太阳怎么也落不了,北冰洋上静悄悄,吹起我心爱的口琴哪,唱起那动人的歌谣

……

当然,队友,才是我最最难忘的!

说一下我们团队的几个主要人员。先总领队位梦华。认识他的那一年,他54岁,山东人,在中国地震局地质研究所,从事地震成因及地震预报的探索与研究。1978年归入国家地震局地质研究所。1981年,作为访问学者赴美国进修,并于1982年10月去了南极,从此与两极结下不解之缘。1983年回国后,他利用业余时间,埋头于北极的综合研究。经过几年的艰苦努力,由中国科协主持,中国科学院组织,组成了中国首次远征北极点科学考察队。位梦华任总领队,率领25人的队伍,冒着生命危险,克服了重重困难,于1995年5月6日率队胜利抵达北极点。

老位说一口山东话,平时很随和,但是在关键时刻非常严格,比如由他来确定谁能参加北极科考队,因为当时科考队组织了一些人去黑龙江冰面上训练,最后定了这几个人。我记得有一个同时训练的小伙伴连克,最后他没去上,很难过。老位不太高,一米七多,黑黑的。他当时的研究方向是冰雪。

在冰面上,我感受到了他顽强的毅力,虽然他有腰椎间盘突出的毛病,但是,他顽强地克服了自己的病痛。可以说,没有位梦华,这次北极科考就

不会成行。

记得有一次过冰裂,冰块很大,尚未冻结。我们狗拉雪橇先过去,人再过去。冰是活动的。我一不小心,脚下一滑,一只脚陷进了海水里。正好位梦华看见,他高喊:"小毕,别动!"然后他一把把我拉起,俩人同时趴在了冰面上。因为我的脚进海水里了,冻得不行。位梦华就说:"今天先走到这里,大家搭帐篷。小毕,你去暖和一下。"我赶快换了裤子,太冷了。

我记得位梦华曾经说过一句话:"我如果不把大家带到北极点,我这辈子就白活了!"

再说一下李栓科,他在中国科学院地理所工作。他比我小5岁,当年30岁,现在是中国国家地理杂志社社长兼总编辑。李栓科身高有1米85,很帅。我们俩从认识开始,一路走到了北极点。一直到现在,我们两个还在争吵。争吵的原因就是一个:到底谁长得黑? 他喊我"老黑",我叫他"二黑"。

当时在加拿大训练的时候,我们俩人就争吵。不过,有时候他会低头,那就是他跟我要烟抽的时候。语言上争吵,训练上也是比着来,看谁滑雪滑得更好、滑得更快。我俩是对手,也是好朋友。

李栓科身体好,雪滑得棒,野外生存方面也很有经验。另外,他的执行能力强,整个队伍的具体安排都由他来做。而且,他非常关心大家,经常是宁愿自己吃亏也要照顾别人。因此,大家都非常支持他的工作。

还有一个美国探险家,我很难忘,但是他的名字记不住了。在加拿大哈德孙湾训练滑雪的时候,我们俩有过交锋。在大冷天里,他脱光了上衣滑雪,大家给他鼓掌。但是,他说的几句话却让我很生气。他说,人的体质不一样,西方人身上的热量比较多,所以不怕冷。我一听,也脱掉了所有上衣,光着上身,心想:"你不是刚才滑了10分钟吗? 我给你滑个15分钟。"

现在我还记得,确实太冷了! 我从来也没有过那样的经历! 那个时候,我很要强。

那个美国人冲我伸出了大拇指!

踏上北极点

在登陆北极点的头一天,已经能预测到明日能到北极点。这主要是因为有一个搞遥感技术的科学家刘少创。刘少创手里有一个GPS定位仪,半尺见方的一个仪器,能够测出当时的经度和纬度。那个时候觉得很神奇,而去北极点,也要靠这个东西来定位。

5月5日晚上,登陆北极点的前一夜。我在帐篷外面,用摄像机自己录了一段视频。我架好机器,自己走到镜头前,说了一段话,大意是:明天就要登陆北极点了。我想此时此刻,国内的人已经睡觉了,但是北极科考队,大家的心情久久不能平静。也许有人已经进入了梦乡,但是我现在很想记录下这个时刻,做个永久的纪念,希望明天我们能够顺利踏上北极点!

这是我人生第一次正经出镜说话,而且是自己拍自己。

第二天往北极点进发。说来也怪,前一阶段非常疲惫,可是这一天却一点也不累,很兴奋。

我一边走一边问刘少创:"还有多远能到北极点?"

把刘少创问烦了,他一针见血地说:"别问了,我知道你在想啥?"

我的心事被他说中了。我希望,自己能第一个登陆北极点。实际上,其他人也差不多都是这样的想法。刘少创早就看出了大家的心思,他干脆说:"放心吧,我肯定是第一个登陆北极点的人!因为这个GPS在我手里,我说哪里是北极点哪里就是北极点!"

他的话,把大家都逗乐了。

还记得,早上出发之前收拾帐篷的时候,一个队员说:"这个帐篷要永远跟我们告别了!"因为到达北极点之后,就会有飞机来把我们接走,再不用睡帐篷了。

终于到了北极点!大家无比兴奋!我正滑雪呢,只见李栓科朝天上放了三枪,射出了三颗信号弹。那个场面,非常震撼!

其实,真正的北极点,一片冰雪,什么都没有,就是一个普通的地理位置。

那个时候我们已非常疲惫！可是，与我驾驶同一个雪橇的美国老外，忽然唱起了歌曲《铃儿响叮当》。他唱英文版的，我一高兴，唱中文版的，非常开心。这一段也给录下来了。

飞机来接我们了，而且还采访我们，问我们的感受。有人说，这是中华民族的骄傲。有人说，科学考察，隔点采样，虽然辛苦，但这是我们科学家应尽的义务，我们为此而自豪。

采访我的时候，我突然冒了一句："现在，我们终于到达了北的尽头！我再也找不到北了。"

记得，回到大本营的时候，我突然发现自己的牙齿非常白，其实这是对比出来反差太大的结果。因为，人被紫外线辐射晒黑了，所以牙就显得特别白。出发之前，我有两个龋齿。有人建议我提前拔掉，因为担心我的牙路上会出问题。但是，因为找不到医生，我没有拔牙，后来也没什么事。有人说，因为北极太冷了，细菌不生长，一般的病都不会犯。

这次去北极，遇到了几场雪，根本看不清方向。好在前面有狗拉雪橇。爱斯基摩狗非常聪明，它们能判断出前面的路是否能走。

记得，有一段时间非常危险。那是在冰上，有3天跟加拿大的大本营指挥部失去了联系。当时，《新闻联播》都报道了，全国人民都很着急，我们家里人也很着急。因为那时候，在北极只能在固定的时间通话。如果规定时间联系不上，只能等下一次。结果，有3天没有联系上。而那时候，我们携带的物资所剩无几，补给又跟不上，有可能陷入绝境，大家都很紧张。

到了第4天，终于联系上了。位梦华跟大本营接上话了，我们高兴极了。我也赶紧把这一段拍下来了，五六分钟时间。位梦华说："我们需要补给，还要把伤员拉走。"（有个人病了，不能去北极了）

结果，拍完了这一段，我发现自己的手拿不下来了，因为手热，沾到了摄像机冰冷的把手上。我将手和摄像机一起放到睡袋里，才慢慢暖和了过来。暖和过来之后，双手钻心地疼，真想干脆把手砍下来算了。

凯旋

在回北京的飞机上,有人通知我们,下飞机后衣冠要整齐,因为首都机场要搞一个欢迎我们凯旋的隆重仪式。这事我没有想到。因为,我从小到大,也没经历过什么欢迎仪式,也不知道等待我们的是什么。

飞机降落在北京机场。一下飞机,场面让我震惊,人山人海,打着标语,举着红旗,有上千人。标语上写着:欢迎中国首次远征北极点科考队凯旋。

我突然反应过来了,这不是欢迎我们吗? 看见了很多领导,有些懵。有人献鲜花,戴花环。下飞机后在首都机场西边,有个铁栅栏,外面敲锣打鼓,也有好几百人。还有很多少年儿童在跳舞。我们几个人穿的是红色的雪地服,就算是正装了。

进了航站楼,看见了一些领导,我并没有特别惊讶。但是,我看见了我自己的很多亲人,我二姐,我的外甥、外甥女也来了。而且,不知道为什么,这些亲人见到我之后,抱着我都哭了。尤其是我二姐,我长这么大,也没见她哭过。

后来,他们一说,我才知道他们为什么哭。一个原因是,国内《新闻联播》报道说,我们在冰上失联3天。他们以为,我们失踪了,找不到了,回不来了。再一个原因就是,我的那个脸变成了黑色的,黑红黑红,是紫外线照的。还有一个没想到的是,来采访的人有我的大学同学王浩瑜,还有中央电视台的一位老导演刘瑞琴。这是我有生以来第一次正式接受采访。

回到中央电视台,我一进办公室,墙上贴的都是"欢迎北极归来""欢迎毕福剑",甚至还有"欢迎英雄归来"等字样的标语。接下来这几天,就是台长接见、做报告,后来又到外面去做报告。正是在做报告的过程中,我发现自己似乎有一些做主持人的素质,包括后来做的北极科考特别节目,都锻炼了我的主持才能。那个《人间万象》的特别节目,是个不设主持人的节目,而我就相当于做了一个串场的主持人。

特殊的经历,造就了特殊的人。我这人,就有这个命。

两年之后,领导让我开发一个新栏目,但是找不到合适的主持人,于是我就自己客串了主持人。结果,从文艺部副主任郎昆,到主任邹友开,再到主管文艺的副台长赵化勇,看完之后都说:"就让毕福剑自己当主持人吧!他只要把普通话练练就行了。"这个栏目,就是新栏目《梦想剧场》。

所以说,后来我走上主持道路,北极科考是一个助推器!

张军 | ZHANG JUN

白色·蓝色·红色

　　张军,中央电视台高级编辑,插过队,当过兵,毕业于北京电影学院,曾是首次远征北极点科考队员,也是南极首次科考冰盖队员,还是首次穿越世界第一大峡谷科考队员。是在极端地域、极限环境、极端难度完成"地球三极"电视报道的记者之一。在重大新闻活动中,他身兼编、导、摄,一专多能,并具备驾车、滑雪、登山、航空及水下摄影等技能,集策划、主持、制作、传送等多种专业技能于一身,在同一重大题材中先后分别完成新闻、专题报道、纪录影片等不同体裁和样式节目的摄制。其作品曾多次获得多种奖项,报道的新闻多次被评为年度十大新闻和十大科技新闻之首。1997年作为南极冰盖科考唯一的记者队员,首次使用海事卫星,利用数字压缩技术完成了从南极冰盖发往中央电视台的实时同步的电视报道,为科学考察做出了电视传媒人的积极贡献。

在广袤的白色北冰洋，

我赤红的心和血啊，

仿佛和脚下蓝色的洋流一起涌动。

……

无岸可上

坦率地说，我从没有想过自己会有一天走进北极圈，迈向北极点。北极点，让我想起很久以前见过的一张邮票——一个外国人昂首站在地球的顶端，美丽的蓝色球体在他脚下显得沉静、宽厚，放射出母性的博爱之光。1995 年 4 月 24 日，当我的双脚触到极地晶莹、坚实的冰雪大陆的那一刻，我觉得我们就像是要攀到地球顶端的人，道路就在脚下。

简单的上冰仪式结束之后，前来采访的新闻界同仁们已去。飞机引擎的轰鸣声渐渐消失在远方的天际，我和中央电视台的另一位记者毕福剑成为冰原上仅剩的两名随队记者。也就是说，作为中国首次远征北极点科学考察队的正式成员，我们还肩负着向全国、向世界忠实地报道此次科学考察活动的任务。一切才刚刚开始，面对静谧、清冷的冰原，我的心头涌起一股复杂的情感。

这一次探险北极的行动对整个亚洲而言都具有非同寻常的意义：这是中国也是亚洲第一次有组织的、以科学考察为目的的造访北极。八个正式上冰队员中有五名科学家，个个都是能独当一面的专家。我和毕福剑则第一次有机会用自己的摄像机镜头把亿万观众带到陌生而神秘的北极地区，记录并展示中国科学家首次徒步远征北极进行科学考察的全过程。

为了"争夺"队员资格，早在 1995 年 1 月，就在国内由哈尔滨至佳木斯的松花江河段上进行了一次全封闭冬训。这不是一次简单的集训，是考验，更是选拔，对于人的体力、意志、生存意识和敬业精神提出了极为苛刻的要求。在 5 夜 6 天的冬训过程中，任何人不得接受来自岸上的援助，任何人不得以任何理由离开冰面上岸，否则就意味着自动放弃对考察队员资格的竞争。岸,在那一段日子里是世间最大的诱惑;岸,意味着不必忍受-30℃的低温,意味着温暖的家园、舒适的床铺;岸,意味着不必在可怕的冰裂声里惴惴不安地入梦;岸,像是禁锢着欲望的藩篱……冬训第3天,比我们迟上冰面的美国冬训队被巨大的冰裂声吓上了岸。

那一脉沉沉的河岸至今都留在我的记忆里,从没有什么比它更具体地向我诠释过土地的含义,也从没有哪一次的诱惑比它更大、更直接。之所以抗拒它、否认它的存在,是因为别人说北极无岸。

有岸不能上是痛苦的,无岸可上呢,是绝望吗? 冬训前,队长李栓科说:"北极比起南极来,更加神秘,危机四伏。一个世纪以来,南极考察只死了十几个人,而在北极的死亡人数达600多。"当着律师的面,我们在《生死合同》上签上自己的名字。正式进军北极前,中国人民保险公司为队员们提供了最高额为人均30万元的人身保险。一切的一切似乎都在预示着危险的迫近,艰难险阻正以越来越具体的形式显现在我们的面前。然而,所有的人都以义无反顾的姿态迎接着挑战,无岸可上带给我们的是对终极目标异乎寻常的关注和期望。期望正存在于无岸之地的"绝望"中。

那个穿着羽绒服、戴着羽绒帽、肩背行囊、拉着爬犁地站在滴水成冰、寒风凛冽的松花江上的我,正在渐渐远去。脚上的皮靴变成了滑雪板,从东北走到哈德孙湾,又从哈德孙湾的滑雪训练场走到北极——我们正式上冰点的确切位置是北纬87°58′、西经83°03′。而我国最北端的城市漠河大约在北纬55°线附近。这儿到我们的后方基地 —— 加拿大最北部城市雷索鲁特也要飞行8个小时。我们将在这冰雪上徒步行进约300千米达到极点,穿越极地学家们公认的北冰洋最复杂多变的危险地带,计划时间10天。

从1909年人类第一次踏上北极点算起,至今只有一个亚洲人的足迹到过北极(点)。1995年,8个中国人则想把五星红旗升起在北冰洋的上空。如果说冬训最深刻的感受是冷,那么北极给我的第一印象则是白。上冰的这一天,风和日丽,冰面温度为-12℃。北极的气温本来就比南极来得温和,地球上最冷的地点也并不是在北极附近,而是在北极点以南约3 000千米的西伯利亚东北部。我们上冰的四五月份,北极严寒的冬季刚刚过去,平均气温一般在-20℃左右。放眼望去,白茫茫的冰雪之地展露着她素雅、冷漠的模样。和我印象里冰雪常有的轻盈剔透不同,漂浮在北冰洋上的冰雪显得厚重坚实,蕴含着一种神秘冷嘲的意味。这儿的白色不是一味地显得纯洁、秀美,而是蕴蓄着一股无法探求的威力、博大、深远,令人神往,又挟带着一丝浅浅的恐惧。整个北极冰原或是一马平川的大片"平原",或是层层叠叠的"丘陵地带",中间还会有"峡谷""小径",但她更像一面硕大无比的反光镜,尽可能多地反射着太阳光,使这儿的白色又具备了别处所没有的耀眼的光泽,致使我无论怎样爱这冰天雪地的美景都不得不整日戴着眼镜,以防被这异乎寻常的奇观灼伤了眼睛。好在我的摄像机忠实地记录了这一切。在画面上,这亮丽的白又为北极抹上了任何一位灯光师都不可能制造出来的神奇的光彩,昭示着造物的神力。

正是在这些白色的冰层覆盖之下,北冰洋蓝色的寒流在无声地涌动。已是当地时间午夜 11 点,太阳依旧悬在半空中,这便是著名的极昼现象。每年 4 月到 10 月,差不多正是有北极奇观的时候。与之相对应,在南极则恰逢寒季,终日不见阳光,是极夜时分。极昼给科考活动带来了便利,也向我们的生物钟提出了考验。要在北极生活,我们必须学会在大太阳底下入梦,以保存足够的体力。因为明天我们将迈开征服北极的脚步。

北极的早上,我们的生活和在别处任何一个地方的生活一样,先得做早饭。虽然都是些五大三粗的汉子,无论专家、记者、学者都得轮流做饭。水是就地可取的冰融化的,食物也容不得挑三拣四。为了抵御严寒,我们得常常吃点热量多的东西:奶油、奶酪等等。行进途中是不会架锅做饭的,只能吃点儿肉干、巧克力,只有在出发前和宿营后才有热东西吃:热气腾腾的汤,散发着蒸汽的水都是可宝贵的。特别是水,必须在早晨起床后就喝足、带足,如果等到在行进途中觉得头疼再补充水分就晚了,因为人已经处在脱水状态了。每每听到做饭的油气炉点着后发出的声响,我们就好像闻到了饭菜的香味,感受到适口的食物带来的热量。

晨起的第二件大事是搬家,把家搬到雪橇上。一会儿,这个家就将被爱斯基摩犬拉着飞奔到北冰洋上,直到晚上宿营时才又从雪橇上搬下来。"家"里不仅有做饭的锅碗瓢盆,还有重要的科研仪器和设备。宿营的时候,一个小帐篷就是一个小单元,我们几个人住一个,几个单元错落地组成一个别致的圆。帐篷外是漂亮、彪悍、忠实的爱斯基摩犬，帐篷里的我们则有了一天里唯一的一点互相交流、聊天胡侃的时间。帐篷里的取暖设备就是我们的体温，帐篷的作用只能是挡挡风。我、毕福剑和队长李栓科合住一顶帐篷，因为我们都抽烟。到北极来重要的课题之一就是研究全球环境污染和温室效应，我们却在自己的小单元里制造着小小的温室效应和环境污染。为此，我决定把烟戒了。然而，不抽烟的人住在一起也有麻烦。一天，我们两个记者一早起来发现帐篷外躺着一个人，仔细一看才发现原来是武汉测绘科技大学的博士生刘少创。对于这种每晚露宿"街头"的行动，少创的解释"掷地有声"："冻是冻不死的，吵可能把你吵死！"原来他"不幸"和两个打呼噜的高手同住一个帐篷，只能每晚避"祸"室外。

晚上的难事之一则是对付冻住了的鞋和袜子，把冻得能站得住的袜子从鞋里拔出来常常要费九牛二虎之力。栓科的脚在行进中受了伤，但依旧一声不吭地和冰鞋、冻袜子较劲儿。

真正走上北极的冰面才知道什么叫真正的无岸可上。这已经不是在松花江上了，再也没有远远的河岸能在视觉上给人以安慰，坚持不住了还有退路可走。而这儿，两三米厚的冰层之下是蓝色的海水，海水之下是什么，我不清楚又很清楚。在极地待长了，寒冷又渐渐占据了我的注意力，不是创纪录的低温，而是那种消磨人的意志、侵蚀人的体力的无边无际、没有尽头的寒冷，和这儿宁静又单调的白色一起压迫着你，使你喘不过气来。最初的单纯生理上的适应已远远不够，你得学会从心理上与之相协调。我必须尽力排除各种诱人的念头，譬如去澡堂泡个热水澡、从雪地上跑进带着暖气的楼房或者找个火炉烤烤火。所有这一切，正因其虚幻又不着边际才愈发显得危险。

疲劳也渐渐地变得实在起来，随着时间的推移，它似乎在有形地增加着。白日做梦的睡眠方式已经没有什么不习惯的了。所谓徒步，指的是一天10多个小时的滑雪；否则的话，在这儿的冰面上，你就是一路跟头也摔不到极点。滑雪手杖也变得沉重了，毕竟，滑雪和驾驭狗拉雪橇都是我们正式上冰前在哈德孙湾的集训中速成的。

我们一行人，行进在这片白色的洋面上，暮色的北冰洋从脚下悄悄地流逝而去，透明的海水一样的碧蓝天空，在头顶上静悄悄地注视着我们。我教自己学会欣赏这纯净、沉默的白与蓝。

上北下南

长途跋涉开始了，我们每个人的工作也都开始了。

首先需要的是方向。北京话有一词叫"找不着北"。真到了北极，还真找不着"北"了！指北针在这里指针永远只会往下指。因为地球磁极并不在地理极点上，掌握方向得靠刘少创的法宝——卫星定位仪（GPS）；依靠它，我们在北极才能找到极北。

沿途不断遭遇冰裂缝，这给队伍向前推进带来了麻烦，但也给科学考察活动带来了便利。预想之中一路钻着冰层去极点的实验可以在小冰裂缝旁比较轻松地完成。海水取样也不是一件难事，给雪冰取样同样也简单了许多。几乎所有的实验都进行得很顺利。

赵进平，中科院海洋研究员，是参加过首次远航南极活动的海洋学家。他的实验内容包括对海水分层取样，获得海水的温度、盐度、流速等方面的数据。每一次实验都看似轻松却颇费时间，常常是又累又冻，连嘴都张不开，我对他的采访计划也就只能作罢。他告诉我，北冰洋是世界四大洋中最小的一个大洋，但目前研究得还很不够。海洋学作为一门年轻的科学，研究对象恰是作为生命摇篮的海洋，它可能成为未来最有发展前途的一个学科，它的研究成果可以转化成为巨大的生产力。

世界三极（南极、北极、珠穆朗玛峰）之中，唯有北极是我们不曾涉足的。想要全方位地了解地球、研究地球，不研究北极是不可能办到的。北极的脉搏我们还没有摸到，而随着冷战结束，北极地区开始对外界开放，国际上就有了人类已进入北极时代的论点。持这一观点的人认为北冰洋和人类生存息息相关，这里的海水消长对太阳和地球之间的能量交换有着重大影响，这里的自然资源对未来人类社会发展有着潜在的作用。甚至有人断言："尽管还不能说谁统治了北极谁就将统治世界，但却可以更加确切地说,谁想给这个矛盾重重的世界带来和平与稳定就必须了解北极。"

冷战时代,两个超级大国主要是从北冰洋的冰盖下放眼世界的,它们的核潜艇大多隐藏在冰层下,随时准备袭击 0.5 万千米以内的任何目标。有一幅照片,一艘核潜艇突然从荒凉的冰盖下冒出来,就像传说中的一头怪物。现在,核战争的幽灵似乎已不那么咄咄逼人了,但新的怪物对人类生存威胁更加现实,这就是全球环境的大规模破坏导致的海洋污染。如果说大陆上的河流像一道道污水沟,那么海洋就变成了一座巨大的垃圾场。人类过去片面强调征服自然,现在才发现,我们和自然处于同一个复杂的系统中,对自然的强行征服,实际上就是对自己家园的毁坏。因此,此次北极科学考察活动的核心课题被定为"两极对比与全球变化"。

身为随队记者的我们,工作和摄像机是分不开的。拍摄工作每天都进行,行进的进程要拍,吃饭的时候也要拍,甚至睡觉的时候也得拍;不可能叫队员摆好姿势拍,也不可能将一个镜头重复拍上好几次,甚至不可能为了照顾拍摄工作而放慢一些前进速度。北极,有北极的生存法则;同样,北极也有北极的工作法则。每个人都不应成为其他人的负担,每个人都应该能随时成为其他人的得力助手。任何一点细微的疏忽都是要不得的,因为这可能是一场灾难的开端;任何一点特权在这儿都是不能保留的,即便对于素有"无冕之王"之称的记者也不例外,有的只是对敬业精神的更高要求。我们所需要的,我们的观众所需要的,是对于北极和北极冰原上这一行人的忠实记录,这要求我们有灵敏的反应能力、敏感的知觉能力和迅速的判断能力。摄像机像是长在了我们的肩上,随时准备工作,不能预料什么时候在什么地方就有精彩的镜头出现,也无法预计某几个镜头的组接会产生何等奇妙的效果,我们只有拼命拍、多拍,怕的是回来制作节目时才发觉素材不够。

上冰后,每个人都操心着那些高科技的仪器设备,生怕冻坏了它们。上冰前,我曾想过要是出现这种情况就用体温来捂暖电池,以保证现场拍摄。没想到我的机器没出毛病,怀里倒帮赵进平揣着一台笔记本电脑。

因为每天除了十几个小时的徒步行进之外还要工作,所以体能消耗极大,大家每顿都吃得很多,差不多是平时的两倍。然而即便这样,吃饭的时候摄像机也不能闲着。每个人都狼吞虎咽的那会儿,我们当记者的也得先拍镜头再吃饭。

　　一共只有两个记者,所以,从没有走到过幕前的我,有时也得勉为其难,到镜头前去主持节目。总是这样,我要的镜头毕福剑来拍,我主持;他要的镜头我来拍,他主持。只有通过这个办法才可能比较完整和充分地记录下这次北极考察活动的新闻报道资料,同时我也能在毕福剑的帮助下完成《12演播室》布置的任务。有的时候,镜头也成为我们互相取笑的中介。镜头前那一个的"嘴脸"常常成为镜头后这一个开玩笑的谈资,那时候查看已被记录下来的影像就成为为自己辩白的重要手段,只有那些资料才能当作可靠的证据来引用。北冰洋上没镜子,八个男子汉谁也没想起镜子来吧,看一看镜头里的自己不就全清楚了吗?有时候,看见雪地上自己肩扛摄像机的影子,或者是和老毕把机器换个肩,总有一种由衷的满足感:因为我是个电视记者。

　　摄像机偶尔也有出故障的时候。逢到情急,我们就使用小型的胶片摄影机替代;实在不行,照相机也能帮我们留下图片资料。

　　除我们两个之外,雷索鲁特基地里还有中央电视台的特派记者、协调指挥和节目传送工程师。和基地的每一次联络是每天最让人高兴的一件事。和基地通上了话就等于跟祖国有了联系,因为他们联结着祖国、联结着北京、联结着单位的同志和家里的亲人。

冲破剪切带

　　这里的冰盖无边无际,北极盆地正好能把隆起来的南极大陆装进去,甚至在形状上也有明显的相似之处。直到20世纪末,人们才弄清北极中心地区只是越来越深的海水,再也没有新的陆地。要是冰盖像完整的玻璃罩子一样覆盖在北冰洋上,我们的行程就不会那么危险了。实际上,我们是踩着漂浮的冰块走过大洋的。这些冰块不断破损、断裂、消融,互相碰撞,互相挤压,总是沿着顺时针方向漂流,时止时进地在北冰洋上打转转。在早期探险时代,人们就发现一些被冻结的冰块中的船只残骸,从西伯利亚这边绕北极盆地一圈漂到大西洋那边。

从出发开始,我们就不断地遇到大大小小的冰裂缝,掉下去就是几千米深的寒冷的海水,乐观地想,也许还能看见海豹和冷战时期遗留下来的核潜艇。冰裂缝,预示着危机的到来,但也给科学家们的实验带来方便。然而,随着队伍一步步向前推进,冰层的表面变得粗糙起来,到处是乱七八糟的冰块,就像前一天有人来这儿找过什么,已经翻腾了一遍。北极,正在悄悄显示着它的力量。冰面上的情况越来越复杂,遇到的冰裂缝明显在增多。我们不得不小心翼翼,收敛起疲劳的感觉,打足精神,准备迎接将要到来的一切,就连我们的爱斯基摩犬也变得谨慎小心起来。

我们被一条巨大的裂缝挡住了去路。这条裂缝大约十几米宽,像一条冰河,只能把几大块浮冰连接成临时冰桥才能通过。低温使我的摄像机也出了故障,只能用照相机和摄影机来记录当时的情况。我和美国向导鲍尔负责架桥的工作。我们把冰钩扎在冰排上,又用绳索牵住冰钩,靠人力牵引绳索,从而使冰排的位置相对固定,连接成一座浮桥。我们紧紧拉住绳索,感觉像是拉住了那种斜拉索大桥的钢索。冰块很不结实,洋流又不停地推动它们,冰块间相互一摩擦就破裂、变小,很快就要散架了。漂浮在北冰洋和大西洋上无数碎冰正是这样出现的。气氛渐渐紧张起来,谁也不多说什么。高精密度的实验设备、重要的资料被迅速地转移到对"岸",冰面上已经出现了一摊摊冰水,浮冰融化的速度之快令人心惊。爱斯基摩犬也狂吠着越过冰排,它们比我们更有经验。最后剩下的是重装备雪橇,冒险是不可避免的了。狗被带到冰桥边,它们也在害怕,此起彼伏地低声嗥叫着。但是,这些勇敢的生命没有半点儿退缩的样子,一声吆喝,它们飞快地拖动雪橇以最快速度越过了冰桥!浮冰在雪橇的重压下发生了剧烈的摩擦,碎冰被海水吞没了,立刻就消解于无形之中。每个人心里都有一个念头:快一点,再快一点儿,赶在浮冰破碎之前,我们都快过去!

最后一个是我。等我拆下冰钩和绳索连蹦带跳地蹿上对"岸"时,已经像踩着河面上错落的石头了,所有人都为我捏了一把汗,美国朋友还为我最后一个过桥一连三天向我道谢。当时的我除了忙乱,其实早已顾不上恐惧了。

过了冰河，每个人心里都藏着一份庆幸的感觉。但不久以后才知道，坏运气还远远没有过去，我们正不知不觉地靠近真正的危险地带——剪切带。剪切带，简单地说，就是由于多股海流作用而使冰层裂开，互相挤压、碰撞而成，人如果陷入其中就如陷入沼泽。所以极地专家们都直截了当地把它叫作"死亡带"。

我们不得不停下前进的脚步，总领队位梦华决定等待第二天前来接应的飞机，由飞机先去侦察一下剪切带的宽度，然后再订出行动计划。我们和后方基地联络，向雷索鲁特发出求援信号。然而，飞机没有来，不但第二天没有来，第三天也没有来！ 2 000 千米以外的基地上空天气情况不好，接应的飞机不能起飞！

危险，疲劳，没有接应，每个人的心里都郁结着一股烦闷的情绪，但谁也没有失去冷静、沉着的思考能力，大家在静静地等待。而在这等待之中，我们又发现了北极熊的脚印。晚上宿营，我们缩小了营地范围，以防不测。爱斯基摩犬，我们在北极最忠实的伙伴，静静地偃卧在帐篷外。它们体态娇小，和城里的宠物一样，用甩一甩蓬蓬松松的毛尾巴来表示亲热和友好。但它们在北极却是老资格的本土居民，在它们的身上有着北极狼的血统，连北极熊也不敢招惹它们。此刻，它们蜷缩在积雪里酣睡，积蓄着体力，一到白天则成为行进途中的方向盘。在这银装素裹的冰原上，只有温顺、耐寒、能吃苦的它们才能担当起拉雪橇的重任。有必要的话，它们能不停地拉着雪橇奔跑 18 小时，最快的时候时速达 30 千米每小时。它们又是聪明的小生灵，有着丰富的极地生活经验。过冰裂缝时，中间的一条狗如果掉进冰水里，其他狗会马上向四面撑开，站住不动，等着人来援救。饿了，喂它们一点饲料；渴了，它们自己就地吞两口雪。在北极，它们的家园里，它们无私地帮助着世间最聪明的最不安分的另一种生物——人类。

必须迅速作出对我们大家来说生死攸关的决定了，预示剪切带的漏斗黑云已经出现，脚下的冰层晃动也越来越厉害，大有天塌地陷之感。和美国向导鲍尔研究的结果：不能轻易收兵，但要马上后退，然后想办法迂回前进。此时，考察队已经基本到达北纬89°地带了，但全体队员只好立刻掉头向东南方向急速撤退。连续行进 17 个小时，饿了，掏出冷香肠来吃几口，人吃什么狗吃什么；渴了，喝几口冷水，生理需要被降到最低点。一切都为了争分夺秒，尽可能赶在冰层剧烈变化前绕过剪切带。

将近一个昼夜的冰雪行军终于有了报偿，危险的剪切带终于被绕到后面去了，广阔的冰原又恢复了她平和、恬静的一面。每个人都有一种劫后余生的欣喜。这会儿，北极的雪白得漂亮，北极的天蓝得可爱；这会儿爱斯基摩犬也比平时更加起劲地摇动它们毛茸茸的短尾巴。现在，当我重看拍下来的素材带的时候，发现过剪切带前后的场景全部是用摄影机拍摄的，胶片的奇特视觉感受使这些画面区别于用摄像机录制的镜头，以至于现在看来，当时的北极也是个阴暗、昏黑的北极，而不是那个清爽、雅洁的冰原。自然在那一刻显示出不可一世的气势，叫我无法把产生在我心里的主观色彩从记忆中的胶片上抹去。

我们走了弯路，但总算达到了目的。那些平日里斯斯文文的学者们忘形失态地庆祝自己的绝路逢生。帐篷被支起来，人们挤在一处，敲盆砸碗地为自己伴奏，唱那首被毕福剑改编了的《西边的太阳就要下山了》。而在北极，太阳终日只在地平线上围着我们转圈子，所以，"西边的太阳"就永远也落不下了！不是每一个人的一生中都有这种大悲大喜的体验；不是每个人都能理解这歌声中饱含的超脱和感慨；也不是每个人都能明白这样的危险之后，对每个冰上队员来说同甘共苦、无岸可上的几天已经过去了，接下去的是向胜利、向北极点这个成功之岸顺利推进。前方，就是极点，就是希望，就是成功！我们的爱斯基摩犬也欢叫起来。

似乎是一种奖赏，天气情况也随之好转，基地前来接应的飞机终于从天外飞来，降落在北纬 89° 线会合点。前后方的同志相见，竟有恍若隔世之感，那难以言说的焦灼，那昼夜兼程的艰险，那生死莫测的等待，叫人如何不感慨万千？！他们带来了新的任务，决定由我完成极点上空的航拍任务。

还有一个纬度，还有一次会合，但人人都能感受到一种轻松兴奋的情绪在蔓延。北纬 89°，一条神奇的纬线！一旦越过这条线，冰层情况将大为稳定，通往极点的路将是一条坦途。

请勿向前（Don't forward）

　　"张军同志将永远是北极科考队员之一。"

　　　　　　　　　　　　　　　　　　　—— 李栓科

　　　　　　　　　　　　　　　　　　1995 年 5 月 1 日

　　"我命令张军同志在光荣地完成了自北纬 88°05′ 的艰巨进军
北极的任务后下冰,去完成更加重要的航拍任务。"

　　　　　　　　　　　　　　　　　　　—— 位梦华

　　　　　　　　　　　　　　　　1995 年 5 月 1 日于北极

　　这两段话是由中国首次远征北极点科学考察队队长李栓科和总领队
位梦华分别写在我的冰上日记上的。

　　在冰面上跌打滚爬了 10 来天,冲过最危险的剪切带之后,我作为当时
唯一有过航拍经历的记者被命令下冰,负责在极点上空的航拍工作。前面
似乎已经是一条通向极点的坦途,但我却要离开。记得上冰前,我们每个
人都签下过生死合同,在所有的合约项中还包括对自己尸体的处理意见。
虽然是在和同行者的玩笑声中签上的名字,然而面对的危险却是实在的,
签名前的思想准备也是严肃的、尽可能充分的。现在,当我看见我的妻子
当时签发的文件副本时,也不得不佩服她的勇气和坚决:

　　"我的丈夫是中央电视台的记者,是一名共产党员。他的职责
就是为人民和党的宣传工作。他曾多次翻车遇险,我从未拖过后
腿,有过怨言。这一次他远征北极点。我清楚有一定的危险性。
但他为记录、报道中华民族的足迹踏上世界第三极,完成这一光
荣、艰巨的任务,我将尊重他的意愿并全力支持他做他应该做的
事情。此次活动中他如有不测,我决不后悔。

　　　　　　　　　　　　　　张军的妻子　何清秀

　　　　　　　　　　　　　　1995 年 2 月 11 日"

　　一切的一切都只是为了成功地踏上极点的一瞬间。当我提着摄像机走

向飞机、共患难的队友说"张军,极点见"的时候却没有想到从此告别了北极点。谁也不知道,那里留下了我离极点最近的足迹——北纬89°07′。

我想过无数个假如:假如我不会航拍;假如没有那个戏剧化的突变;假如不需要航拍;假如一切都不是已经是的那样……正因为没有这些个假如成立,所以就有那样的遗憾成立。有篇采访我的文章题为"未到极点有感情",然而,我想说的却不仅仅是简简单单的一点遗憾。

红色的飞机停在冰雪之上,耀眼夺目,向它走过去的时候,我提着摄像机,心里异常地平静。看自己长长的影子慢慢地向后退,忽然觉得很有意思:我身上的滑雪外衣也是鲜红的,和机身的颜色一样,我和它的影子都被太阳调皮地拉成一长条黑色。我抬头看看太阳,它有点儿苍白地斜挂在蓝天的一角,我觉得自然在对我诉说着什么,我却一时看不透它们。我把摄像机放入机舱,拍掉外衣上的白霜,向我患难与共的整整9天的伙伴们又一次说定在极点会合,爱斯基摩犬歪着脑袋,瞪着乌溜溜的眼睛和我告别。

没有预感,谁也没有想到,我们的飞机出了故障,迫降在尤里卡避难所。在北极,所有的飞机都成双飞行,以防不测,唯有这一次,我们这架孤零零的单机果真就出了故障。与此同时,刘少创的卫星定位仪向他显示,科考队已到了极点,后方基地的飞机正在飞往北纬90°极点上空。李栓科在卫星定位仪旁举起信号枪,信号弹高高升起的地方就是北极点。所有的队员站成两排,将滑雪手杖指向空中,在他们之间是他们为驶向极点的飞机指示的跑道。北,从他们的脚下消失了,而他们正是走向极北的人!

正当所有的人共同庆贺胜利的时候,我从担任航拍任务的飞机上走下来,因此在我的北极科考纪念信封上有一个其他人没有的戳记:尤里卡。这个特殊的标志是一处禁止向前的箭头,上面有一行英语:Don't forward(请勿向前)。人迹罕至的尤里卡避难所,设施齐全。全自动的避难所里为所有走进去的客人准备好温暖的客厅、卧室,先进的厨房设备和洗漱用具,一切都不亚于人类世界中的任何一家宾馆所能提供的服务。这儿还有邮局、加油站、通信设备……然而,"避难"两个字却使我的心为之收紧。正是它对我说:不要前进了。

周围的景物又一次展示着宁静、诗意般的韵致。在飞机上俯瞰北极盆地的快乐、松弛突然消失了，又一次死里逃生，面对的却不是通向成功之路，而是避难所；不是离梦想越来越近，而是梦想被彻底粉碎。红色的飞机旁，我和飞行员相顾之下只有茫然若失的一笑。红色，它失去了热烈、乐观的含义，它和我都像地上的影子一样意兴索然。我的伙伴们正迎着北极的阳光展开国旗，鲜艳的五星红旗在极地阳光下必然是耀眼夺目。这一方红色代表着世界最大的民族对北极、对地球所应当的关注，这个民族的足迹已经印在地球的顶点上。中央电视台晶莹的台标被埋进了晶莹的冰雪，它代表的是世界上拥有最多观众的一个电视台。我们的摄像机镜头一直向北，向北，再向北，向中国人呈现一飘扬着五星红旗的北极！本该和同志们共享欢乐的时刻，我却在陌生的地方避难。从松花江、哈德孙湾到北冰洋，我本有权利品尝胜利的喜悦，此际却有足够的时间品尝遗憾。

我百无聊赖地走向雪地，一只北极狐出现了。

这只可爱的生灵像养育她的这方天地一样，毛色纯白，浑身散发出一种伶俐、轻巧的韵致。她看见了我，好奇地瞪圆了黑眼睛，把一种似笑非笑的羞涩融在每一个俯仰里，孩子似的在我长长的影子里嗅来嗅去。她是孤单的，像是特意来邀我一起去玩；她又是大方的，像个真正的主人一样来关心一下我这突如其来的天外来客。尤里卡的记号（Don't forward）是挡不住她在极地上散漫的脚步的，但也许警告她不要随便离开这自由的家园。她美丽娇羞，使我难以抑制感动和惊诧之情。除了爱斯基摩犬，她是我在北极见到的唯一一个动物。在这与世隔绝的地方，我们好似心灵相通，彼此慰藉。我开始摄像，她大方地表演着狐步舞，尽情地扮演着我镜头里的主人公。我试着打个招呼，她礼貌地点点头。我渐渐忘却了心中的不快，她也久久不愿离去。

尤里卡，这个向所有在极地遇险之人伸出援助之手的地方，在收容我的时候却用一个精致的生灵给我以启发。

记得上冰后大约有一天半的时间，光线非常不好，能见度极差，差不多 5 米开外的东西就看不清了，到处都是无反差的纯白，明明站在一个具体有形的立体世界里,而目力所及却像是钻进了一只面口袋。脚下的滑雪板似乎轻飘飘地浮在冰面上。滑雪手杖像我伸出的两只反应迟钝的脚,却又无物可及。环顾四周,白色的霜雾把我隔离在一个孤立的小世界里。那一刻,关于孤单、孤立的所有想象都前所未有地变得具体实在,呼吸都似乎因此而艰难起来。天地似乎被压缩成一个软性的、可无限伸缩的白窝,而这个白窝里只有我一个人。这种绝对的孤立感压迫着我,比低温更严酷地冰冻了我,使我的唇舌都为之感到僵硬。1982年,我曾经到西沙群岛拍片,站在一个面积只有零点零几平方千米的小岛上,四面都环绕着一望无际的海水。那时,我曾因痛感自己的渺小而觉得心悸。我也去过青藏高原,在那儿我才明白何为"人往高处走,水往低处流"、何为大自然。在松花江集训的时候,我又因为自己那样渴望而又不可触及的两岸而意识到自己的脆弱。人,人类,原来竟是这样地需要安全感,害怕孤独,害怕天地间唯我一人的"潇洒"。彼时彼刻,幸亏有那只美丽优雅的北极狐出现,使我即刻体味到那样的快乐和欣慰!写到这里,眼前就浮现出北极狐充满善意和灵性的漆黑的眸子,白色的天地间这是两枚润得无与伦比的宝石。

到了21世纪,无论怎样恶劣的自然环境,也许都不可能再阻挡人类探索的脚步。伴随着北极逐步被认识,世界上似乎不再存在人迹不至的地方。正是在人类对全球生存环境和状态越来越关注的时代,人类活动的能量才从大陆扩展到天空、海洋。我们所看到、感受到的一切正帮助我们重新认识文明世界 —— 如何保护所有生命共同拥有的这个自然,而不是一味地简单利用乃至破坏我们赖以生存的自然之所,也许这是人类下一个世纪的主要任务。

当我站在尤里卡避难所旁,不知为什么同样体味到站在极点的伙伴们迎风展开国旗的自豪和骄傲。没有到极点,遗憾吗?是有一点儿,但我又怀疑那是不是一个终点。试想在那无所谓东南西北的顶点,唯有天和地是真实的,唯有生命是真实的,唯有白色的冰雪、湛蓝的天空、鲜艳的红旗是实在的存在,谁在心里还有功名利禄、恩怨仇杀?那一刻,感谢生命,感谢自然,感谢美好的存在,这样美好的快乐的情绪我站在尤里卡感受到了。

遗憾，或者说不完美，也许正是生活的必然。正是在这种不完美里，我听到了、看到了尤里卡的标识——Don't forward！瞬间，我同时认识到了生命的完美、地球的可爱。回过头来，重新关注我们的地球、我们的自然，尤里卡，或者说：北极才刚是起点！

结束语

中国首次远征北极点科学考察队的壮举，已经与我们渐行渐远了。忘却的，不再有回忆；留下的，成就了自己的永恒。望着躁动、喧嚣、拜物、张扬的一幕幕，我会时常冷静地提醒自己，在北极点被绝对的冰点冷藏和雪冻过的人，应该是踏实工作、认真学习、头脑清醒和勇于创新的人。

只要有出差的机会，总会首先确定一下方位，东、南、西、北四个维度或八个维度，最先想到的就是上北。每次去北美都会心存期待地跟机场值机的航空公司员工商请，拜托给我一个左舷靠窗的位置。夜幕降临，机舱里的乘客早已进入梦乡，而我一定悄悄地拉起遮光板向北极的方向痴痴地眺望，期待着与记忆中的情景再一次不期而遇。一旦确定自己在万米高空正在平视着北极光时，心都会跳出胸膛。

深情期待着与全体队友健康快乐地走过下一个20年。

郑鸣 | ZHENG MING

北极雪

郑鸣,1956 年 12 月出生于哈尔滨。少年时代随父母下放到黑龙江省柳河五七干校,先在子弟中学读书,后在农场务农。1975—1979 年在人民海军服役。退役后在哈尔滨人民广播电台做值班员 2 年,后在哈尔滨电视台、凤凰卫视、哈尔滨广播电视台做记者至今。

值此中国首次远征北极点科学考察 20 周年之际,谨以此文献给我的队友和所有为此次科学考察做出贡献的亲人与朋友。

2015 年 7 月 11 日,我随《英雄当归》——为俄罗斯"二战"老兵中医养生保健团队,从莫斯科飞抵摩尔曼斯克。

机舱门刚一打开,北极圈里一种久违了的味道直抵胸腔,湿冷,微咸,甘洌,想象着这里的冰雪刚刚消融。漫山遍野竞相怒放的野花骄傲地迎风摇曳,它们仿佛相约着把最灿烂的色彩和芬芳贡献给这个短暂的夏天;它们当然知道下一个夏天相当遥远,但有曼妙的北极光会在漫长的冬夜里相伴。

哦,摩尔曼斯克,北纬 68°58′,北极的门槛。上一次进入北极圈是在 2012 年芬兰的诺瓦尼米。

也许是北极点情结的缘故,这次设计《英雄当归》项目时,我毫不犹豫地在路书上的"莫斯科"之后,坚定地敲出"摩尔曼斯克"。后来尽管由于经费实在拮据必须要砍掉两座城市,摩尔曼斯克也是不容讨论的。一来作为前苏联的英雄城市,摩尔曼斯克在卫国战争中打得极为惨烈,半数以上的年轻士兵战死在这座城市的保卫战中,不得已那些十三四岁的少女们接过父辈和兄长们血染的枪炮还击入侵者。这里应该有我们可以为之提供中医诊治的"二战"老兵。二来摩尔曼斯克是距离北极点最近的俄罗斯城市,再闻一闻北极圈里的味道,再看一看北极圈里的苔藓,再感受一下北极圈里的寒意,或许可以缓解心中对那风雪北极点深深的"乡愁"。

摩尔曼斯克还是有些变化,新楼鳞次栉比,超市看上去与世界各地的一样,只是摩尔曼斯克的姑娘还是那么高挑,还是那么冷艳,还是那么自信得目不斜视。

1992 年 10 月,15 集系列纪录片《东方大河·黑龙江》摄制组,完成俄罗斯境内摄制任务从符拉迪沃斯托克乘坐火车,准备经布拉戈维申斯克市返回国内。那个年代的摄制组出行,磁带、电池、摄像机、三脚架占据了行李中的绝大部分,6 个人的摄制组,每人平均 3 件超大超重的行李,让每一次转场成为一次重体力的劳作。上车时,一位热情的俄罗斯中年男子自告奋勇地帮助我们搬运沉重的器材,这让我十分感动,列车开动之后自然就与他攀谈起来。

他叫白列,《俄罗斯日报》驻布拉戈维申斯克的记者。同行之间,语言、信仰、民族和宗教的隔阂似乎都不那么重要,我感谢他的出手相助,也感谢他对我的热心采访。

轮到我采访他了。作为记者,您的哪一次采访经历令您印象深刻?

他灰色的眼睛转向色彩斑斓、秋色正浓的窗外,稍微停顿之后,便开始讲述他不久前一次北冰洋上的采访经历。湛蓝的天空,洁白的冰原,红色的核动力破冰船在船队前方犁开一条翻转着幽蓝色冰块的水道,几艘乃至十几艘万吨级巨轮尾随着破冰船鱼贯前行,从破冰船上起飞的米－2直升机不时地飞到航道的前方勘察冰情,引导核动力破冰船调整航线……

天哪!他讲述的这一切,直听得我如醉如痴,继而又让我极度向往、极度渴望!我当即邀他喝下瓶中最后的伏特加,恳请他帮助我完成一次中国记者的北冰洋航行计划。

向往北极

从1992年到1994年的3年间,我几乎恳求过所有我认识的俄罗斯朋友,希望他们能够帮助我实现这个梦想,毕竟这个梦想在自己看来都有些不着找边际。

1994年的7月中旬,一个电话从布拉戈维申斯克打来,电视台国际部主任尤拉告诉我,他在摩尔曼斯克海运局工作的哥哥愿意帮助我实现这个梦想。

签证,过境,飞莫斯科,再飞摩尔曼斯克。

体检,登船,找到船长史基恩为我特别安排的一个舱位;那里干净、整洁,带独立卫生间,特别是还有一个可以打开的左舷窗,在东北航线向东航行,这是一直可以眺望北极点方向的位置。晚上 10 点,太阳依然高高地挂在西边的山头上,"伊万·博贡"号货轮没有拉响起锚的汽笛,静静地解缆,静静地离岸,十几位船员的家属和孩子站在码头上,静静地向船上挥手。

在人民海军服役整整 4 年,一直在深山里与海军的各类制式弹药为伍,大山阻断了我向大海眺望的目光,但从来没有切断我对大海的向往;吹起水兵帽后边两条风向飘带的是山风不是海风,但自我定位则是永远的海军战士。人生的第一次出海就是一次名副其实的远航,这是我以前做梦都不曾想到过的美差。

"伊万·博贡"号沿着长长的科拉湾静静地向北航行。已经成为博物馆的世界上第一艘核动力破冰船"列宁"号在我们右舷的岸边停靠着。记得母亲曾经帮我借阅过一本《"列宁"号破冰船》的科普读物,那本书让我对北冰洋第一次有了朦胧的概念。"西伯利亚"号常规动力破冰船在岸边停靠着,俄罗斯唯一服役的"库茨涅佐夫"号核动力航空母舰也在岸边停靠着,舰上官兵后甲板列队唱着节奏感很强的军歌。北方舰队十几艘战略级核潜艇依次拴泊在码头边上,有的看上去已经锈迹斑斑,甚至消音瓦还有大面积脱落,那肯定是不能潜航了,有的似乎还能参加战备值班。

巨大的科拉湾出海口乌云密布,海天同为铅灰色,孤独的"伊万·博贡"号在俄罗斯巨大版图西北角的巴伦支海调转船头,沿着世界上最靠北的季节性航线——东北航线向东航行。在这条北冰洋东北航线上,"瓦伊佳奇""叶马尔半岛"和"俄罗斯"号三艘核动力破冰船,依次接力为"伊万·博贡"号及陆续入列的各型货轮牵引拖航、破冰开道。绕过杰日涅夫角,阿拉斯加的海岸山脉已经出现在船长史基恩的望远镜中,之后的航行波澜不惊、阳光明媚。整整 28 天,这条 2 万吨为中国运送化肥的"伊万·博贡"号靠港烟台,我与一路热情关照我的俄罗斯水手们依依惜别。

时间不长,一部《航行北冰洋》的纪录片在央视一套黄金时段播出。

这次真正意义上的远航,让我那颗年轻的心开始膨胀,从此经常幻想着更为遥远的地方……

北京电话

1995 年的新年前夕,习惯日落而息的我刚刚进入梦乡,一阵电话铃声响起,我一个鱼跃起身扑向电话机。四年军械仓库的哨兵生涯每天都是荷枪实弹、枕戈待旦,夜里的电话铃声依然会让我心惊胆战。

"你是郑鸣吗?"这口音!怎么听都像是"你是挣——命吗?"

听筒里接下来的声音尽管口音依然浓重,但再听下去却像是山东人在努力地说着普通话了。"我叫位梦华,中国地震局的研究员,我看了中央电视台播出的你的《航行北冰洋》纪录片,你们黑龙江的徐力群又向我推荐说你是个不错的电视记者。我们在筹备中国首次远征北极点科学考察,你愿意参加吗?"

"我,我,我当然愿意参加!"

天上掉下个林妹妹,人要是一激动,话语也不会连贯。

由美国著名探险家鲍尔·舍克先生指导的松花江冰上 6 天 5 夜的行走和宿营训练,我以摔坏一台摄像机的代价,在规定时间、规定地点完成了受训。

那次松花江集训和后来的远征北极点科学考察,我结识了让我一生都会引以为豪的师长和朋友。他们的所思所想、所作所为,在一定程度上改变了我后来的人生轨迹。

20 年后的今天,借着这篇命题作文我首先要对他们说,我深深地爱着你们,感谢人生中的一段历程能与你们同行。生命中因为有了你们,我因此多了一些勇敢,少了一些矫情;多了一份自信,少了一些懦弱;多了一些清醒,少了一些迷茫;多了一些坚忍,少了一些懒惰。倘若真有来世,请求你们继续带着我吧,真心的我不会让你们失望!

他们是 1995 中国首次远征北极点科学考察队的发起人和我的队友:位梦华、刘小汉、刘健、沈爱民、李栓科、李乐诗、赵进平、刘少创、效存德、张军、毕福剑、方精云、牛铮、叶研、张卫、卓培荣、孔晓宁、刘刚、王迈、曹乐嘉、杨晓峰、杨亦农、史立红和一些科学界和新闻界的朋友,还有赞助商原南德集团总裁牟其中及郭昆、刘宏伟等知名人士。

北极熊的故乡

加拿大哈德孙湾的丘吉尔港,是世界上北极熊出没最频繁的地方,也是最接近北冰洋自然环境的地方。组织者把我们境外一周集训地点选在这里,不知是出于怎样的一种考虑。看着加拿大教练带来的两支步枪,这让曾经参加过海军军用步枪射击比赛的我,心里涌动着一股逢凶化吉、一枪毙熊的渴望。

接下来的越野滑雪、通信保障、狗拉雪橇、冰海求生、冰上野炊还是颇费了我一把子力气。

越野滑雪。从小生活在哈尔滨的我,速度滑冰是件愉快而惬意的运动。越野滑雪与速度滑冰,总还是有一点彼此可以借鉴的地方:滑起来不摔跤,这并不难;难的是滑得稳、滑得快、滑得轻盈,这可就不是一日之功了。看着鲍尔·舍克先生不用滑雪杖,只要把脚伸进雪板上的鞋套,也不需要固定一下,就可以轻盈飞快地滑行,心生羡慕!李栓科、刘少创、毕福剑属户外型生物,运动天赋极好,越野滑雪技术掌握得有模有样。

通信保障。一部超短波收发讯电台,主要掌控在教练手中,固定频率的频道,定时开机联络,只要不掉进海里,有足够的备用电池,多看一眼就能学会。

狗拉雪橇。爱斯基摩狗对主人的温顺,对极寒条件的适应,对吃不饱肚子的忍耐,还有对北极熊来袭时的预警与撕咬,让我很快打消了对狗的反感。小时候让狗咬过还打过狂犬病疫苗,下乡时被狗追过反过来也打过狗。可是当我必须学会驾驭由 10 条健壮的爱斯基摩狗拉动的雪橇,负载着科考器材、摄影器材、宿营帐篷、野炊用具、狗食人粮的时候,特别是遇到碎冰堆积的乱冰岗和不得不跨越的冰缝与冰河时,爱斯基摩狗会瞬间在主人的口令下变得暴躁与激昂,它们跳跃着全力拉紧绳索,不惜掉进海里浑身湿透,也要把雪橇和主人带过冰河。每当这个时候,我总是对这些忠诚的朋友肃然起敬！冲过险区之后的稍息时,轻轻拍拍它们的头顶,抚摸几下它们的后背。当你与它们蓝宝石一样的眼睛四目对视时,谁都不会对它们痴情与深情的凝视无动于衷,心会立刻融化,手会情不自禁地掏出留给自己不时之需的所有能吃的东西捧给它们。

冰海求生。这是一门必须掌握的逃生技能,主要是记住外籍教练的忠告:冰盖宿营,帐篷必须搭在看上去一定是大块"老冰"的上边,是那种看上去多年不曾融化过的、坚硬的、厚实的冰面上。生火做饭时,一定选在宿营区的下风口稍远一点的地方,汽油炉子的使用一定要按照程序操作。睡觉时帐篷的拉链不能完全拉紧,要多少留出一点空隙,还要穿着保暖衣裤和羽绒脚套,一旦帐篷底下或附近出现冰裂,海水可能瞬间漫进帐篷给睡梦中的人带来灭顶之灾,这样可以以最快速度钻出帐篷逃离险境。还有其他诸多的经验之谈,所有这些都让我既感到新鲜,又感到要命,烂熟于心是必需的了。

冰上野炊。极端环境下,吃饭是一个极为重要的问题。做记者多年,我的准则是:早吃晚吃、吃好吃坏、吃冷吃热、吃软吃硬都无所谓,一天里有一顿饱饭就行。但是在极端环境下尽最大努力吃好、喝好,则完全可以上升到生存必需的高度了。老外冰上野炊的经验丰富,一个手工加压的汽油炉子,两个大号饭桶用来烧饭。所谓烧饭,就是用冰块化成清水,然后把大米、燕麦等多种谷物一股脑放进桶里,再大把放进肉松、鱼松、黄油、葡萄干、核桃仁等等。做出来糨糊样的可谓是"超级八宝粥",味道实在"鲜美"且易于消化,营养又十分丰富,刚尝了第一口就想着下一碗。大家起名叫它"北极八宝粥"。做这种饭,不需要太高超的厨艺,不糊、不稀、煮熟即可,只是耗时较长,要不时地用长柄铁勺搅拌,以免下边糊了上边还不熟。在北冰洋的冰盖上做一次饭,等于要比别人少睡2个小时,这时候比的就是人的意志和品质了。

前几天的训练还真的有些跟头把式,毕竟人到中年了。但是每次累得直不起腰的时候,都会看见位老师。那一年位老师55岁,跟大家一样努力地掌握各种野外的生存技能。榜样的力量,就是没人告诉你怎么做,但是你会知道自己该怎么去做。

4月中旬的哈德孙湾,白天的气温已经接近零度。雪,依然很白,只是有些发黏,天空中还不时地飘起鹅毛大雪。滑雪板和雪橇板会沾上厚厚的积雪,从而大大影响滑行速度。爱斯基摩狗们也平添了许多负重,如果不是一直喊着"哈普,哈普",走着走着狗们会不由自主地停下来。海冰在潮汐的作用下,变得易碎且有些起伏。也许是考虑到安全的问题,冰上训练的最后一个夜晚,宿营地被安排在海边有着稀疏松树的林间空地——帐篷、白雪、篝火、炊烟,还有泰加林带最北边缘线上松枝树间,时隐时现着的灵异般的北极光。

晚饭后,毕福剑掏出一把口琴吹起了自己改编的《铁道游击队的》电影的主题歌《西边的太阳快要落山了》,大家你一句我一句地迎合着。

那时的毕福剑,就是把他的衣服全扒下来,也看不出他有多大的艺术才华,生性乐观、幽默诙谐、人缘极好、吃苦耐劳倒是真真切切的。他在北极时的所有带文艺范儿的表演画面,都是张军大哥和我在严寒中一遍又一遍"不厌其烦"地记录下来的,我们可真是"看着他长大的"。直到后来的有一天他成为《星光大道》上的毕姥爷,让全国的中老年妇女一天晚上看不见他那幽默、率真、自嘲、卖萌的表演就寝食难安。张军大哥与我每次喝酒都有些愤愤不平地议论老毕,咱俩要不要收老毕的培养费?无奈张军大哥和我都是厚道人,商量的结果还是请他写几个字吧。实事求是地说,老毕的毛笔字的确自成一统,绝对大家大师风范。据称少年练过画画,画出来的字比写的好看多了。一次酒过三巡,只见他镇纸、研磨,小眼睛一闭一张一眯,一幅"战友、校友、队友"的横幅便神奇般地画了出来,神韵与神形兼备,飘逸与奔放兼有,遒劲与圆润兼收,让许多见到的人羡慕得眼睛直要掉出眼眶。

哈德孙湾的训练结束了,4位外籍教练背靠背为参训的中方队员做了一次客观的点评,内容包括心理素质、合作意识、体能技能等项内容。评比结果并没有在队里公布。后来得知,教练们给我的评分相当靠前,我当受之无愧。在那样一个特殊的集体中,我最知道自己该怎么做和如何做。毕竟,如此投入和辛苦的训练,大家都是冲着北极点去的,我绝对不怀疑我的付出。

北极点,那个遥远而神秘的地方实在太具诱惑力。一块巨大无边的冰盖,没有任何参照,没有任何标识,仅仅是通过仪器诸如 GPS 定位,找到地理学概念上的那个所有经线在地球顶端的汇合点而已。

伊利再训

我们必须返回美国明尼苏达州的伊利市,在那里休整 10 天左右,再飞到加拿大北极科考重镇雷索鲁特,那里是此次北极点行动的大本营。

眼下的任务是需要留下几个人,把我们的 30 多条爱斯基摩狗装上火车,然后运到美国的伊利市鲍尔的家。李乐诗、孔晓宁、牛铮和我自告奋勇留下来,再加上两位外籍教练。

从结束训练的哈德孙湾,乘坐运狗的大皮卡到丘吉尔港的火车站,把装狗的箱子一个个搬上货运列车,然后备好狗粮。之后,我们几个人再搭乘一列软卧火车抵达加拿大中部重镇温尼伯。车窗之外的泰加林地貌和厚实的冰雪,构成了一幅巨大的、连绵起伏的冰雪画卷。火车开得不快,仿佛在让我们从容地欣赏安徒生笔下的童话世界。

李乐诗,香港著名探险摄影家,大家叫她阿乐姐,而她更愿意别人称她"阿乐"。在我们之前,她早已多次涉足南极和北极。她很早就认识到南北极科学考察对当今中国的重要性,以至于多年以来一直奔走呼号,希望唤起中国科学家和青少年对南北极考察的兴趣与热情。这一次,她又是自掏腰包参加"中国首次远征北极点科学考察队",渴望凭借自己的力量同我们一起到达北极点。与阿乐交谈是件愉快的事情,她优雅、沉静、博学,说到高兴处会笑声朗朗。

我第一次听到她给生命算过一笔账。她说人这一生真不容易,一般人的平均寿命为 80 多岁,就算是 3 万天吧。8 岁之前,你要听父母和保育员的安排;8 岁到 20 岁,你要听父母和老师的安排;20 岁到 30 岁,你参加工作要听单位领导的安排,有了家庭你还要听妻子或丈夫的许多建议;30 岁到 40 岁,你上有老下有小,单位可能还有你不喜欢或不喜欢你的领导;40 岁到 50 岁是人生中少有的好时光,这个时候你可能是个部门领导,但依然面临 30 岁到 40 岁曾经的所有烦恼;50 岁到 60 岁的身体状况很可能不尽如人意了,人生的初秋时节来临,也是一生中最为轻松的季节,但是可能已经没有了年轻时的冲动和中年时的干劲,或许你会畏首畏尾、缺少了进取心。阿乐最后说,人这一生总要做些有意义的事情,想好了马上就去做,不要被太多的羁绊缠住,尤其是在你能比较自由支配你的时间和精力的时候。在开往春天的列车上,阿乐的那番人生感言让我受益匪浅。

阿乐对美术设计很有天赋,电影《滚滚红尘》的美术设计就出自她的手笔。1996 年我从美国回来途径香港,她利用一天时间陪同我,以最快的速度浏览完香港的重要地标。在香港几乎所有路口的环卫箱上都有一个很漂亮的图案,她漫不经心地说这是她的设计。放弃了繁华都市里回报丰厚的设计师工作满世界地跑来跑去,特别是十几次几十次地往返南北极和珠峰地区,为建立极地博物馆呼吁,为保护珠峰环境奔波,纵然一场重病之后,她依然痴心不改。

阿乐的乐观与豁达,阿乐诗一样的跳跃思维与锲而不舍的精神追求,总是像高山一样成为我的坐标。

全队终于在鲍尔·舍克位于明尼苏达州伊利市郊外森林中的一幢巨大的两层木头房子里集合完毕。

鲍尔的家好大,客房很多,想来是为了接待世界各地的探险者,可以视为探险者之家。平日里,他们夫妇带着三个孩子,女儿克瑞斯 7 岁,儿子皮特 3 岁,还有一个 1 岁多点的女儿,一家 5 口住在这个巨大的林中宫殿;现在一下子住进了 20 多号人并不显得特别拥挤。车库里停放着三部汽车,山坡下不远处是爱斯基摩狗的狗舍,爱斯基摩狗偶尔的接近狼嚎一样的叫声会打破红松林中的寂静。

一间巨大的库房兼做车间给我留下了深刻印象,原来我们用的狗拉雪橇竟是在这里纯手工制作的,大工匠就是鲍尔和他的朋友。

在北冰洋冰面上行驶的雪橇,既要十分结实可靠,又要非常轻便,同时储物空间还要尽可能地大,这就给制作这种特殊用途的雪橇提出了极为苛刻的要求。我看到计算机里边的设计图形有许多种,想必是鲍尔在比对中优中选优,同时还得有所改进吧。材料看上去都是最好的,有很坚硬、很光滑的白色工程塑料,还有又轻又结实的尼龙材料。两架接近完工的雪橇停放在那里。想象着我们的北极点之行就会让它们派上用场,仿佛一下子就对它们亲切起来。

鲍尔家的山坡下是一泓尚未解冻的湖水,我们每天早晨和上午,借助昨晚的低温在湖面上继续做越野滑雪训练,几天下来又有些长进。

天气转暖,阳光照在脸上暖融融的,湖边的柳树枝头开始出现了稀疏的、毛茸茸的东西,湖面上的冰层也开始变得酥软起来。训练时,一名外籍教练不慎踏破冰层跌入湖中,刚好毕福剑滑雪至此,毅然脱下雪板匍匐爬向冰窟窿,并将手中的滑雪杖递给落水者,在随后赶来的刘少创和赵进平等队友的协助下终于将落水者拉了上来。这是刘少创后来向我描述的场景。可惜我当时不在场,没能记录下老毕智勇双全的英雄形象。

其余时间,我们几次结队在林中穿越,做体能和耐力训练。

刘少创新婚燕尔,却把年轻美丽的娇妻和一纸生死合同留在了北京。残酷和残忍,都是出于一种对高尚和神圣的追求。临行前的首都机场,这对新人先是四目相望,后是新娘泪水涟涟的凄美神情,相信所有的队友都记住了那难舍难分的情景。可能是为了排遣对新婚妻子的思念,刘少创与鲍尔家的三个孩子都成了最好的忘年交。特别是那个睁开眼睛就满地乱窜的皮特,一会爬到刘少创的肩上,一会又睡到刘少创的背上。穿越森林时鲍尔和妻子苏珊带上了女儿和儿子,那个皮特几乎一直就黏在刘少创的背上。对刘少创,这叫负重训练,冥冥之中也是为他后来实施单人无后援滑雪远征北极点提前做了一点点功课。

向北极点进发

惬意、舒适的山中集训很快就结束了,我们的北极点之行终于到了启程的时刻。

1995年4月20日,全队从伊利市乘坐波音707包机飞往加拿大的北极重镇雷索鲁特。在那里,第一批上冰队员将换乘小型螺旋桨飞机飞往北纬88°,并从那里驾驭狗拉雪橇或滑雪抵达北极点。

很快,位梦华、李栓科、赵进平、刘少创、效存德、张军、毕福剑 7 人,就与先期抵达那里的美国科学探险队的几位队员,还有一位委内瑞拉的极限爱好者及部分记者登上了两架红色的双水獭小型螺旋桨式飞机,另外一架飞机承载着 30 条爱斯基摩狗和雪橇等物资。我在登机之前,注意到这三架飞机的起落架下都有一种特殊的装置,就是专门用于在雪原上降落的"滑行雪板"。如果是在正常的混凝土跑道上降落,这种"滑行雪板"可以升起并用轮胎着陆,看上去设计得很实用也很巧妙。

三架飞机轰鸣着依次升空,向着冰雪覆盖着的北冰洋方向,向着对我们所有人来说都不可预知的方向,在北极地区特有的极地环流的不断扰动中,时而剧烈颠簸,时而平稳飞行。机舱里几乎所有的空间都被科考器材和冰上物资充填满了。飞机发动机吃力地轰鸣着,巨大的噪音透过隔音效果不好的机身在机舱里肆虐,乘员之间如果必须交流一定是嘴巴对着耳朵大喊大叫。

加拿大制造的双水獭螺旋桨式小飞机,被设计成双发上单翼结构,这是在恶劣环境下起降的飞机最理想的设计选择,同时也为乘客向下观望提供了很开阔的视野。厚实的白雪尽管覆盖了一切,但是依然可以清晰地辨认出山峦、冰川。单调的白色,让视觉疲劳很快袭来。当我把目光再次转向机舱里时,我看到所有的乘员要么沉默不语,要么闭目养神,都是一脸的凝重。

差不多 3 个小时之后,飞机在一个叫尤里卡的临近北冰洋岸边的简易机场降落。飞机滑行到一排排油桶前开始补充燃油,我们这些不上冰的队员主动帮助机械师往飞机的油箱里打油。那是一种非常传统的手摇式油泵,一桶航油打到飞机里要用差不多 15 分钟。大家轮换着终于给三架飞机补足了航油。机械师仔细检查了起落架下的专用雪橇板后,在完全不依赖地面导航的情况下,只凭着领队机长的无线电指令,机队再次轰鸣着滑过长长的冰雪跑道依次升空。

北冰洋上平坦洁白的巨大冰盖,在机翼下徐徐展开。冰盖上黑色的裂缝时宽时长。平均 1 200 多米水深的北冰洋，冰层厚度 1 米至 3 米不等，冰盖下边涌动着怎样错综复杂的洋流和海流，它们纠缠着在什么地方突然撕开厚厚的冰层，而瞬间裂开的冰层会给飞机的起降和徒步北极点的队友带来怎样的威胁，谁都心里没底。但是，我们所有的人都知道，我们必须前进，我们必须到达。因为我们承载着一个伟大民族的嘱托。在人类北极科学考察的时间表上，我们可以无奈地迟到，但是我们绝不能缺席。

当我后来一次次回想起那架忽忽悠悠的小飞机时，总会想到我们的位梦华先生，这该是一个多么有毅力、多么有韧性、多么固执、多么可爱、多么可敬的老大哥啊！

再后来，我参加或组织了许多大型摄影队伍执行长距离采访，足迹遍及世界上 60 多个国家和地区，风险、危险、困境、囧境如影相随，有许多时候竟觉得眼前的那道坎真的就翻不过去了。每到这个时候，我都会想到 1995 年的中国首次远征北极点科学考察：位老师是怎样克服了那些山一样高的困难和承担着山一样重的压力呢？实事求是地说，发起组织并身体力行一个使命如此庄严的科学考察活动，是我们这些普通队员在当时完全无法体会到有多艰辛、有多复杂和有多危险的事情。当时我的想法简单至极，就是要求自己拼尽全力，冲锋在前，撤退在后。现在回想起来只恨自己当初太少担当，太少作为。

上苍保佑，在北冰洋的冰盖上又一次降落补充航油后，飞机最后平安降落北纬 88° 附近的一块结实的老冰上。

我们以最快速度卸下所有的物资，又从随机携带的油桶中再次把航油打进飞机油箱。飞机的机头一直冲着跑道方向，发动机一直保持着怠速状态，随时准备着因为天气或冰情突然出现异常而能在最短时间内迅速升空。领队机长已经最后一次催促了，飞机发动机从怠速状态已经调整到了准备起飞状态。

告别时候到了，大家相拥互道珍重！

因为卸下了全部辎重，小飞机在白雪覆盖着的冰盖上轻盈地滑行，透过那小小的舷窗和螺旋桨扫起的雪雾，我通过寻像器看见了留在冰盖上的人和狗。飞行员理解我们的心情，在空中兜了个圈子再次低空掠过留在冰盖上的队友们,只见他们挥着手喊着什么,展开的"中国首次远征北极点科学考察"队旗映衬在耀眼的白雪中,清晰,鲜艳。

基地活动

接下来的几天,留在雷索鲁特基地的队员展开了一系列的科学考察活动。在刘健的带领下,我们参观了加拿大北极遥感科研基地,并登上了停放在巨大机库里的一架大型螺旋桨式遥感飞机,听取了遥感专家关于遥感技术在大地测量和物探方面的应用介绍。叶研、孔晓宁、孙覆海和我还参加了方精云博士在基地附近的一个封冻的湖上凿冰取水样的工作。在零下 20 多度的气温下,用最原始的镐头和冰镩子,一点一点在坚如岩石的冰面上凿开 1 米多厚的冰层,最后取出湖中的水样。方精云干得很坚决,脱下羽绒服只穿着保暖内衣还大汗淋漓。这样的坚忍与执着,让他后来成为最年轻的中科院院士之一。我宁可相信这是老天对勤奋与智慧的特别奖赏。

令人印象最深刻的是每次到了与前方通话的时间,张卫总是与刘健和翟晓斌等人焦急地等在无线电台前,手持无线电受话器,一遍一遍地呼叫:"位老师,位老师!我是张卫,我是张卫!听见请回答,听见请回答!"

常常是无线电扩音器中传出"沙沙"的噪音,偶尔听得见位老师沙哑的呼叫,要么飘忽不定,要么时断时续,极少有清晰和完整的回答,有时还能混进其他频段里的英语对话。那个时候还没有铱星电话,通信基本靠吼的联络方式,把张卫清澈浑厚的男中音彻底毁了。张卫不仅贡献了自己的喉咙,他的独特作用更在于疏通各种关卡、各种谈判。他一脸真诚的表情和地道的英语,让我们遇到的所有最难缠、最有偏见的鬼佬都不得不甘拜下风。我后来总在想,二十几岁的张卫何以那么老成、那么老练、那么老道甚至那么老辣?位老师交代他的工作,件件做得完美;协调中央电视台六个人的报道团队,事事干得圆满。要知道报道团队中的所有人都比他的年纪大,但又都与他合作愉快。这就不仅是个人能力的超强,一定是人格与人品中更有过人之处。

在基地里起着最核心作用的是刘健和沈爱民，他们都是中国首次远征北极点科学考察的策划者和组织者。一边要掌握冰上科考队的行进动态，一边要解决加拿大方面的气象保障、救援保障等诸多对于此次科学考察生死攸关的问题，还要操心基地上队员的科考活动和心理状态。刘健的严谨与微笑、果断与干练、协调与沟通，所有的能力与品质令全体队员心悦诚服。沈爱民出色的组织能力和顾全大局、忍辱负重的牺牲精神更令我由衷地钦佩。

我们中国首次远征北极点科学考察的所有队员个个都是铮铮硬汉。我们每一个人都有着自己极为鲜明和非常独特的个性，正是这种桀骜不驯和永不服输的个性驱动着我们在中国首次远征北极点科学考察的大旗下集结。在这个属于当年全国十大科技新闻的事件中，尽管我们来自几十个不同的单位，彼此没有什么隶属和利益关系，用位先生的话说"我们是朋友乌托邦"，但是为了能使全队圆满完成这次庄严的使命，大家都极大地收敛和约束了自己生猛与彪悍的个性，没有人将自己的脾气率性表露，没有人让自己的利益恣意妄为。我以为，这才是中国首次远征北极点科学考察队全体队员最为高贵的品格和最值得称道的素质。

20年过去，我钦佩并尊敬中国首次远征北极点科学考察队全体队员，并为有幸成为其中一员由衷地感到骄傲。未来20年，直至生命的终结，我依然会以为这支队伍中的一员感到无比自豪。

由于张军大哥要承担科考队抵达北极点时航空摄影任务，队领导决定他在北纬89°撤离，李乐诗和我上冰完成最后一个纬度的拍摄任务。两架红色的双水獭再次飞向北冰洋。两次起落补充航油之后，小飞机在大约北纬89°的冰盖上迎风降落。

时隔7天再次见到冰上队友，发现他们都明显消瘦了许多，极为疲惫的脸上最显眼的是一口白牙，脸已经被冰盖上终日不落的阳光紫外线中度灼伤。刚刚卸下补给，冰面上的风力突然加大，坚硬的雪粒向喷砂一样抽打在我们的脸上。机长开始招呼随机而来的保障人员和新闻记者迅速登机撤离。

　　酷寒,大风,前途迷茫,但我还是咬着牙对阿乐说,如果你一定要坚持留下来,我会保护你的。可是,那一时刻在北冰洋的冰盖上实在有些恐怖。

　　这真是一个艰难的抉择!在征求了几乎所有人的意见之后,阿乐考虑到自己如果坚持留下来势必会拖累全队,毕竟年纪不饶人啊。最终,阿乐主动提出放弃留在冰上,随机返回了基地,但是我看见大风中的她流泪了。想起她为参加此次活动付出的诸多努力,我很是替她难过并有些伤感。

　　必须登机了,阿乐满含泪水与大家一一相拥,并优雅地、轻轻地对大家说:"保重!"

　　红白相间的双水獭再次轰鸣着,迎着扑面而来的地吹雪起飞升空。

　　这一次,我留在了冰面上,尽管我有浑身的力气,留给我的却还只有一个纬度,直线距离为120千米。

　　在接下来的五六天时间里,我决心用尽自己的全部气力为所有队友减轻负担,驾驭狗拉雪橇,早起做饭,宿营搭帐,拴狗喂狗,滑雪拍摄,只要想到的看到的都当仁不让。

北极点到了

　　说句心里话,还没太觉得怎么尽兴呢,刘少创那沙哑的、兴奋的嗓音就响了起来:"90°,北极点到了!"随即,两颗红色信号弹滑过北极点阴沉的天际。大家相互拥抱,互道成功。老毕端着16毫米摄影机,我扛着摄像机,各自找好不同的角度,静静地记录下这永生难忘的时刻。

　　这里要说明的是,我与老毕20世纪70年代先后在海军服兵役,我在海军后勤部军械仓库当兵,他在北海舰队海调大队当兵,那时候天各一方互不相识。80年代中期几乎同时在北京广播学院就读,他是导演系的高才生,我是新闻系的进修生;我那时经常活跃在篮球场,他经常奔跑在足球场。广院的校花可不是一般院校的校花可以与之相提并论的,她们似乎都对看足球比赛特别上心,不知道是不是冲着老毕去的。据说老毕的球技与当年的国脚实有一拼。北极科考队"不是冤家不聚头"啊,战友情、校友情、队友情,情谊浓浓。

"1995 年 5 月 6 日,北京时间上午 10 点 55 分,中国首次远征北极点科学考察队抵达北极点。"队长李栓科看着腕上的手表,庄严而凝重地宣布。

栓科作为此次北极点科学考察队队长,可谓是危险时刻冲锋在前。作为中科院地理所最年轻的科研人员早早就有了南极越冬的经历,这对他后来能担当如此重任一定有着十分重要的作用。他在天安门广场上代表全体队员,面对国旗的庄严宣誓和亲手接过曾飘扬在天安门广场上空的那面共和国第一旗,并把它带到北极点展开的所有画面,如今已成经典。再到他后来把一个普普通通的《地理知识》杂志,传奇般地办成与《美国国家地理》杂志齐名的《中国国家地理》杂志,并使自己一跃成为世界级出版家,在许多人看来肯定有太多的不可思议,可是在这些生死弟兄们的眼里,如此华丽转身,一切都是那么顺理成章,如同行云流水。

北极点归来,天下从此无难事。

在等待飞机,收拾器材的空当,我约位老师静静地坐在一旁,把从 AK-47 制式冲锋枪子弹袋中存放着的最后一块带着体温的 NP-1 电池取出塞进摄像机,对着位老师花白的胡须调好焦点,开始了一次不可重复的访谈。

位老师的腰还是不好,他斜靠在雪橇上的行李旁,兴奋中流露出更多的是疲惫和困倦。这时的北极点附近很安静,但我依然听不清位老师的声音,他一定是拼尽了最后的一点气力,以至于我们之间的问答极为不连贯。那次采访留给他和我,都是一种无法述说的遗憾。

1995 年 5 月 6 日的北极点,那时的气温大约在 −10 ℃,无风,不冷,只是有些乌云密布的样子。我们很是有些担心,这样的气象条件飞机还能来吗?我与位老师开玩笑说,这飞机如果再不来,我跟少创哥俩滑雪先回了,不是回加拿大,而是直接往俄罗斯方向滑了。这时的位老师已经没有精力和兴趣,听我和少创你一言我一语地开着这种没心没肺的玩笑了。

科学考察

　　效存德是队里年纪最小的科研工作者,冰川与冻土学是他的专业。每天宿营后他的第一件工作就是到营地的上风口,挖雪坑采雪样。常常是大家都进入了梦乡他还在那儿取样,只有北极圈里终日不落的太阳在斜斜地看着他,应了那句话"人在干,天在看"。他采集的雪样足足有一大塑料箱子,他笑眯眯地说要把它带回兰州的冰川冻土研究所,脸上露出一副收获金山银山似满足的模样。而且他用胶带密密实实地塑封好他的百宝箱。

　　赵进平研究员的海洋动力调查所带的仪器最重。每到宿营地点,他要么用手钻钻开冰层,要么找到一个足够宽的冰缝,将足球大小的一个黄色硬塑的球体通过一根缆绳深深地下到海水中。他告诉我这只昂贵的黄色球体上的传感器可以自动记录水下的许多信息,诸如不同深度的水流方向、海水温度等,提取出来的这些数据还要备份到他的笔记本电脑中。这些高大上的取样和研究工作需要严谨和缜密的工作程序和工作态度,不是我们想帮忙就可以伸得上手的。后来我为了一个课题,曾专程跑到青岛的中科院海洋所找到进平,就中国先民能否借助黑潮暖流的动力,驾驶以帆为动力的木船沿西太平洋沿岸向北,经阿留申群岛,再借北太平洋寒流动力抵达北美和中美洲的课题向他请教。他自然极为热情地款待了我,更从他最擅长的海洋动力学的研究领域出发,耐心地、深入浅出地为我讲解了整个北太平洋所有暖流与寒流的产生机理、运动轨迹和动力能量等,极大地支撑了我的那个异想天开的创作计划。

　　几个小时之后,二架红色的双水獭飞机沿着我们隔着十几米用人体构建的"跑道"标杆稳稳地降落在巨大的冰盖上。说好的是三架飞机,只来了两架,后来知道其中一架负责航拍北极点的载着张军和诸位记者朋友的飞机,因为油箱漏油被迫中途返航了。

　　最完美的事情也会有无法挽回的遗憾。这是那次北极点之行留给我的又一个深刻的体验,也理解了南北极队员经常说的那句话的真正含义:"在南极和北极,不正常就是正常。"

　　回到国内,回到家中,很长很长一段时间里,脑海里依然是冰雪与暴风,依然是寒冷与艰险,依然是壮怀与激烈。所有见过的人,所有经历的事,一遍一遍地闪回。随着北极点在记忆中渐渐远去,有些事情可能不再想起,而有些事情则永生不忘。

人生感悟

感悟之一,得道多助与团队精神。无论科技与保障发展到何等先进程度,迄今为止,没有任何一个人可以凭借一己之力徒步抵达距离人类文明 1 000 千米以外的北冰洋中心地带。想想看,为了我们这几个人能够平安抵达北极点,有多少认识和不认识的人要么慷慨解囊鼎力相助,要么默默支持甘于奉献? 数以百计的人,数以千计的人,甚至数以万计的人都有。站在地理意义的北极点上,环顾四周,天籁寂静,冰天一色,作为个体的人渺小得如同一粒冰碴。从此,我更加懂得集体的含义与合作的重要。

感悟之二,终生学习方为人。而我觉得最好的学习,就是与品行高尚的人、雄才伟略的人、知识渊博的人、勇于担当的人、儒雅幽默的人在一起。我们北极科考队这样的人不在少数。屈指算来,我与刘小汉博士认识整整25 年。1990 年,中国第六次南极科学考察队在黑龙江的亚布力冬训。我从朋友那里得到消息后,拎着笨重的摄影器材就赶了过去。在 5 个多小时的绿皮硬座车厢中忍受着亚布力旱烟令人窒息的压迫,下了火车又搭乘往山里运砖的"专车"颠簸了两个小时,到达亚布力南极楼时已经冻得说不出话来。好不容易找到当时的牛人郭昆,他一头冷水泼过来:"哈尔滨电视台的记者想去南极? 没有可能啊! 许多大牌记者都排不上号呢!" 刘小汉博士非常同情我的"遭遇",并在以后的几天时间里,主动为我介绍南极的情况,配合我拍摄科考队员滑雪、救生等训练画面。几天之后,一条 5 分钟的《神州风采》"通往南极第一站"的片子在央视播出。再到后来刘小汉又力荐我去了北极,最后又跟他到了南极的格罗夫山,终于了结了一个"十年心事"。这期间,由于对这些杰出人物的采访,特别是平日里与他们的接触与交流,我的世界观、价值观和人生观的确发生了许多变化,这些只有我心知

肚明的变化很大程度地改变了我。我甚至因此觉得这个世界如此美好，能让我在森林中呼吸甘甜的空气，能让我畅游世界上所有的公开水域，能让我顶礼膜拜和净身沐浴所有伟大的文明与灿烂的文化。正是因为拥有一批杰出的、有着生死之交情谊的南北极队友，我才能在他们的帮助下，打开一扇扇窗、推开一扇扇门、闯出一条条路。

感悟之三，一勤天下无难事。努力不一定成功，不努力一定不会成功。30 年前在北京广播学院进修时，我的良师益友王纪言这样告诫过我。今天，我对自己的儿子和年轻的朋友一遍遍重复着这些他们可能最不愿意听的老生常谈。可是，人生苦短，在接受了父母以及亲人的养育与呵护之后，在直接和间接接受了他人的资助与帮助之后，在成就了自己的理想与梦想之后，总要做些对他人、对社会有意义的事情。

从北极点回来，心"野"了，也变"大"了，真成了那种"大事做不来，小事又不愿意做的人"。

1997—1998 年。在刘小汉博士等人的支持下，异想天开地做了一个迄今依然没有最终结果的调查——"中国先民与美洲文明调查"。国内驾车从哈尔滨出发沿东南沿海直到云南、西藏，再经青海、甘肃、陕西、河南、河北、北京，一路探访研究海外考古方面的专家学者和科研机构及历史博物馆；前往美国两次拜访研究殷商文明及中国早期文明的专家学者，力图揭开"中国先民与美洲文明"关系的谜底；甚至策划从阿拉斯加驾车沿泛美公路向南直到智利，沿途拜访所有的人类学家、历史学家、考古学家，寻找中国先民的遗迹遗存。无奈囊中羞涩找钱无门，打酱油的钱终究打不了井，但也的确找到了一个极富挑战性的研究方向。

1999 年跟随刘少创到访三江源头，记录他利用遥感技术、结合田野调查，重新确定黄河、长江、澜沧江源头这一集成创新实践。由于之前连续 3 个月与外国人联合准备一次连续 4 天每天 1 个小时的直播节目要工作到深夜，顺利播出后不得休整立即奔赴高原，致使高原反应强烈，头痛欲裂死的心都有，且又有感冒征兆，到青海省杂多县城两日便落荒而逃，至今被刘少创揶揄耻笑，对此我终生道歉就是。

1999—2000 年,参加中国第 16 次南极科学考察队,跟随首席科学家刘小汉深入格罗夫山地区考察 58 天,又结识了一批生死之交的南极队友,为国家和民族未来在南极的利益与权益做出了自己微不足道的贡献:协助测绘、冰雪取样、后勤补给、新闻及纪录片摄制,特别是还找到了 3 块陨石。在进军格罗夫上的路上,以小汉为首的众弟兄齐齐地为我举起盛酒的大碗,齐声大喊:"格罗夫山的兄弟们祝你生日快乐!"我望着餐车窗外地平线上被南极的太阳染成殷红色起伏的雪浪,禁不住潸然泪下,并从心底里喊出一声:"天涯何处无兄弟!"

2001—2003 年,恩师王记言诚邀我加盟凤凰卫视并出任凤凰与央视联合摄制的《两极之旅》节目统筹,在仅有的授权范围之内极力推荐刘小汉和叶研参加《两极之旅》电视行动,曾经的北极点科学考察队队友一起飞赴南极点的阿蒙森·斯科特科学考察站。

之后,我们又一起驾车从智利出发,纵贯南北美洲,直到西雅图,默契与快乐只有最好的朋友再次一起旅行时才能感受到其中的愉悦。能否成为一生的朋友,第一次同行很重要。那种一而再再而三地相约一起远行,那就是只有缘而没有分了。

在沿着泛美公路向北行驶时的一天夜里,左边是黑魆魆辽阔的太平洋,右边是巍峨的安第斯山脉,头上是熠熠生辉的浩瀚星空。为了排遣连续行车的困意,叶研兄把所有能想起的俄罗斯歌曲全部从记忆中激活。我自学俄语十几年,每当叶兄用俄语唱起俄罗斯歌曲时,我总是甘拜下风。此时此刻的车窗之外仿佛不是南美洲的自然景观,更像是西伯利亚清新的原始森林、广袤的草原和澄净的湖泊。我突发奇想,这次"两极之旅"结束后我们再策划一个"俄罗斯之旅"或"睦邻之旅"如何?

越野汽车、摄影器材、不错的创意和几个志同道合的兄弟,条件许可再带上几瓶二锅头、伏特加、朗姆老酒和咸鱼、榨菜、方便面就能一直走到天涯海角,这几乎可以构成我想象中最完美的生命形态。我的想法总会得到叶研兄的充分肯定与全力支持。从北极点回来之后,叶兄的价值观、世界观、人生观成了我远远望去的又一个参照,向叶研老哥看齐是我后来 20 年的努力方向。

2005—2006年,经过3年的论证与准备,我诚邀叶研兄出山加盟《睦邻》摄影队,兄弟携手带队环中国周边所有国家,以"以邻为伴、与邻为善"为创作主题制作了100集电视纪录片。有鉴于前苏联解体后中国以西多出了"五个斯坦",有鉴于阿富汗和巴基斯坦人民对中国人民难以置信的友好,在《睦邻》行动不到半程时,我向叶研兄请教再做一个"伊斯兰文明之旅"的项目如何,叶研兄当即表示很有意思,可以论证。

2007年,叶兄受阳光卫视陈平总裁邀请出任"阿拉伯之旅"电视行动领队,他向陈平力荐哈尔滨电视台的郑鸣团队。陈平飞抵哈尔滨特意考察了我们的创作和执行能力,同意由我们构建创作主体并聘请我出任此次行动的总导演。我随即提出在完成阳光卫视创作要求的前提下,增加出访国家,修改行车路线,摄制计划中的系列纪录片《兄弟》的建议。从阿拉伯半岛到北非,再到中东和伊朗,45集纪录片《兄弟》在阿拉伯世界的影响力远远超过在国内的影响力。

2012年,我带队到访哈尔滨的友好城市——共计21个国家的31座城市,摄制45集纪录片《远亲近邻》。

2015年,为纪念中国人民抗日战争胜利和俄罗斯卫国战争胜利70周年,我创意、实施《英雄当归》为俄罗斯"二战"老兵中医保健全媒体行动。在俄罗斯联邦国防部老兵协会叶尔马科夫大将的全力支持下到访俄罗斯11座城市,为俄罗斯"二战"老兵特别是赴华对日作战的老兵提供中医保健,同时为600余位普通患者提供中医诊治。

我以为,作为中华文明精髓的中医文化,如能服务于俄罗斯人民乃至世界人民,其中的文化担当应该出自一种对中华文明的高度自信。这是一个巨大的课题,随着中华民族伟大复兴的必然实现,中华文明和中华优秀文化必定会以空前的规模与速度影响世界。做中华文明与中华优秀文化的传播者,任重道远。

张 卫 | ZHANG WEI

新闻梦想与一群理想主义
中国人的北极光

张卫,1991年7月毕业于北京广播学院国际新闻专业,曾任《东方时空》《焦点时刻》栏目组编导,作为中国人首次远征北极点科学考察活动电视报道组组长,成功完成了报道任务。

中国首次远征北极点科考队登上北极点的消息传来,在欢动的人群之外,以56岁的中国科考队年纪最长完成冰上徒步至北极点归来的位梦华领队,握住我的手说:"张卫,你这个咱们北极之行的孙行者,今晚飞机还能飞极点,你去一次吧。"我望着他满脸的胡须、疲惫的身形,回答道:"谢谢您,我的极点,您和队友们都替我走到了!"

时代让中国电视新闻改革与中国北极科学考察同步了

中国的电视新闻改革,始于1993年4月1日的中央电视台《东方时空》栏目的开播,而就在中国电视人进行这番载入电视史册的努力的同时,中国极地科学研究的一群有识之士,也在紧锣密鼓地筹备着中国北极科考的一件大事。标志性的是1993年3月10日,由中国地质学会、中国地球物理学会、中国生态学会、中国海洋学会、中国气象学会、中国地理学会、中国科学探险学会等7个全国性学会联合发起,经中国科学技术协会正式批准成立的中国北极科学考察筹备组。我有幸成为我国这次轰轰烈烈的电视语态改革的实践者和中国首次远征北极点科学考察的亲历者。

1993年,我在《东方时空》《焦点时刻》(《焦点访谈》栏目的前身)栏目做编导。一天,时任制片人的张海潮在《新闻联播》审看间外叫住我:"张卫,这有一个选题,跟进一下吧,看看有多大新闻价值。"他说的语气是试探性和商量的,因为递给我的这份剪报,是个当时看来极具前瞻性的基础科学的题目,文章是对刚从北极考察归来的科学研究者位梦华先生的采访,如何成为画面支撑的电视节目,领导似没有把握。而我看了文章后,有一种莫名的冲动,隐约感到了人类在仰望星空时的远方和诗意,欣然应允。

我摸索着找到了当年地处荒僻的北三环马甸桥之外的国家地震局地质研究所,接待我的是地震局研究员位梦华先生和中科院的极地科学家刘小汉博士。在一间昏暗简陋的办公室里,一杯清茶,二位科学家的瞬间谈话就把我的思绪和情怀带到了世界之巅——北极的冰天雪地。我当时并未意识到,两位科学家对我们后来组建的科考队成员的人生,会带来多么

深刻的影响,只是从位先生那带着山东大地泥土芬芳的语音中,感到了路
在脚下的坚定和志在千里的执着;从刘博士那北京音与巴黎音(留法博士)
糅杂的略带迟缓的语速里,感受到了地学研究的厚重感。这次采访,敲定
了一期名为《中国为什么要科学考察北极》的《焦点时刻》的专题选题。
当时,中国能找到的关于北极的高质量电视画面很少。为了丰富节目的画
面表现力,采访位梦华的场景我选择了国家地质博物馆。远征北极点科学
考察 20 周年后,我还刻意重访了这座翻修一新的博物馆。馆内已特开辟
了一个区域,展示北京少年南北极考察队的成果。这不能不令人感慨中国
和科学的进步。首次远征北极点科学考察 20 年后,中国人对北极已从遥
远到亲近,从陌生到熟悉了。

民间推动中国北极科考,我们能代表民族去填补一项国家级空白

自从制作播出了《中国为什么要科学考察北极》后,感谢中国北极科
考筹备组的信任,让我这样一个普通的央视青年记者,感受到了要去填补
一项国家级科考空白的自豪感与责任感。那是一个有新闻梦想的年代。
我的业余时间,完全匹配到了筹备组的工作中,全力推动民间科考资金的
筹措。1994 年年末的一天,我和位梦华老师一起来到了当时走在新闻潮头
的《北京青年报》科技部,和年轻的记者编辑们,一起策划了一个中国科考
北极的整版报道内容。当我们把 300 万的首次科考预算告之我们的新闻同
行时,大家立刻策划出了"仅需 300 万元就能实现中国人的北极梦,而这个
数字不及一家五星级酒店运营费的十分之一"的小标题。

北极科考专版如期发行了。一天,我在北极科考筹备办公室值班时,
接到了南德集团办公室的电话。电话大意是:南德集团总裁牟其中先生,
得知中国科考北极需要资金支持后表示,300 万对南德集团不是个大数字,
不要再零星拉赞助了,南德集团全额支持。消息对筹备组来说是鼓舞性的,
因为当时冬训日益临近,来自中国科学院的副组长刘健也正在草拟与中国
科学院下属企业柳传志先生的联想集团的赞助合同,以及给中科院领导的

关于北极科考资金的保底预算报告。

民营企业南德集团的迅速决策,让北极科考筹备组的工作进入了高速快行路。事后,据南德集团的工作人员回忆,在当时位于五棵松的南德集团总部午休时,一群员工拿着《北京青年报》的北极科考专版议论纷纷:300万就能圆梦北极?牟其中总裁经过时,正好敏感地捕捉到了这一信息,于是让办公室主任电告筹备组,他将全力支持北极科考。至此,通过新闻策划将科考北极的意义推广至有实力的赞助商的工作正式告一段落。

在与南德集团的合同谈判中,牟其中先生透露,他从俄罗斯卫星中购买了两个频道,他希望中央电视台能租用他的频道,对中国的北极科考进行电视播出。这位要从印度引入暖湿气流进入西藏以改变中国低寒气候的梦想家,从北极科学家们那里得到了一个严谨的回答:中国科学家要去的北极高纬度地区,他购买的卫星频道无法覆盖到那里。为此,牟先生只好去成立中国科考基金北极专项基金,去寻找新的利益空间了。

一次嘉宾免费、记者不要车马费的新闻发布会

1995年1月9日,中国首都北京,长安街上赛特中心的赛特饭店会议厅,关心中国北极科考事业的科学界、新闻界及社会各界志同道合的人士把这里挤得满满的。受邀的和闻讯赶来的记者,一律不要车马费,他们被新闻梦想感召着,被一个共同的事业召唤着:作为北半球的大国,中国要宣布首次正规组队,科学考察北极了。人们有一分力出一分力。我姐姐张燕的老同事陈磊光,时任赛特饭店总经理,经她引荐,听取了我们的中国北极科考计划后,免费提供了这次新闻发布会的场地。我的朋友MTV导演凌博,邀请了他的演员,当时著名流行歌曲《纤夫的爱》的组合尹相杰和于文华前来助阵。《中华儿女》杂志海外版主编马林和国航航空时刻表海外版主编程翔,都带来了他们为北极科考免费刊登的形象广告。"路在脚下,志在千里",当时人们心中的豪迈之情,可不是后来周杰伦、费玉清的《千里之外》可比的。当然,坐在主席台上当时最大牌的华语乐坛的歌手是周华健,

以及台湾滚石公司的词作人詹德茂先生。说到幕后,是周华健在北京开演唱会期间抽空给位梦华老师送票。位老师在家中招待他们吃师母亲手包的饺子,我作陪。席间不仅把华健出席新闻发布会的事情定了下来,还涉及了华健为北极科考义演募集资金的事情。新闻发布会当天,周华健是专程自费飞来北京出席的。当天的新闻通稿由位老师执笔,除了宣布松花江冬训和春天实施中国人首次远征北极点科学考察的计划之外,给我留下最深烙印的是那庄严的宣布:人类北极探险的时代已经结束,中国科学考察北极的时代已经到来!

曾经是军人,是摄像,也是科考队员

给中国首次远征北极点科学考察留下完整的视频影像记录,同时也为中国申请加入国际北极科学委员会提供令人信服的视频资料,是科考筹备组的一项重要工作。而考察遴选这部分队员,就成了我的任务之一。我当年住在位于军事博物馆的中央电视台原址院内的单身宿舍楼,对门住的是已婚的毕福剑。每逢家来客人或有事情时,他来我这儿借宿是再自然不过的宿舍生活。记得就是这样的生活,再度重复的一个普通的夜晚,我给来借宿的老毕聊天似的介绍了北极科考,以及我所认识的科学家们。当时已37岁的老毕年长我10岁,虽然在北京广播学院只高我一级,但人生阅历告诉他,这里面可能会有他人生的另一个起点。于是,老毕就向我讲述了他在大连老家练习中长跑、在青岛当兵的人生经历,而且刚刚完成了电视剧《三国演义》主摄像的工作,似乎一切都在等待着人生的一种机缘巧合。而这一巧合,就发生在那个普通的夜晚,我成了老毕参加北极科考的介绍人。

就在北极科考的"记者朋友乌托邦"群情激奋的日子里,临近新闻发布会的一天,我突然接到一个电话,声音急切而真诚,"张卫吗?我是《12演播室》的张军,我强烈要求报名参加北极科考……"电话中,我了解到电话另一端的这位大哥已经42岁了。在我对他的年龄和身体状况有所迟疑时,他坚定地表示,他曾是北京知青,到呼伦贝尔参加过兵团当过兵,从珍宝岛拉回过反击战缴获的前苏联坦克,这坦克至今还在军事博物馆中展出。他是北京电影学院摄影专业的毕业生,在严寒环境中,当摄像机电池不工作的情况下,他能够用手动机械摄影机拍摄,用胶片完成科考记录。体能上,他希望通过参加松花江上的封闭冬训向组织证明自己。

中国北极科考队天安门国旗班授旗仪式

1995 年 3 月 27 日,是我年满 27 岁的生日。这个生日过得永生难忘。在央视科考队员毕福剑、原文艺部导演彭建明(现中央电视台副总编辑)的积极联络和协调下,天安门国旗卫队决定,授予即将出征的中国北极科学考察队一面五星红旗,把中国人的科考足迹延伸到北极地区,让五星红旗能在北极点上飘扬。这一有创意的爱国举动,极大地鼓舞了全体队员的士气。大家起了大早,在春寒料峭的北京天安门广场集合,观看当日的升旗仪式。南德集团牟其中总裁,当时已确立出资支持北极科考,非常珍惜这次难得的爱国主义教育机会,带领全体员工,也赶来参加天安门广场的升旗仪式。正式组建的中国首次远征北极点科学考察队,此时已有了自己正式的出征队服,选择了与国旗同样的红黄颜色,并派出总领队位梦华、队长李栓科、央视电视报道组组长张卫代表全体队员,从国旗班的升旗手中接受这面象征全国人民嘱托的五星红旗(这面后来经历万苦千辛被中国科考队员带到北极点的国旗,被收藏在国家的极地博物馆中,永久激励后人)。手擎国旗,我们庄严宣誓:考察北极,为国争光!考察北极,造福人类!这誓词,回荡在天安门广场,回荡在拥有世界最多人口的北半球大国的天空。当天的宣誓活动,在爱国主义教育意义上是个成功的创举。后来,在我从事体育报道的职业生涯中,也会看到中国女排、中国乒羽队在出征世界大赛前,全体运动员、教练员在天安门广场观看升旗仪式,激发队员祖国荣誉高于一切的豪迈之情。每当此种情景再现时,都有把个人与国家紧密联系在一起的庄严之感。

这次北极科考队出征仪式,被当天的新闻联播在显赫位置上给予了报道。率领全体员工,起早一起观礼当天国旗升旗仪式的南德集团的一些领导,因镜头没能被编辑采纳上新闻,还对科考队提出了意见。但相信参加此次天安门升旗观礼仪式的国人,都会在内心深处留下永久的记忆。这种留存,关乎每个人的内心世界,其实与是否在新闻中留下个把镜头并无关系。

时任中央电视台台长的杨伟光为央视首赴北极采访摄制组送行

2014年9月21日,一则中央电视台原台长杨伟光因病去世的消息刷爆了央视人的朋友圈。杨台是中国电视产业最早的拓荒者之一,他在任上大力推动央视新闻改革,创办了《东方时空》《焦点访谈》《新闻调查》《实话实说》等一大批精品栏目,被认为成功地领导了迄今为止最为卓越的央视变革。与杨台生前有过各种接触的央视人,纷纷撰写悼念文章,缅怀这位电视改革家的业绩。而我与杨台的工作接触,也是源于他对北极科考事业的远见与支持。刚成立不久的中国首次远征北极点科学考察队总领队位梦华、副领队刘健、北京联络部主任刘小汉,在时任中央电视台总编室主任罗明和我的陪同下,到杨伟光台长办公室全面汇报了这次北极科考的情况。杨伟光台长充分肯定了中国人首次远征北极点考察的科学意义、社会意义和新闻价值,表示全力支持。罗明主任根据台长指示精神,协调新闻中心编辑部李挺主任(现中央电视台副总编辑)、评论部孙玉胜主任(现中央电视台副台长),还有文艺中心、社教中心、传送中心,成立了央视首赴北极采访摄制组,任命张卫为组长、张军为临时党支部书记,加上毕福剑、智卫、王卓、吴越共6人,共同完成这次极寒地区的境外联合报道任务。中国广播电影电视部及中央电视台领导高度重视,支持中央电视台张卫同志全面介入民间北极科学考察的宣传、外联工作。

协调会上定下来,经历过1995年1月黑龙江冰面封闭训练队员选拔的毕福剑、张军两位同志,由科考队统一出资完成科考行程,其他4人由中央电视台出资完成随队报道任务。行前,台党委、台团委为6人组织了授旗仪式,杨伟光台长亲自出席。那天,队员们穿上了绣有 CCTV 字样的出征队服,还将我为此次中国北极科考队监制的队标缝在胸口,整齐地接受了台领导的检阅。杨伟光台长在中央电视台首次赴北极采访摄制组的队旗上签名留念,叮嘱队员勇于克服千难万险,安全圆满地完成科考及报道任务。为体现对本次科考的支持,台技术部门给上冰担任摄像任务的毕福剑和张军配备了当时时政部随国家领导人出访的两套摄像机。因为每个人都跟科考队签了生死状,每个报道组成员所在的 5 个部门的领导还聚在一起,专门陪我们喝了一顿壮行酒,并相约,如果没出意外人员事故,回国后再为大家举办庆功宴。那晚的电视人豪气干云!

中国人的北极科考队受到北美当地华人和媒体的关注

为表示支持中国科考队的爱国举动,赞助商南德集团方面回绝了美国西北航空公司对机票减免方面的赞助合作,为出征的科考队员购买了中国国际航空公司的机票,并在机场贵宾厅举行了欢送仪式。和科考队在天安门广场上的宣誓仪式一样,牟其中先生再次率众前来欢送。但由于国航晚点,牟其中先生提前悻悻地离开。

1995 年 3 月 31 日,中国首次远征北极点科学考察队位梦华、李栓科、效存德、刘少创、赵进平、牛铮、方精云、毕福剑、张军、郑鸣、沈爱民、孔晓宁、张卫、王卓、吴越、智卫、孙覆海、刘鸿伟(南德集团特派随队成员) 18 名首批队员,乘坐晚点的航班启程。

回望历史,对于中国北极科考事业而言,虽然这次航班是晚点的,但这些队员绝对是我们国家这项事业的先行者。在这里,对一位我一生敬重的电视同行郑鸣要重点回放一段。他当时是哈尔滨市电视台一位全能型的电视人,位梦华领队非常器重他。1995 年 1 月 21—26 日,中国北极科考预备队在黑龙江松花江冰面上的首次模拟北极环境的全封闭式训练,郑鸣和其他 16 名新闻单位记者自愿报名上冰训练。凭借严寒地区丰富的电视工作经验,郑鸣成为最出色的队员之一。科考队安排他作为北极冰上摄影队员的第一替补,并与他签订了拍摄资料全部共享的协议。他在台里无法提供经费的情况下,带头发起了自费筹集科考经费的行动。正是凭借着这种执着和专业精神,郑鸣在日后不仅获得过中国记者的最高荣誉范长江奖,更趟出了一条自筹资金进行一系列电视行动的成功之路。

科考队首站纽约,一出机场,就见到了南德公司纽约分公司组织的欢迎人群。组织者是 20 世纪 80 年代著名的改革宣传家温元凯先生。由于对科考队组建的了解,更由于中国科学院的副领队刘健同志还在国内组织第二批赴北极的科考队员,我被位梦华领队临时安排了对外谈判和发言的助理工作。在温元凯先生华尔街办公室中,温先生作为赞助商南德集团的代表,我陪同位领队,同美方提供科考协助团队的代表瑞克,完成了三方谈判工作。随后,在加拿大多伦多,由曾强先生组织的当地华人欢迎中国北极科考队的晚宴上,我被安排代表央视等新闻单位发言,并接受当地新闻媒体的采访,回答了中国人为什么取道加拿大科考北极等问题。

加拿大哈德孙湾的滑雪野营训练

按照科考计划,在加拿大哈德孙湾的中美联合冰面训练,是极地北冰洋上冰科考的重要环节,也是在国内松花江冰面封闭训练后的又一次大型野外生存科考训练。报道好科考队的训练,是我这一阶段的工作重点之一。为能更好地接近科考队员进行采访,我们摄制组也一道学习滑雪。黑龙江的封闭训练,是在冰面上人拖雪橇行走,而哈德孙湾的训练是真正模仿北极的环境,在积雪覆盖的洋面上滑雪前行,并且要学会驾驶狗拉雪橇。美国极地探险专家保罗·舍克,大学时主修国际新闻专业。黑龙江冬训时,他曾带领一支美国探险考察队来中国指导。一来二去,我们交流融洽,很多采访的线索都来自他的指导和安排。队员们在黑龙江冰面上封闭训练,装备来自国家登山队,保温性能良好,但防滑差,摔得不轻。这次全套的美国极地装备,透汗性和人在雪地行动的能力都大大地提高了。报道组中,负责卫星传送和电视技术保障的智卫,平日热爱足球运动,在哈德孙湾的滑雪学习中,比准备上冰的科学家们还快地掌握了滑雪技巧。美方专家戏称,他要是加入北极冰面上的行进团队,绝对是把好手。

雷索鲁特基地与北纬 88°、北纬 89° 冰面着陆点

加拿大的雷索鲁特,是我们北极科考的基地,位于北极圈内北纬 74°。这里既是我们的前方报道中心,也是科考队的前方大本营。我每天的工作任务之一,就是分期分批带领不同新闻单位的记者,定点到小镇上的无线电接收站,与冰上队员进行无线电通话联系兼采访。冰上的央视同事张军,在自己的回忆录中曾这样描述当时通话的心情:"和基地的每一次联络,是每天最让人高兴的一件事。和基地通上了话,就等于跟祖国有了联系,因为他们联结着中国、联结着北京、联结着单位的同事和家里的亲人。"而我也很自豪,自己能成为这个联结的纽带。

作为科考活动的组织策划人之一,我曾经设想过在冰上队员到达极点的时刻,我们能通过无线电联结同北京实现通话直播,但由于种种原因,这一愿望没有得以实现。

在雷索鲁特上冰前的最后一刻,我还协助科考总领队位梦华、副领队刘健与美方协助中国科考的上冰活动组织方的保罗·舍克和瑞克谈判,核心内容是鉴于中方松花江冰上封闭训练时,中方为美方领队兼北极专家保罗·舍克采取了中方负担费用的礼遇,中方提出此次上冰也请美方为中方领队位梦华给予免费邀请的礼遇。美方认为要求合理,迅速采纳了中方要求。在这次谈判中,刘健表现出高超的外交谈判技巧,给我留下了难忘的印象。这次北极科考后的 20 年中,刘健的大部分职业生涯贡献给了联合国环境署,游刃有余地处理着国际事务。

雷索鲁特是加拿大最北部的开通大型商务飞机航线的小镇,飞机场可以停靠百人以上的商务飞机,但每周只经停一个商务航班。对于电视采访拍摄而言,这里是我们摄制组能够驻扎的最北的地方。但是对于电视信号传送而言,我们还要飞回低纬度的黄刀(YELLOWKNIFE)市。这给我和智

卫的工作增加了相当的难度,如何把拍摄采访时间、编辑时间和飞行传送时间协调好,以确保新闻时效,成为我们工作突破的难点之一。为此,我们进行了科学的规划,首先就是搞好第一次冰上科考队员的上冰报道。

北纬 88° 是本次科考队的上冰起点,科考队、器材装备、采访报道团队,都需要转乘 10 人容量的小型雪上飞机,中途要停在临时选择的冰面停机坪上。因此,对这块冰面停机坪的宽广度、结冰的厚度的准确判断是安全停泊的前提。所以,飞在最前面的头机的作用非常关键。我们摄制组也进行了精细的分工,上冰队员毕福剑、张军本身带了两套摄像机。所以,对在北纬 88° 降落上冰的场景和队员的采访,他们的摄像机也被分配了拍摄任务。其中之一,就是协助拍摄我们新闻中心《焦点访谈》摄制组在北纬 88° 冰面上的采访活动。王卓、吴越和我,也将出征前台领导授予的中央电视台首次赴北极采访摄制组的队旗,在浩瀚洁白的北极冰面上留下几抹鲜红。按照科考队所有视频资料由全体队员共享的原则,我负责收集好每位摄像拍摄的素材,飞回雷索鲁特的基地。

为了配合科考队的飞机舱位安排,我和智卫分工协作,88° 上冰飞行采访任务由我来完成,89° 度随补给飞机到冰面上采访和取素材的任务由智卫完成,表现出了我们摄制组既能团队协同又能单兵作战的突出特点。冰上队员每行进一个纬度,需要约一周的时间。在基地的这段时间里,我和智卫完成了一次飞往黄刀市的传送任务,使祖国的观众第一时间了解到冰上队员上冰时刻的一切。皑皑白雪与中国人首次同北极大自然亲密接触的每一个画面,都牵动着祖国人民尤其是关心北极科考事业人们的心,而我们电视工作者的职责所在,就是克服困难,以冰上队员的精神鼓舞激励自己,做好报道工作。

北极地区的天气随时在变。冰上考察队在行进一周接近北纬 89° 地区的时候,遇到了风险极高的剪切带。基地原定的补给飞机,也因飞行条件多次推迟原定起飞时间。当地时间 5 月 1 日早 9 点,因为补给飞机的舱位限制,基地指挥部决定派出王卓、智卫两位电视记者和 6 位文字记者,哈尔滨电视台的候补上冰队员郑鸣,以及为本次科考提供大量帮助的香港女极地专家李乐诗女士,完成这次 89° 的飞行任务。他们经停尤里卡避难所,冰面上两次飞机加油,历时 8 个小时,与冰面科考队完成了这次至关重要的队伍补给、队员调换和行进中采访资料收集的任务。飞回途中,机长提出夜宿尤里卡。王卓和智卫因无法回到雷索鲁特的基地处理稿件,就与我们前后方配合,先把北纬 89° 采写的文字稿传回北京,赶上当天的《新闻联播》。次日午后,智卫一行飞回雷索鲁特,除了带回张军、毕福剑在冰面行进中拍摄的大量中国北极科考的一手视频素材外,还给我带回了毕福剑在冰天雪地里用铅笔(圆珠笔或钢笔水会冻住写不出字)给我写的一封信。经过连夜的编辑,5 月 4 日,智卫提出一人再次飞往低纬度有传送能力的黄刀市,独立完成传送的请求。在央视六人北极报道组中,五位是共产党员;智卫是入党积极分子,是我们成立的央视北极临时党支部的考察发展对象,央视的青年技术骨干。北极任务圆满完成后,他光荣入党。在此后的职业生涯中,他又前往伊拉克完成了战地报道,后来逐步走上了央视技术部门的领导岗位。每每和队友们回忆起这段北极的科考报道经历,他都会表现出无比的自豪感:"我曾经来过! 我曾经和北极点只差一步!"

电视台圆满完成科考报道任务,但我没有踏上极点

当地时间 5 月 5 日,经和前方通话,我们确认了冰上科考队,将完成中国人首次远征北极点科学考察徒步到达北极点的壮举。基地所有队员和记者群情激奋,热切期盼着在北极点的胜利会师。在本次科考的整体视频采集中,首先是始终要保证两台冰上队伍中的摄像机和两位摄像师(他们记录了冰上队员到达北极点那激动人心的历史时刻)的工作,其次是保证专门用于采访报道的两组摄制人员的工作,并充分考虑到极地极端环境下的各种可能性,按照互相补充和备份的原则开展工作。这次飞往北极点的飞机共有 4 架。我把王卓、吴越一个摄制组安排在一架飞机上,我、张军(计划负责从空中航拍北极点)、智卫安排在另一架飞机上。后来发生的事情,让我庆幸这样的安排保证了北极报道任务的完成。我们那架飞机,因故障半路折回没有抵达北极点。而王卓、吴越那架飞机,顺利抵达了北极点。

他们二人在毕福剑的配合下，按照台长送行时的期望，把中央电视台的台标留在了北极点纯洁的冰雪之中。

对于没有踏上北极点，对冰上队员张军而言是个难以接受的事实，对于同机的李乐诗、沈爱民等人，也是越不过去的一个心结。但是，同机上一位在基地协助与冰上队员无线电联络的英国人，幽默地跟我说，"也许你们不该和我同机，我三次在北极基地做后援，但这也是我第三次因飞机故障无法踏上极点，我还会再来。"因此，我当时选择了平静地接受。飞机折返飞回，我们看到的不是浩瀚无际的北冰洋，而是山峦、机场、跑道。飞机安全迫降，机上是一片猜疑与混乱。有人要坚持重飞极点，有人认为机长有经验救了大家一命，先飞回基地雷索鲁特再研究对策。我和同机的科考队政委与机长再次和总部联系，得到的答案有两个：一是取消飞行计划，航空公司给予赔偿；二是回基地修好飞机，视天气情况择机再飞极点。经过讨论，张军带一台摄像机留在尤里卡，等待那3架飞机从极点接完冰上队员经停尤里卡时一起回基地。我和智卫先回基地，完成新闻传送，赶上了当天的《新闻联播》。

抢到了新闻时效，我安然入睡，而此刻在尤里卡等待冰上队员的张军，也在大自然的神奇启发下思想得到了升华。他在接受了没能踏上北极点的遗憾后感悟到：试想在那被称为世界顶点的地方，唯有天和地是真实的，唯有生命是真实的，唯有白色的冰雪、湛蓝的天空、鲜艳的红旗是实实在在的存在。那一刻，感谢生命，感谢自然，感谢所有美好的存在，遗憾或者说不完美，也许正是生活的必然。

次日中午11点多，雷索鲁特科考基地沸腾了。从极点回来的英雄们、随行的记者们与在这里等待的美方协助队伍的家人团聚了，人们喜极相拥。我也放心地得知，王卓、吴越、智卫圆满完成了台里的嘱托，把中国人首次踏上北极点的活动不停机地记录了30分钟素材。我们抓紧组织连续作战，编辑最后一期《焦点访谈》，文字和广播中的喜讯传遍神州大地，祖国人民正等待着这激动人心的历史画面。在欢动的人群之外，以56岁的中国科考队年纪最长完成冰上徒步北极点归来的位梦华领队，握住我的手说："张卫，你这个咱们北极之行的孙行者，今晚飞机还能飞极点，你去一次吧。"我望着他满脸的胡须、疲惫的身形说道:"谢谢您,我的极点,您和队友们都替我走到了!"

北极归来,青春无悔,精神传承

在 20 世纪 90 年代中期,完成由政府支持却由民间组织实施的如此大规模的境外实地科考,在组织工作上一定是以密切协作的高效团队、科学合理的分工意识和精明强干的个人能力发挥作为成功要素的。首次远征北极点科学考察的北京指挥部,有一支由刘小汉博士、国家地震局地质研究所的杨晓峰主任和北京大学的志愿者杨亦农女士组成的精干团队。他们根据与前方的工作沟通、国内媒体的报道反馈,在首都国际机场组织了一场盛大的中国首次远征北极点科学考察队凯旋的民间欢迎仪式。在"粉丝经济"当道的今天,这个欢迎会的规模和热度不算什么,但在当年还是把每一位科考队员给震撼了。那些曾经为队员们在生死状上签字的家属们,终于可以和经历了非常考验的亲人们团聚了;那些被中国人的科学精神和探险精神感动和鼓舞的学生们来了,他们为队员们胸前佩戴上大红花,以和队员们合影而自豪。

中央电视台在当时最火的文艺节目《综艺大观》中,专门创作了一首颂扬青春的歌曲,把当时两大振奋中华民族精神的新闻事件编成了 MV 画面:一个是在天津刚刚结束的乒乓球世锦赛中国队囊括全部金牌的奋力拼搏的画面,另一个就是北极科考队员在冰天雪地的北冰洋上首次徒步到达北极点的画面。王卓、吴越以一线归来的记者身份,被请进了《焦点访谈》的演播室。之后,中央电视台副总编辑赵立凡带队,参加了在中国科学院举行的北极科考队总结会,再次重申了国家电视台对中国科考事业的一贯支持立场。时任中央电视台台长杨伟光、副台长余冠华、党委书记李建等领导同志,听取了我们摄制组的全面汇报,组织了"踏上北极——中央电视台首次赴北极采访摄制组报告会",表彰了摄制组全体成员,号召全台员工学习他们的敬业精神。张军开始了 6 集纪录片的后期创作,毕福剑则组织科考队重返央视演播室,在他的职业生涯中第一次以主持人的身份创作了带综艺色彩的演播室节目《北极行》。而我们新闻专题报道组,则以6集《焦点访谈》、多条新闻联播和整点滚动新闻的连续报道,完成了科考新闻事件的第一落点的媒体传播,实现了新闻工作者的新闻梦想。中央电视台的画面记录与传播,为中国以非北极圈国家的身份正式加入国际北极科学委员会提供了必要的影像实证。

中国首次远征北极点科学考察活动虽已经过去了20年,领队位梦华依然精神矍铄。20年后的我,创办了一档叫"冰雪梦飞扬"的节目,希望在冰雪世界中迎接北京2022年冬奥会,让更多的中国人爱上冰雪、爱上冰雪运动。当年科考队最年轻的效存德博士,而今已是中国冰雪研究领域里的学术带头人,一天,他突然给我发来条微信:张卫,我和学生申请了北京奥运会雪上项目雪质研究的国家课题,有时间吗?我要和你面谈……毕福剑也正到了当年位梦华上冰的年龄。在一次纪念活动上,我问毕福剑:"现在的身体状况和意志品质,能否像位老师当年那样走完两个纬度?"这位著名节目主持人的眼中,瞬间放射出我们在屏幕上看不到的光芒,只一个字回答:"能!"

北极的雪,北京的雪;北极的冰,北京的冰——中国人的梦始终在世界的上空飞扬。

孔晓宁 | KONG XIAONING

探索白色的力量

　　孔晓宁，湖北武汉人，中共党员。1980年毕业于上海复旦大学新闻系，1983年毕业于中国社科研究生院新闻系。曾任《人民日报》记者、主任记者、高级记者和旅游新闻部副主任。著有长篇报告文学《走进北极》《横穿南极大陆的第一个中国人》，另有报告文学集和散文集等著作，共出版文学作品10余部。长篇报告文学《南极漠野探秘》，获1999年中宣部"五个一"工程奖，1998年获环境文学创作与环境新闻报道方面的全国最高奖——地球奖。

动手撰写这篇回顾文章之时,距中国首次北极科学考察恰满21年。时光远逝,寒天如昔。眼下正是京城30余年来最冷的日子,市区最低气温达到了-17℃。从气象部门获悉,在北极地区形成的一股"极地涡旋",携寒气一路南下,致使蒙古国、我国内蒙古一带,气温骤降至-50℃;就连南国花城广州,也接近0℃。这个冬季,制约着北半球天气系统的极地涡旋,出人意料地反常。先是提前来袭,京城于是提前下了大雪。后又老是按兵不动,使得东北、华北一带多日无风,造成雾霾肆虐。近几天,更让人们在观赏琼天玉宇奇观的同时,强烈地感受到了白色力量的残酷。从更大的时间与空间尺度上看,近些年来,当地球上绿色力量蓬勃生长、不断进化,进步的人类,又创造出一个工业革命的强大黑色力量,并且使之急剧壮大、走向极致之时,地球顶巅的白色力量,却仍然横行无忌。它的大小变化与路径转换,不仅深刻影响着北半球的气候与生态环境,也给人世间带来了数不尽的冷暖悲欢。

正是鉴于北极白色力量的巨大威力,当中国打开改革开放的大门之时,科学界的有识之士便把探索的目光,迅速投向了这片亘古蛮荒之地。1995年3月至5月,中国首次北极科学考察终于成行。我也有幸作为人民日报的科学记者,成为考察队的一员。一路艰险,一路寻索,当我们终于足踏北极点,把目光投向四面八方时,又突然发现,人类似乎完全可以成为白色力量的主宰!

与我同行的方精云博士,时年36岁,是中科院生态环境研究中心的研究员。他与几位队友坐上另一架双水獭飞机,与我们几乎同时前往北极点。可是,离极点近在咫尺,他们那架橘黄色小型客机,突然从我们眼前转弯返回。从飞行员之间的通话得知,他们的飞机油箱漏油,只得返回加拿大大陆最北端的尤里卡基地进行抢修。我们知道,返程的路长达上千千米,他们能否安全抵达?这个大大的问号把我们的心提到了嗓子眼。

一个多月的漫漫考察征程,我们朝夕相处,一同考察取样。他此行从事的全球环境与气候变化研究,正是全球科学界共同关注的重大课题。我内心祈愿,他能与同机的其他队员一起安全落地,接着完成上述课题,为揭示全球变化的秘密，做出我们中国人的贡献。

热身丘吉尔

1995 年 3 月 31 日上午，中国北极科考队一行在首都机场登上国航 CA981 航班，先抵纽约，再入加拿大，辗转多伦多、温尼伯，再乘机北飞，中途在汤普逊机场小停，换乘只载几十人的小飞机，最后抵达哈德孙湾畔的丘吉尔港。丘吉尔位于北纬 66° 左右，接近北极圈。海湾厚冰如盖，大地一片银白，飞机上见过的高寒地区生长的泰加林，在这里完全不见了踪影。据为科考队提供极地后勤服务的美国人鲍尔介绍，由于丘吉尔镇与即将进入的北极冰盖地貌相近，科考队要在这里进行冰上滑雪等训练。

走访过丘吉尔港的一些历史遗迹，我们居然发现，这处天涯海角，与我们的祖国有着千丝万缕的联系。

时光回溯到 14 世纪，意大利旅行家马可·波罗记述自己亲身经历的一部游记，向世人揭示了"遍布黄金"的中华帝国的神秘，撩起了欧洲人寻找通向中国的海上西北通道的热潮。时至 1607 年，一位年迈的英国船长亨利·哈德孙，驾驶一艘排水量仅为 80 吨的帆船，率领 12 名船员，雄心勃勃地驶出泰晤士河，也朝心目中的中华大地进发。他们好不容易驶进哈德孙湾，以为由此可以通向中国福地，可走来走去，发现船只再无西去的可能。此时，船上的粮食只够船员们食用两个月，而返回英格兰至少需要 3 个月时间。部分船员为了保全自己的性命，发起暴动，把哈德孙及他的儿子等人扔上一条小船，不留一点粮食与武器，任其听天由命。

就在哈德孙船长为了前往中国丢掉性命的地方，中国科考队员的境遇与心态完全不同。"这次来北美考察，我们可以从北纬 40° 左右一直走到北纬 90°，这个剖面非常难得。我准备沿线都取上样，把样品带回国内，用极灵敏的仪器测定，由此解读出全球变化的一些信息。"在向哈德孙湾的冰面行进中，方精云向记者介绍说。

他在雪地上放一个圆筒状的容器，空着的一面，扣在地上，四周浇上水。水随即结成冰,把容器与雪之间的缝隙填满,容器内外空气于是隔绝。接着,他取出一个针头,一头插进容器上方的小孔,另一头插进一个抽成真空的小瓶子。容器内的空气,顺着空心的针头灌进了小瓶内。如是动作,重复5次,灌了5小瓶空气。活儿细巧,戴着手套碍事,他把手套取下来,赤手作业。一会儿,手便冻得发紫,不听使唤,针好一会儿也插不进去。放在雪地上的温度计,上面那条红线,已缩得很短,停留在 $-25\,°C$ 的标记旁。

"你弄这点儿空气,作什么用呢?"记者好奇地问道。

"用作测定地表碳通量。"他答道。

"什么叫碳通量?"

"就是空气中二氧化碳的含量。"

"搞清楚这个含量有什么意义?"

"这个问题,简单几句话难说清楚。这么说吧,现在,人们都感觉到我们居住的这颗星球愈来愈暖和了。其根本原因,是二氧化碳的排放引起了全球升温,人们称之为温室效应。过去40年间,大气二氧化碳浓度大概增加了1/6。照此下去,再过30年,地球年平均气温还要再提高 $2\,°C$ 左右,海平面也将随之升高0.2米,由此给全球生态系统和人类活动带来的影响是不可忽视的。"

"目前,北半球集中着全世界大部分的工业与人口,这个地区排放的二氧化碳,许多都飘移到了北极地区。如果北极的冰雪与冻土,能够吸收其中的一部分,就会对地球与人类做出极大贡献。若不能吸收甚至向大气中排放二氧化碳,地球环境恶化的速度就会加快。因此,对于北极碳通量的测定,是全球气候变化的一个关键课题,我这次来就是要争取在这个课题上获得一些进展。"方精云补充说。

考察队继续向冰盖深处进发,当地时间下午6时30分,队伍停下脚步,开始扎营。一组五颜六色的帐篷在冰面上很快立了起来,其中最大的一个用作厨房兼餐厅,其余的均为队员们的"卧室"。

宿营地南面是平坦的海冰,北面紧傍着一道冰脊。冰脊高约6米,形若矛尖,呈深蓝色,直刺蓝天,透示出冷冷的寒光。

"你看,那边有个小岛,我们一块儿去取点土样,好不好?"扎好帐篷,方精云又邀记者同行。

循着雪地望去，小岛呈黑褐色，似乎就在眼前。我们握着取样用的铲子、斧子等工具，不顾行走了一天的疲劳直奔而去。可是，肩负着太阳余晖，走了半个小时，眼前的小岛似乎比起初看到得更远了；而且，巨大的冰块横亘前方，路越来越难走。

"脚印，熊的脚印！"精云忽然大叫一声。循着他的手指看去，果然，前方不远，两行圆状的足迹清晰可辨。"今天风力这么大，脚印还这么清晰，说明熊刚刚经过。不然，风会把脚印吹没了的。"精云又作了一番分析。

好一阵子，我俩屏住呼吸，静静伫立，聆听着迎面而来的寒风发出的尖厉叫声。四只眼睛，紧张地搜寻着四周的冰堆雪坑，想发现那个北极霸主的藏身之处。回首看看营地，那几顶彩色帐篷，已成几粒"小黄豆"了。我们知道，营地里有支猎枪，是为防备北极熊的袭击而带来的。可眼前，远枪救不了近险。如果现在遭遇北极熊的侵袭，我们拿什么去制服那些无敌于北极冰盖的庞然大物？想到这里，我们下意识地使劲攥了攥手中的工具。

丘吉尔镇周围的海域，常年有 600 只左右的北极熊游弋，是世界上北极熊最密集的地区之一。每年都有来自世界各地的游客，在这里坐上一种特制的车窗开得很高的冰原车，驶入冰丛，一睹白色世界主宰的尊容。听镇上居民说，他们的房前屋后，常有这种白色的巨兽光临。它们一般只是翻翻垃圾桶，尝尝居民扔掉的食物，但也偶有饥饿的孤熊或携带幼子的大熊，会把力大无比的巨掌拍向人类。

"还上不上岛？"过了一会儿，方精云轻声问了一句。

记者踟蹰了一小会儿，回过头看了看已经走过的漫长路程，心有不甘地点了点头。

接着走了近半个小时，终于到达目的地。岛边，一根枯木躺在褐色礁石之上，显然来自远方。它那清晰的年轮，仿佛包含着神奇的传说。

这一次，动身前往北极之前，我们每个考察队员及家属面前都摆放着一份《生死合同》："如遇意外伤亡，将依考察队在美国和中国有关保险公司投保的索赔条例办理，不再向组织单位提出其他抚恤要求。组织单位可安排一至两名亲属前往处理后事，但不将遗体运回国，只在当地或安葬或火化后带回骨灰盒。"这样的文字,个个都像钢刀,剜着所有参与者的心。真正踏上北极征程,我们才发现,上述约定是很有必要的。在危机四伏的极地,任何不测随时都有可能发生。"干极地事业,得有把脑壳别在裤腰带上的思想准备。"身在北极,忆起一位中国南极人说过的话,我们更加掂出了它的分量。

闯入"北极科学之门"

中国首次远征北极点科考队完成了在丘吉尔镇的集训,又南下美国北部小城伊利作了短期训练和休整,于当地时间4月22日傍晚再次抵达加拿大城市温尼伯,从那里乘坐737客机,经过足足4个小时的飞行,终于抵达位于北纬74°42′58″的雷索鲁特。

这是加拿大最靠北的一个小镇,面积不大,常住居民只有700来人,大多是从北美各地迁移过来的因纽特人。他们的面容和我们几乎一模一样,相互打招呼因此很是亲切。人类学研究表明,因纽特人其实是远古时期蒙古族的后代,五六千年前,他们的祖先穿越西伯利亚大森林,跨过亚洲与美洲之间的冰桥,迁移到寒冷的北极大地。

雷索鲁特不光是原住民,就连地名也与中国有着历史的渊源。

1844年,英国探险家富兰克林再次向通往中国的西北通道发起冲击。他在世人关注下,率领129名船员,驾船来到加拿大北部迷魂阵般的群岛之间,突然间却消失得无影无踪。10年之后,一艘名为雷索鲁特的英国船只,再次来到这里,寻找失踪的富兰克林船队。这一次,他们同样运气不佳,船被死死冻在冰海之上。熬过漫漫极夜,船只依然动弹不得,船员们只得弃船亡命而去。又过了整整16个月,一艘名为乔治·亨利的美国捕鲸船,在北纬67°的海面,发现了"雷索鲁特"。接下来的故事颇具戏剧性:美国总统把"雷索鲁特"作为礼物,送还英国维多利亚女皇。英国人将船整饰一新,当作文物展出,并用船上换下来的木料做成一张大桌子,于1880年作为回赠送给美国总统。至今,这张桌子依然安放在美国总统办公室里。20

世纪 40 年代末,加拿大与美国在"雷索鲁特"滞困处附近岛上建立科学考察基地时,借用这艘船只的名称给当地命了名。随后,当地修建了机场,建立了不少科学考察站,成为世界各地科研人员进入高北极地区考察研究的后勤基地,因此获得"北极科学之门"之称。1990 年 8 月 28 日,在北极圈内拥有领土或领海的 8 个国家,聚此成立了国际北极科学委员会,确定北极地区将向所有来此开展实质性科学考察和研究的国家开放。正因为有了我们参与的首次北极科学考察活动,中国于 1996 年加入了国际北极科学委员会。

当地时间 4 月 25 日下午,记者又随方精云博士前往冰盖,凿洞取样。出了旅馆,向南走出三四千米路,眼前赫然出现一片天然"冰雕"。一朵巨大的冰莲花,伸出片片叶瓣,栩栩如生地站立着。另一只"北极熊",伸出长长的脖子,做出准备出击状。更为多见的是一个个巨大的冰块,龇牙咧嘴,千姿百态。北极的自然之母,也许是嫌这白色大漠太缺少生命的活力,非要把面孔严峻的寒冰冷雪,赋予一些生命的意义。

看看带来的温度计,气温低于 −20 ℃,加上寒风凌厉,身上凡是裸露的部位皆有如刀割般的疼痛。方精云再加上孙覆海、沈爱民、刘刚等队员轮番上阵,抢着钢钎,凿着硬似铁板的积冰,用了 1 个多小时才好不容易凿出一个 1 米多深的冰洞。方精云从洞口跳下去,从不同的层面取下冰样并装进小塑料瓶里。

把这些小瓶子带回北京,经过精细测定,方精云意外地发现,北极的永久性冰盖居然存在着微量的二氧化碳释放。而此前国外相关科学考察与研究,均无相关记录。方精云还了解到,北极积雪中的二氧化碳浓度显然比近地层大气中的二氧化碳浓度要高。其原因何在? 一种解释是,海水中较高浓度的二氧化碳,扩散到了冰层的孔隙。不过尤其值得注意的是,海洋中的二氧化碳穿过冰层进入大气,会因大气温度上升而加速,从而成为形成温室效应的一个重要因子。

此外,经方精云博士测定的陆地生态系统中,无论是高纬度的森林土壤,还是北极的冻土,也有不同程度的二氧化碳释放。这表明,即使在寒冷的季节,北极土壤温度接近或低于零度时,土壤中的微生物仍在活动,并没有停止与大气间的二氧化碳交换。据此他认为,北极及高纬度陆地生态系统起着大气二氧化碳源的作用。

从北极返回北京不久,我和方精云一同来到位于京西灵山的小龙门中科院森林生态研究站,静修10天,共同撰写《走进北极》一书。每天傍晚饭后,散步林间小道,他都会讲起自己的研究进展。又过没多久,接到他的电话,说有几篇与北极考察有关的论文,相继在英国《自然》杂志和美国《科学》杂志发表。接下来,就接到了他当选中国科学院院士的信息。

人生能有几回搏? 敢拼敢搏才有成功的可能。方精云院士的经历,再好不过地说明了这一点。

地球大陆顶巅的生命之忧

埃尔斯米尔岛的尤里卡大气环境观测站,位于北纬81.5°,正处加拿大北极陆地的顶端。一架木制大炮从站区对准极点方向,宣示着一种神圣与威严。我们正在营地四处参观,方精云博士突然从外面跑了进来,兴奋地嚷嚷道:"你们看,我找到了什么?"他的手上,握着一枝植物,树干粗细如筷子,发达的枝条横向伸展开去,形如黄山迎客松。"这就是北极柳!"方精云小心翼翼地把这种珍贵的极地植物放进背囊,准备带回去做进一步研究。在尤里卡,人们测得的最低气温为 -55.3 ℃。我们不能不为北极柳的顽强生命力而感叹。

和方精云一起,我们用铁镐刨开站区冰雪,掘出冻土,拾起细瞧,硬如生铁的土块中植物根须密密麻麻。土表枯枝败叶之间,有多根细小的绿草,在风中微微发颤。一朵米粒大的小黄花,与绿色交相辉映,抒发着美妙的韵律。

在北极陆地生长的维管束植物,据调查有上千种,另外还有400种地衣和75种苔藓,比南极的植物种类要丰富得多。因此,北极狼、北极熊等以食草动物果腹的食肉动物,以及以动物和植物为食的因纽特人,可以在这片冰天雪地中代代繁衍,就不足以为奇了。

在北极,一些多年生植物都像北极柳那样,常常以缩小的个体,沿着地表匍匐生长;或者以大量的茎秆聚集在一起,形成如同地毯状或垫状的集合体,以御风寒的袭击。它们对寒冷被动适应的另一种方式,则是以大量增加同伴的数量,来保护自己的种族不至于灭绝。而北极动物适应低温的一个典型方式,是增大自己的躯体,同时减小表面积,尽可能地长成接近于球形,以利于储热。因此,人们在北极见到的熊、狼、驯鹿等野生动物,都比其他地区的同类大得多。在尤里卡,我们邂逅的那只北极狐,至今仍然记忆犹新。当我们刚刚走下飞机舷梯,便见一个白茸茸的家伙从雪堆后面挺身而出,朝我们大摇大摆地走过来。行至距我们四五米处,它止步扬头,睁大狡猾的小眼睛,审视着我们这些不速之客。待我们掏出相机,把它的靓影收入底片后,它这才满意地挪头抬脚,转身款款而去。

这次方精云博士的另一个重要课题,是考察与分析北极地区受到污染的状况。他一路对大气中三种主要酸雨成分气体,即二氧化硫、二氧化氮和氨气进行了采样监测。分析结果表明,北极地区的大气确实受到了污染,其空气的清洁程度,就某些单项而言,反而比有人群居住、工业活动较显著的中纬度地区还要差。在尤里卡以及埃尔斯米尔公园等处,表土层中的铅平均浓度远比南极土壤高,也高于青藏高原的冻土带。在北极冻土中不仅检测出了六六六的全部异构体,而且发现其浓度还相当高。这从另一方面也说明了北极环境污染的严重程度。此外,从北极的几种动物身上,也检测出了农药成分。显然,这些有机污染物是随着大气环流漂流到了北极,然后被植物、动物摄取积累。哺乳类动物及人类由于处于食物链的最末端,因而遭受污染的危害也可能最为严重。

北极是全球环境变化最为敏感的区域。北极的动物、植物是否会受到威胁以至于灭绝呢?北极的气温是否会上升并导致海冰的融化,从而导致海平面上升呢?北极的冻土是否会因气温上升而析出其中贮藏的巨大水量,而且更多地释放二氧化碳,从而加剧温室效应呢?北极白色力量变化的这些蛛丝马迹,不仅对于绿色世界可能产生巨大影响,而且与中国以及全人类的命运与前途息息相关。在此背景下,极地科学考察受到科学界以及社会各界的高度重视,便成顺理成章的必然。

值得欣慰的是,自从首次北极科考之后,我国政府又组织了多次大型相关考察活动,在北极科考事业之中做出了中国人的独特贡献。而作为北极科考的先行者——中国首次北极科考队的队员们,无不为自己曾经的奋斗及其创造的科学及历史价值而感到欣慰与自豪。时至今日,北极科考仍然是他们人生中最值得纪念的往事之一;他们的精神,已与地球顶巅的那股白色力量永远融为一体!

愈久弥坚的极地情结

从北极的银色寒漠,重返文明世界,倏忽间已过 20 年。我又到过世界许多地方,而北极之行的这番经历,始终占据着大脑储存的重要位置。随着时光的流逝,对于北极科考的记忆,非但没有淡漠,而是愈来愈清晰。我和队友们的内心里都自然而然地产生了一种"北极情结"。这种情结,源自跨洲过海大距离穿越后感受的视觉差异,来自历经艰险甚至面临生死考验导致的巨大情感跌宕,相偕于竭尽全力奋勇拼搏后宣泄出的大悲大喜。十分奇特的是,这种情结非但不会随着时光的流逝而渐渐减弱,反而愈久弥坚。

参加北极科考,从某种意义上说,甚至改变了我们的人生轨迹。

走过了北极,我很快就把关注的目光放在了地球上的另外两极:南极和青藏高原。因为,讲究对称和完美是人的天性。既然已经费尽千辛万苦走到了北极点,何不在地球的另外两处极区也印上自己的脚迹?

说干就干。1996 年夏季,我再次扛起背囊,参加到考察黄河之源及可可西里的队伍中来。连续翻越海拔 5 000 多米的雪山,头一次穿越昆仑山进入西藏。沿途观察与收集到的环境变化的蛛丝马迹,都被我写进随后发表的报道之中。同年 11 月 13 日,我又扛着沉重的行装,从北京乘坐 13 次特快列车,到上海黄浦江畔,成为中国第 13 次南极科学考察队中的一员。这次远征,往返逾 2.5 万千米,用时整整 4 个月。一路上,经历过南大洋的惊涛骇浪、冰盖裂隙的危机四伏、极昼太阳强光对人体皮肤的严重灼伤之后,我对极地考察的艰难险阻有了更加深切的体会。尤其是作为考察队员,抵达中山站后每天须劳作 12 个小时以上,卸货、刷漆等重体力活成了主业,每个人的本职工作只能在"业余"完成。那种精疲力竭过后还得挑灯夜战写稿和几乎虚脱之时被迫出外奔波的极度痛苦,很久以后回想起来心里还会战栗。而大苦之后的甘甜,至今都成了幸福的回忆。

我一次次走进"生命的禁区",在单位里便有不少同事在为我担心。因为在此之前,我是有名的病号。由于多年做夜班,加上体质与生活条件不佳,我的身体健康出现过比较严重的问题。多次体检,那张报告单上不是写着"复查",就是标着"全休"。接下来,是一长串不正常的化验指标。虽然赴北极之前两三年,我冬练三九、夏练三伏,身体状况有了明显改善,但是对于自己是否能够顶得住极端恶劣环境的摧折,仍然免不了心怀忐忑。几年的极地闯荡,在向生命极限的挑战中,我不但证明自己属于人间强者,而且在知情人的眼中,不啻是创造出了生命的奇迹。在这个搏命的过程中,我体味到,人活世上,是需要有一点儿精神的。抓住机遇,向生命极限发起冲击,往往就有可能激发出身体的全部潜能,让生命闪耀出特别的光华。若是相反,生活过得太细,把保险系数定得过大,把自己圈在温室之中,生命之花就会显得过于脆弱,甚至不可避免地过早凋零。从这个意义上说,敢于折腾,敢于拼搏,是生活乃至生命的应有状态。只要照此身体力行的人,无论年龄大小,往往都活力四射、青春永驻。

跨过千山万水,走进远在天边的地球极区,以自身之渺小面对白色大漠之广袤,是很容易生出宇宙无限而人生短暂之感慨的。不知不觉中,你的心胸,会在广袤中变得博大;你的思绪,能以新的视角萦系千载。随着思维方式的改变,过去经意的,自然而然变得微不足道了;过去忽略的,突然觉得相当重要,由此做出新的选择,调整生活工作态度,便是顺理成章的事情了。

人生在世,名和利是绕不开的两道坎。当今世界,芸芸众生,皆趋利来;碌碌诸辈,悉为名往。但是,只要你身居极地,面对亘古蛮荒,就会强烈地意识到,人的一生,不过世间一瞬。短暂的生命之花,只有在理性的土壤之中生长,才能放出理想的光华。人活一世,理想的人生,应是既求进,又知退;善于得,也安于失。为了一时之名利,放弃自持、自尊和自立,无节制地曲意逢迎随波逐流;为满足一己之欲念,弃道义诚信于不顾,往往是难得善果的。

当我正在进入新的人生阶段之时,我要感念极地之行给予我的人生启示。实际上,这20多年来,每当遇到人生选择,我都会从极地获取的思想滋养中寻找启迪。一次次地放弃虚名与利诱,始终选择脚踏实地地做事,心安理得地做人。这种定力,应当说也正与极地那威震天下的白色力量紧密相关。

此时此刻,令我特别满足的是,当越来越多的国人有条件远赴南极、北极,在茫茫冰原上寻觅自己的梦想时,我们早已梦想成真,而且,极地滋养之惠,还会令我们受用终生!

叶 研 ｜ YE YAN

三飞北冰洋

叶研，1968 年云南省澜沧县下乡，1982 年到中国青年报社工作，1995 年参加采访中国远征北极点科学考察活动乘机到达北极点。1998 年参加中国南极第 15 次科学考察队。2001—2002 年参加中央电视台和凤凰卫视组织的极地跨越摄制队采访报道。2001 年 12 月—2002 年 1 月在南极爱国者山营地采访，其间乘机到美国阿蒙森－斯科特南极点永久性科学考察站采访。2002 年 5 月随队到美国阿拉斯加州巴罗（约北纬 71°20′）采访。2015 年 5 月参加哈尔滨电视台《英雄当归》摄制队到俄罗斯摩尔曼斯克（北纬 68°59′）采访。

我一辈子没经过几件大事儿，"他们到了"对我来说，确实有点历史性感觉。我向北京记者部口述消息："北京时间 6 日上午 10 时 55 分，中国北极考察队终于停止前进，他们无法再向北走。从他们立足所在，作任何移动，无论前后左右，都是向南。北在这里消失了。"

北京—汉城—洛杉矶—明尼阿波利斯—伊利—维尔路德—温尼伯—雷索鲁特

1995 年 4 月 18 日，5 名中国首次远征北极点科学考察队后续队员由考察队副总领队刘健带领，从北京取道汉城（当时的名称，现称首尔）飞洛杉矶，转飞明尼阿波利斯，20 日乘车到明尼苏达州的伊利镇，和先期到达的中国首次远征北极点科学考察队 20 名队员会合。5 名队员中有新华社记者卓培荣、羊城晚报驻京记者站站长刘刚、市场报记者王迈等。我作为中国青年报记者也在其中。

会合点是美国北极探险专家鲍尔·舍克在伊利镇的家。鲍尔经营着一家北极探险公司，受雇为 1995 年中国首次远征北极点科学考察队提供行程安排和北极地区生存、行进的指导以及后勤支援。鲍尔家在五大湖中苏必利尔湖区的白铁湖畔。一栋两层木屋鲍尔家自住，离湖面 30 多米。上坡再有 30 多米，又是一栋木屋。一楼是工具房和库房，二楼是客房。4 月末，湖面冰封，雪还没化。湖岸和湖中岛上常绿的针叶林一直延伸到冰面，鸟语中可见松鼠跃动。

先期到达的队员已在加拿大哈德孙湾进行过十几天的滑雪和驾驭狗拉雪橇的训练，也是刚刚转到鲍尔家。我们的车还没从公路转进湖边的鲍尔家，在路上就见到考察队队长李栓科（时任中科院地理所副研究员）和队员刘少创（武汉测绘科技大学博士生）骑着山地车进行体能训练，刚从伊利镇回来。队员赵进平（时任中科院海洋所研究员）在鲍尔家库房兼五金加工室用砂轮加工一个海水取样装置。队员方精云上山取样。队员郑鸣这天担任厨师，在三四口大锅之间忙活。队员吴越（中央电视台《东方时空》

记者)和鲍尔9岁的女儿在屋前空地打羽毛球,两人的笑闹声在林子里传得很远。

傍晚,中国首次远征北极点科学考察队总领队位梦华(时任国家地震局地质研究所研究员)集合队员在屋前空地宣布,考察队主力当晚出发乘机去加拿大温尼伯,刚到的后续队员晚两天出发,从公路带全队辎重行李和雪橇犬到温尼伯和大队会合。

第二天起来,队员李乐诗(香港著名探险摄影家,时年50岁。她让我们叫她阿乐,有的队员叫她阿乐姐)带我们在木楼一层大客厅往雪地靴里装毡袜。鲍尔经营极地活动保障业务,备着很多寒区户外装备。几十双笨重的雪地靴里毡子做的保暖衬袜,大概是取出来烘干过了,要按鞋号分别装进去。

晚上,鲍尔等人开来两辆中型面包车。5名队员把全队80多件行李装上车。木屋外的直射灯打开了,队员们从各个住房搬出行李辎重。赵进平跟大队出发前,曾经指着8件行李对我说:"都很关键,少一样都办不成事。"因为去寒区,每人行李都很重。加上器材装备,最后两台车后门就是关不上,行李堆出车门十几厘米。鲍尔手下有个人经验很丰富,他看出车子停在微微上坡的路面上,就把车发动了,开到下坡,来一脚刹车,整车的内容顺惯性往前轻轻冲了一下,这十几厘米就全进去了,轻松地关上了车门。

出发那天早上,到鲍尔的犬舍(相当一个养狗场)牵狗装车。那辆车,是车厢侧面有一排排小门的专业运犬的车。来了两位美国老汉,一位69岁,一位68岁,也和我们一样,走进犬舍一次抱起两只大狗就往车边走,然后往车上小门里送。我吃惊不小,这两位老汉干起活来,身手竟和中壮年男人一样。后来得知,两位都上冰。后来68岁的那位在89°线因膝盖旧伤返回基地,而69岁的那位滑雪到了北极点。在哈德孙湾训练时,他还常驾驶直升机接送考察队员。

爱斯基摩犬是考察队在北冰洋运输宿营炊事装备、科考仪器、给养等辎重的脚力。犬舍大概养着三四十条爱斯基摩犬吧。一时群犬沸腾,把静谧的林子吠成了像是一个买卖狗的市场。后来,我在加拿大也采访过专门驯养爱斯基摩犬的农场,见过犬排成队形拖曳着全地形摩托车训练。我估计,犬也和人一样,平时训练拉橇,为的就是上冰。每只犬都跳到自己的小木屋顶上满怀期待地强烈要求出发。被选中的犬,隐藏着得意心情,故作扭捏,摇头摆尾,假意挣扎;没选上的犬,情绪低落以至悲愤,怀着怒气狂吠不止。

后续队员押着行李车、运犬车经维尔路德过境进入加拿大,8小时后到达温尼伯机场货运区。爱斯基摩犬被放出车,一根大绳串着,每条犬前面放一个食盆。人们从大牛皮纸袋里,往食盆里倒狗粮。犬们兴奋异常,吼几声就埋头吃饭了。大群壮硕漂亮的爱斯基摩犬,引来过路的加拿大空姐和地勤人员拍照。

接下来,是要把行李卸进仓库里面1.6米高的水泥台上。车停在仓库门口,离水泥台大概十来米。当初怎么装的车,这时就怎么卸。80个大件行李从面包车上卸下来,扛出十来米,再举到水泥台上去。这时候,考察队主力也到达了温尼伯机场。在客运区,我们和他们谁也找不到彼此,想都没想别的,队员干活是本分。一个人在面包车上卸,一个人在水泥台上码,一两个人来回搬。80个来回。那20个特殊乘客被装进分了格子的专用集装箱,用铲车送上波音737。

后续队员在候机室和大队会和之后,终于有了一点空闲时间。我拿出一张白信纸,请总领队位老师为中国青年报的读者题个词。位老师略加思索,写下:"路在脚下,志在天涯。"换行之后,又照我的请求写:"向《中国青年报》的读者问好!"位老师硬笔书法相当漂亮,随后每名队员一一签上名字。这张题字后来在雷索鲁特传真回报社,制成版,和我发的消息一同刊登在报上。

这一夜,天不曾黑透。737起飞后,直奔正北。地球像是表盘,737向着12点方向静静地、稳稳地飞。左侧舷窗外,贴着地面沉沉的雾霭上,始终有一条不熄灭的红色,那是西边太阳落下的方向。随着纬度的升高,那一线红色并未远去,一直伴随着我们的飞行。

北半球的4月至5月,越往北,夜越短。到6月,以至无夜。虽然我们没在北极圈里待到6月,极昼的感觉还是相当明显。再向北,干脆连雾霭也没有了,透明的天空直接就是一座蓝宝石穹顶。

午夜,737 在雷索鲁特降落,引擎不关,"咝咝"地叫着,大概等着下了人就飞返温尼伯。天边的玫瑰红色打在机身上,竟是晨光微曦的感觉。舷梯边窈窕的加航空姐,穿上了镶毛领的藏蓝色大氅。队员们赶上了时差加昼夜不分的双重紊乱。这是我第一次上飞机时无所谓穿什么,下飞机则必须套上羽绒服。后来又经历过几次。

队员们在雷索鲁特简单的候机室到齐后,对全队来说,对整个北极点科学考察来说,一个关键时刻到了。位老师宣布了上冰人员名单,很像古代将帅出征作战之前点起一干人马的感觉。

上冰人员有位梦华,李栓科,赵进平,效存德,刘少创,张军,毕福剑。

午夜到雷索鲁特,天亮起飞赴北纬 88° 线——冰上科考出发点。上冰队员打开行李,打点上冰用品,重整背囊。剩下物品放在纳维尔北极服务中心库房。好几辆车在机场和中心之间来回运送队员和行李辎重。中心一层是个用餐区、会议室连在一起的大厅,还有一个台球桌。上冰队员在中心没住房,就在大厅横七竖八地躺地板上休息。

1995 年的信息传输条件和今天没法比,其中最根本的区别是还没有国际互联网,其次是手机(当时还处在"大哥大"阶段)使用没有普及。纳维尔北极服务中心只有传真及电脑远程点对点传输。点对点就是拨通国际长途,连接电脑上的"猫",把电子文本传到报社的电脑,但不能传照片。中国青年报社在首都新闻媒体中,率先使用了点对点传输。位老师正式宣布冰上队员名单,也就是公布了中国首次远征北极点科学考察队在冰上实施科学考察的人员构成。这是中国首次远征北极点科学考察报道从 1 月份松花江冬训以来一个大的阶段性新闻,是关心此事的所有受众期待的新闻热点。以往国内类似的重大新闻报道中,新闻人物是配发照片的。比如 1960 年中国登山队在世界登山史上第一次从珠峰北坡登顶珠峰时,我是小学二年级学生,看到各大报都刊登有王富洲、屈银华、贡布等登顶队员的照片。我的想法,就是依照这种新闻惯例,在新闻人物被确认时刊登其照片,这是满足读者需求的服务意识决定的。可不是吗?谁不想看看冰上队员长什么样啊?在首都机场为第一批队员送行的时候,我抓拍了所有北极科考队员的头像(没有条件——拍他们的标准像),胶片在报社暗房冲洗后(当时没有数码相机)每张都编了号,我出发前和后方编辑交代过,一旦得到明确的冰上队员名单,请她们(两位后方编辑都是美丽的女性,一位是张可佳,一位是郭蓝燕)按我传回的号码找出上冰队员照片配发到报纸版面上。于是,位老师宣布冰上队员名单后,第二天《中国青年报》即在发出《北冰洋点兵——七名队员将进发北极点》的消息的同时,配发了七人的照片。

纳维尔北极服务中心的传真室,同时也存放文具备品和一些小型物资。我发出底片编号(上冰队员名单)传真不久,就听到登机的消息,忙跑去帮冰上队员装行李。

一飞北冰洋

天大亮,本来也不怎么黑。全队连狗带橇,登上了4架双水獭轻型飞机,基地队员要送冰上队员至88°线。从温尼伯飞到雷索鲁特,大约有六七个小时,有的队员根本没合眼。

双水獭机身狭窄,客舱仅容15人,驾驶舱也不关门。飞行时英语好的队员,可以到门边去听飞机之间、飞机和地面之间的对话。那些飞行员们,全穿着油嗤麻花的帆布连体工作服。这比起各主要航线的机师们打领带、穿白衬衫,完全是另一种风采,在我眼里,真是彪悍极了。双水獭在雪地上颠簸着,拉起了速度。我顺驾驶舱门看进去,两位驾驶员,各伸出一只肌肉饱满的大手,攥住操纵把手,协力往前一推,双水獭就升空了,继续向正北朝地球表盘12点的方向飞行。从那次起,我发现,有些西方男人,除了身材强健魁梧外,手也特别结实、特别大。座位间隔很小,羽绒服里揣两台相机加上录音机,就搁得喘不过气,完全睡不成,飞多久就坐多久。记忆中飞了八九个小时,中途落到冰面上加了一次油。北极地区的小分支航线上,常常找个着陆条件好的地方,扔着一堆油桶,标好坐标,或许有一间小房或许没有,那就是加油站。加油时,中央电视台的记者王卓,在一架双水獭机头前录口播新闻,一句话录了20遍才成功。为什么?从伊利镇集中,飞到明尼阿波利斯,再飞到雷索鲁特,然后转飞北极点地区,连续忙忙碌碌休息不上,加上气温低,脑子老短路,嘴皮子冻得也不利落了。

全队在北纬88°线降落,太阳明亮。88°是冰上科考的出发点。这一带,冰面地形起伏,冰块参差不平,积雪尤其扎眼地白。卸雪橇,卸物资,卸犬,忙活了一阵。我原先打算再采访一下冰上队员的。但是,因为天冷,录音机不工作,准备好的自动铅笔(低气温条件下圆珠笔、钢笔都不出水)也不流畅,加上采访对象紧张忙碌,顾不上回答问题。所以我想,那天记者们在88°线收获都不大。

双水獭再次起飞,基地队员要返回雷索鲁特。我从舷窗望出去,可以看到冰雪上凌乱地散放着雪橇和各种物资,20只爱斯基摩犬安静地卧在冰雪上。冰面上的队员,与低温的缠斗即将开始。我在心中暗暗为他们祝福,祈祷。

雷索鲁特白夜

回程较慢,又飞了近10个小时,回到了雷索鲁特。分不清白天黑夜,太阳不落的日子开始了。

雷索鲁特,是一艘英国木质航船的名字。1852年,该船参加了福兰克林北极探险队遇难后的搜寻。1854年5月15日,它被海冰封在北纬74°41′处乘员弃船求生。1855年,有人发现"雷索鲁特"号漂泊在北纬67°处。该船从美国被送回英国。1880年,用该船上的橡木,制成了一个大办公桌,由维多利亚女皇送给美国总统,长期放在椭圆形总统办公室里,陪伴过多位著名的美国总统。

加拿大孔沃利斯岛南边的一片土地以雷索鲁特命名。1947至1949年,根据美加联合北极计划,两国在北极地区建立9个气象站。雷索鲁特因航运和空运便利,成为这组气象站的中心。20世纪六七十年代,雷索鲁特汇集了40个勘探公司和考察队。1975年后,人们在雷索鲁特的活动逐渐减少。但是,雷索鲁特仍是北美进入北极圈的主要通道之一,日本著名北极探险家植村直己就曾路过雷索鲁特。

初到雷索鲁特时，我觉得，这里没有一个中心，也没有什么代表性地标，不像其他地方的居民点。大概是因为地广人稀，懒得搞什么规划，建筑物选址很随机。不是依道路建房，而是依房修道，因此铺得很开、很散，稀稀拉拉。大概有三片建筑物：一是机场；二是离机场2千米之内的纳维尔北极服务中心、气象站、加拿大遥感中心的747飞机库、仓房、车库、油库等；三是8千米外的因纽特村。孔沃利斯岛南部有两个淡水湖，有管道把水送到机场、因纽特村和纳维尔北极服务中心的用水户。雷索鲁特的能源来自柴油发电厂。因纽特村每户都有天然气罐，也用来发电解决生活用电。孔沃利斯岛和北美大陆，没有陆路连接。基本生活设施、建材、油料、生活用品、食品等，都靠空运。每年夏天，这里可停靠海船，大宗的货物就在夏季运来。雷索鲁特每天产生的生活污水和固体垃圾，用车拉到设在因纽特村的污水处理厂和垃圾处理厂。

纳维尔北极服务中心，依我看是座功能更完备的旅馆。客房没窗户，大概是一为保暖，二为极昼季节避光，好入睡。一层大厅较高，有用餐区、开会的地方，放了个台球桌，靠窗处可见吊兰，厅里还有个小邮政亭子。往来的人群多为探险家、科学家和旅游者。在通向传真室的门上，贴满了来往的各路人马的队标或其他什么标志我说："把咱们的队标也贴上去。"于是斑驳陆离的门上，128个五颜六色的标志变成了129个。小邮政亭子的木墙上有一张世界地图，一个标签插在雷索鲁特，用英文写着"你在这里"。所有落脚此地的人，都用一枚彩色大头针插在图上标明自己来自何处。美国那片大头针比较密，然后是西欧和中国，赤道南边只有4枚。中国的彩色大头针占了亚洲的一大半，有数十枚。我也拿起一颗蓝色大头针插在"北京"。后来，这个动作成为一篇报道的标题——"这根蓝针代表我"。

我们4月23日被"737"留在雷索鲁特，这里基本已经没有黑夜。每天光线最暗的两三个小时，正好相当于外出不戴滑雪镜可以看清物体的亮度。按计划，每天基地和冰上队通话两次，记者就根据通话内容向国内报道。此外，队里对基地队员没有硬性工作安排。

8千米外的因纽特村，有间印度人开的小旅馆很有名，是除纳维尔北极服务中心外另一个外来人员过往北极落脚的地方，这里有短波电台提供通讯服务。每天科考队副总领队刘健,带着记者去"印度人旅馆"和冰上队伍通话。有时大伙瞎忙,刘健就一个人去,回来给大家传达通话内容,记者们就照着写报道。当时不明白,为什么一个印度人来这里开旅馆。世上就有这样的人,走到一个地方就住下来,把后半生交代在那里了。2002年,我在加拿大北部见到一位专门养殖、训练爱斯基摩犬的英国妇女。她经营的犬舍,比鲍尔家的还大一些,大概有百十来个犬住的小木屋吧,也在清冷的林子里。她不到30岁来到加拿大,养起爱斯基摩犬来,就住下。我见到她那年,她已经50多岁了。也是2002年,另一个队的队友来到了雷索鲁特"印度人旅馆"。我当时到了巴罗。队友告诉我说,"印度人旅馆"的老板前两年去世了。

科考队上冰的13天抛去3次往返飞行,也就七八天的样子。一天到晚,头昏脑涨,也不知忙了什么,主要是帮科学家们干活。人家干的是科考的正事儿,这时候新闻在我眼里是其次。我也不知道作为职业化程度不低、为新闻打拼几十年的记者,自己为什么会这样想。在各种现场,在专业人员面前,我经常这样想。

中科院遥感所的博士牛铮,26岁,小伙儿漂亮,浓眉大眼。有一天,他满脸笑着遛达到我和几个记者跟前,说要在纳维尔中心后面的铁塔上,架一根线,搭在塔尖上就行。什么线?小电缆似的,搞遥感研究用。大家到现场一看,是个近17米的发射塔,铁架子那种,几根钢丝绳四外拉着。

我说,我来吧,这活儿简单。我找在场穿运动鞋的人,在雪地上把自己的雪地靴换了,掏出带胶粒的手套戴上,背上牛铮给的一盘小电缆就往上爬。这时风不大,天气晴朗,阳光普照,气象条件极好。上到塔顶,用两腿盘住铁架,腾出双手,把线甩过塔顶,这活儿就完成了,小意思。下了3米,牛铮又在下边喊:"再把线绕一下更好些!""好吧!"我又爬到顶上,两腿盘着铁架,把线绕几圈,缠好了,没问题,才算完成了任务。

中科院生态环境中心研究员方精云,也是帅哥,而且身体健壮。据说,一路上经常有外国女生对他表露好感。我大概跟他干了四五天。试图钓鱼,取出肝脏胆囊,收集动物粪便,挖雪层下的北极柳、苔藓什么的。

挖苔藓那天,遇上暴风雪。同行的三个人,在绕过一个大冰缝的时候走散了。那二位从右边走,我走了左边。风雪大,戴着毛线帽、滑雪镜,看不清周围景物,和内蒙古的白毛风一个样。飞舞的雪花在四周空间构成一种白晶体的配比,像手术室的无影灯一样,光经过折射弄得什么物体都失去阴影。这玩意儿让人心烦。人在白毛风里走散,偏离目的地越来越远,最终冻死的故事很多。它告诉人的道理也很简单,就是这时候干脆别乱走了,要原地等着暴风雪过去。后来得知,北京大学毕业、在加拿大遥感中心工作的女硕士生刘文红和同事,在60千米外的无人海岛,遇到了同一场暴风雪。她和同事躲到包装箱(估计是器材用的包装箱)里熬过了这场暴风雪。

我不知道自己离纳维尔中心还有多远,估计顶多三四千米,心里不怎么慌,知道越乱越糟。不过,当时气温骤降,谁知道这场暴风雪要折腾多长时间呢?就地止步,等风雪停下?就身上这身儿衣服啥结果,难说。忽然有一刻,我依稀辨清几十米外,纳维尔中心模糊的轮廓,啥虚惊都没了。进入旅馆过厅时,就像什么也没发生过,跺跺靴子上的雪,接着上楼,回住房放背包。

挖海冰的第一天,早餐时拿点三明治、盒装饮料,扛着那些临时在纳维尔中心找到的简陋工具,跟副总领队刘健打过招呼,走上一小时到海湾。第一天是纳维尔中心的人带路,后来我们就自己去。

海水挤压堆积作用形成此起彼伏的蓝色冰丘,像是被瞬间冻结的浪涌。方精云走到一处相对平坦的冰面,四周观察了一下说:"就是这儿了。挖!"他四处观察的气度使我很崇拜,于是很信服地挖。那天有郑鸣,孙覆海(我松花江冬训的搭档,在纳维尔中心的室友),孔晓宁(人民日报海外版记者),王迈,李乐诗,卓培荣。一会儿干热了,大家就甩掉羽绒服。轮换休息的时候,虽然穿着羽绒服,却明显感到迎风一侧衣服被风打透,站不住,得来回走。揣在怀里的午餐没冻硬,饮料也没冻透,可以吃。晚上回到纳维尔中心吃饭时,方精云隐约表示挖的冰洞不理想,或冰洞的位置不理想。

第二天少去了几个人。方精云又以让我很钦佩的气度选了另一处冰,画出1.8米乘0.9米的道道儿,大家开始挖。

自然界中的冰雪,是记录环境、气候变化及人类污染信息的良好载体。

冰雪化学和冰芯学研究,已被列入国际地圈生物圈计划(IGBP)的核心计划,在全球变化研究中颇受重视。两极地区是半球尺度内大气对流层传输的交汇区,是冰雪化学研究的理想场所。中国已经在青藏高原和南极冰盖的冰雪化学研究方面取得进展,如果得到北极地区的冰雪样品,则有利于完成"三极"冰雪对比研究,进而揭示北极大气环境和北半球人类污染的一些特征。方精云的冰雪取样可以和进入北纬88°线的冰上队员的取样互补,形成多课题研究的共用资料。

冰坑挖到1米深以后,坑底留一半为平台,另一半接着挖。这时候,镐抡不开了,只好改用一支平角钢钎往下凿。撮碎冰时,铁锹也使不开。方精云和郑鸣只穿衬衫,跪在平台上,探身往下用大缸子舀。坑小直不起身,坑里的人只能侧着身子,把缸子递给上面的人。每挖10厘米,方精云就沿冰坑壁取一次样。每次用卷尺量着冰坑壁,敲下冰块,敲碎,然后摘了手套,把手用雪洗得惨白(防止样品污染),把敲下的冰块装进塑料瓶里。

挖到1.6米,考虑到第二天要飞89°线,大家想回中心,可又舍不得走。因为前一天,已经放弃过一个1米深的冰坑了。卓培荣比较细心。他发现,工具碰坑底时,已经有了咚咚声,冰块也发潮,容易挖削,只是舀冰困难一点。大家又不走了,挖到下午5点,坑深处2.2米,四壁幽蓝,仿若有荧光,大家估计冰层就要被穿透了。我则甩了羽绒服跳进冰坑,举钢钎连凿十来下,坑底突然喷溅出一股冰水,继而坑底出现一个水洼,又继而海水如泉怒涌。我急忙跃上冰面。不足一分钟,海水漫到离冰面10厘米处才停了下来。有人尝水,咸于低纬度海域的水。测水温,−1.8 ℃。

回程路上,我问方精云:"有价值吗,这一天?"

"有。比挖个3米的坑不差。"

议论延续到中心的餐厅。有人说,雷索鲁特海湾夏季可通航,担心我们挖的不是多年冰。谁也说不清楚,夏季航道和我们挖坑的地方是否重合,或者差着多远。我听着大伙儿的议论,踱到自助取餐的台子边。今天主菜是把猪的脊骨整齐地锯成大片儿后炸的猪排,和上海大排档上的大排一个样。我随手夹了5块放进盘里。身后考察队政委提醒道:"叶研,吃多少拿多少。"政委是好意,怕我吃不完浪费,却不知道我今天消耗了多少体力。

我在国外更是个好面子的人,举手投足中规中矩,连张废纸片都带回扔进垃圾桶,因此也不会浪费什么。我没回话,几分钟就干掉了5块猪排,回头又拿了7块,坐下不紧不慢地吃完。

晚饭后参观加拿大遥感中心装有综合口径成像雷达的波音747机库。"747"那几天正巧停在机库。遥感中心科学家查理斯·利文斯问清方精云我们今天的取冰地点和冰层深度,对照已成像的孔沃利斯岛的遥感资料后,说:"很有可能是多年冰。"没白干,多年冰所记录的信息量就大多了。

隔天早上,89°线的飞行推迟了。方精云扛着铁镐、钢钎之类工具又笑嘻嘻地站在我的房间外说:"我就指望你了。"科学家的笑容让我很得脸;本来计划这天写稿子,被那笑容一激,就欢天喜地地麻溜儿跟上他走了。我知道方精云是条好汉,他没被选上上冰,就执着地在基地附近采样;也知道他独木难支,有些活儿再壮的人一个人也是干不来的,而且在极地,最好不要一个人单独外出。再说啦,此次北极行,科考是正事儿。

这天的任务是找地方挖冻土。冻土大伙儿都知道,一镐下去,劈开的土块就核桃大,而且震得两臂发麻。所幸郑鸣和沈爱民(中国科协干部,最早推动此次北极科学考察的人员之一)两条壮汉也来了。几个人轮流干。这个冻土坑,不要求一定挖到冒海水,不算累。后来不几年,方精云就被评为中科院院士,一时间是中国最年轻的院士。我早就看出这小伙儿不简单。

二飞北冰洋

中国首次远征北极点科学考察队第一个纬度的考察、行进,冰情复杂,天气恶劣,用了8天时间。从88°线行进到89°线遇到20多条冰缝,其中较大的5条,使用浮冰搭建浮桥才通过。4月29日,遇到多波特环流和北极洋流交汇造成的剪切带,大片海冰瞬间挤压、裂开,考察队不得不从89°线向东南方向迅速急行军转移规避,回撤至88°57′。转向东北再转向西北至89°03′处宿营。加上预计飞机降落的地区,天气情况恶劣,计划在89°线补给的飞行,只好延后至5月2日。

从雷索鲁特起飞的三架双水獭飞机,向北飞行时,在加拿大北地群岛的埃米尔国家公园降落加油。回程在尤里卡避难所降落过夜。飞行中,机翼下的海岛、海面被白色统一,海水在冰缝中反射着阳光。岛屿没有树木,冰雪顺着山形向下缓缓流动,形成一道道冰川。有的地方,一个镜头取下的画面,竟汇集了三条冰川吐出的舌头。

补给飞机降落与冰上队员会合,天气阴沉灰暗,气温在−20℃左右。人员交接和卸货只用了几十分钟,来不及多说什么。卸下的主要是狗粮,此外是滑雪杖、饭碗等一些零星损坏需要更换和补充的东西。68岁的美国队员、委内瑞拉籍小伙子、中央电视台记者张军,因伤病、体力等原因,随机返回雷索鲁特基地。哈尔滨电视台记者郑鸣接替张军走完随后的行程。赵进平与李乐诗原计划在89°线进行交替,没有实施。

飞机折返起飞不久,飞行员看见冰面上有另一支队伍,是美国极地探险家斯蒂格(参与横穿南极大陆的美国队员)带领的一个俄罗斯探险队。大概是想和他们见面说话,我们那架双水獭降低高度,准备降落。离冰面1米时,飞行员猛然发现一道横在降落方向的大冰缝,即刻拉起机头,飞机紧急抬升,避免了一次飞机失事。

几个记者围着张军询问这几天冰上考察的情况、遇到什么危险、都有哪些困难等等。四五个小时后,飞机在尤里卡避难所降落。这天没有继续飞行,就在尤里卡过夜。有人发现,在旗杆下有一只北极狐。北极狐像个仙女,也像一件天然艺术品,通体洁白,毛色饱满蓬松。它看到人们接近,警惕地保持着距离,最后矜持地跑开了。说到北极野生动物,队员还在避难所外(或埃尔米国家公园)山谷中看到几只麝香牛,几个黑褐色的小点,远远地看不清楚。

尤里卡避难所设施完备,有机场、油库、小气象站、通讯室、餐厅、洗衣间、卫生间和十几间住房。平时不设人常驻,断断续续有人维护检修、更换储备物资。如果有人来,头一天就飞来一个人带些新鲜食品做些准备,主要是打开天然气罐供气的发电机。来人一到,室内暖气已打开,服务人员穿着短袖。餐饮供应与内地无异,有新鲜水果、牛奶、糕饼、饮料等,还有热的正餐。让我傻眼的是,竟有一间阅览室,摆放着近期《美国国家地理》杂志和各种极地探险书刊。名为避难所,实际上是一个设在北极无人区的具备避难功能的接待站。成熟的商业化运作,在数万平方千米的冰雪世界的一隅,保证了基本的物质条件,无非当年人家"基本物质生活条件"比咱们高一档而已。

头两次飞北冰洋,实地拍摄的电视图像在雷索鲁特编辑后,由中央电视台编辑智卫乘机送到加拿大北部黄刀镇(黄刀镇有电视发射设备),再转发到北京中央电视台。平时在基地的拍摄,是否还有编辑后送黄刀镇的情况,要问中央电视台的队友。中国首次北极点科学考察期间,中央电视台《新闻联播》中的消息不断,有数十次,《焦点访谈》专题做了4次,推出一个新闻热点的高潮,6位中央电视台的队友成绩可观。

因纽特村

跟着副总领队刘健到过因纽特村几次,主要是去听冰上队友的消息。步行,往返16千米,合适的距离。

1500年前,雷索鲁特生活着一支因纽特人,后因气候变化、海豹减少而迁走。此地现在的因纽特村,是1953年建机场时从哈得孙湾移居来的居民的聚居地。起初,移民中有6户因纽特人,40多年间全村发展到500多人。

30岁的塔白莎·卡尔鲁克是该村第一届女村长,1995年1月当选。不久,当地村镇合一,塔白莎又成了当地第一位女镇长。除镇长外,塔白莎还有一份工作,给当地学校当秘书,处理学校日常事务。

学校为9年制,3个班,50多个学生,4位白人教师。学生在这里接受义务教育,愿意的话可以经过普通教育后通过多种考试进入大学。和国外许多学校一样,教室里学生可以随意坐,随意提问。只是下课后没有像样的操场,学生们跑出教学楼,就可以在雪坡上玩雪橇或骑山地车。

这个学校,是山坡下面较大的公共建筑。此外,村里还有一间小教堂,大约有 50 平方米的活动范围。另一座较大的公共建筑就是邮局兼超市了，枪支、钓具、墨镜、手套、日常生活用品等货物齐全。

我们采访了三个因纽特人家庭。这里渔猎习俗犹在。因纽特人男性外出打猎，枪支取代了长矛，摩托雪橇取代了狗拉雪橇。在强调环境保护的当代，政府每年给北方少数民族下发各种野生动物的猎杀配额，如几头鲸、几头海豹、几头北极熊，以保持当地居民的生活方式。雷索鲁特是加拿大最北的长住居民点，紧邻机场。伴随着国际旅游业和北极科考活动的发展，村里人有了更多的就业机会。虽然不一定是管理性质的工作，而且带有较强的季节性，但毕竟因纽特人操起了渔猎之外的行当。

泽波拉是一位家庭主妇。因为村里男人化冰季节到来时外出打猎，她和婆婆在家带孩子、打理家务。她家房子和村里别人家的房子一样，面积大约 150 平方米，是预制件房屋，木结构，桩式地基，冰雪不至于在屋子地下堆积。每栋房屋边，架着一个天然气罐，大小相当于以前解放卡车装的油罐，还有发电机和锅炉。房子带水暖，有电、燃气和电话。政府基本承担了住房和气罐的投资。在雷索鲁特因钮特村，没有见到传统的伊格鲁冰屋，那种用冰雪块砌成、内壁挂着动物毛皮、进出通道由地下挖到屋外的半球形冰屋。

日产电器和雅马哈雪地摩托，占领了当地市场。青年人的屋里响着流行音乐，孩子们床边放着游戏机。村民们已经较少生吃猎物，煤气灶、电烤箱和微波炉改变了他们先辈传下来的习俗。每家一时吃不了的猎物，露天冰冻在房前屋后。风帽上镶着兽皮的寒衣还见得到，妇女和孩子们衣服上还有绲边花式。但村民日常穿羽绒服、夹克衫、牛仔裤、雪地靴，没见到一个人身穿老年妇女用牙咬出针脚的海豹皮衣，大概是没遇到传统节日吧。

在纳萨耐姆·卡尔鲁克家门廊边，看到前一天打到的一头北极熊的熊皮。熊皮用木楔和匕首钉在雪地上，绷得很平。熊头巨大，两耳间中点到嘴尖 38 厘米长。队友孙覆海打算买下熊头送给青岛海洋博物馆，问多少钱。纳萨耐姆的妻子玛尔萨说，"200 加元。"我估计，这也许不是很贵。因为北极熊的皮，如果不是用来制作衣服，而熊头另外做传统仪式或祭祀时的道具的话，一般是连头一起做标本或做大厅地毯的。若单买一个熊头，剩下的熊皮价值立刻锐减。

三 飞北冰洋

89°线再往北，冰情较好，冰缝少，冰面平坦，行进较第一个纬度轻松。中国首次远征北极点科学考察队只用4天就赶到北极点附近。5月5日，科考队宿营位置为北纬89°50′，距北极点18.52千米。剩下只是最后一哆嗦的事儿了，到达北极点手拿把攥。全队不论冰上或基地，心情放松，已经可以看到胜利了。

5月6日，世界地球日上午8点，4架双水獭飞机，载着全体基地队员从雷索鲁特起飞，去北极点与冰上队员会合。中途在尤里卡避难所加了一次油。再次起飞后1号机发现油箱漏油，返回雷索鲁特，部分基地队员失去了到达北极点的机会。从敞开的驾驶舱门可以听到关于这一变故的通话。

我乘坐的飞机，大概临时编为4号机。最后一次北冰洋飞行，单程十几个小时。我在座位里窝着，前胸被两台相机顶得呼吸困难，加上起飞前20多小时就没睡着觉，有点晕机。飞了大约8个小时，加拿大飞行员转过头来，向客舱大声说了一句什么，英语，没听懂。副总领队刘健从驾驶舱门口返身走回客舱，扶着座椅背笑眯眯地说："他们到了。"他喜气洋洋，说话的神色很像婚礼上的新郎官。机上所有中国人立刻明白了，飞行员收到了冰上用无线电传来的消息——冰上队伍到达了北极点！机舱里一片欢呼，粗犷的吼声盖过了引擎的噪音！我看看左腕的表，北京时间10时55分。

会合是这样安排的，4架飞机先从雷索鲁特起飞，四五个小时后，冰上人员拆帐篷，开始向北极点冲刺，作最后18千米的突击。

冰上队员到达北极点的情况，我担心刘少创不好意思写，在这儿记上几句。刘少创当天出发后，精力体力剩余较多，估计也有些"臭激动"，一直滑在大队前面，把鲍尔拉得远远的。到了一处四周有隆起的冰块围着的空地，GPS显示北纬90°。90°是所有经线汇集的地方，在地球南边是南极点，在北边是北极点。大队到达，队员围着刘少创看GPS。冰盖是漂在北冰洋上的，GPS 显示一直有微小变化，表示人们所在之处动来动去。稍微稳定的时候，刘少创再次报读数，队长李栓科朝天鸣信号枪两响，宣布："达到北极点！"冰面上长时间人欢犬吠。

我一辈子没经过几件大事儿，"他们到了"对我来说，确实有点历史性感觉。

一小时后，飞机降低高度。冰面上稀稀拉拉站着冰上队员，每人间隔50 米左右，用队形指示飞机降落（说着陆不怎么准确）的跑道。我看到他们小小的身影，心里止不住"臭激动"。尽管张承志把年轻人激动说成"臭激动"，那意思是老练成熟的人不会"臭激动"，我还是毫不掩饰我确实"臭激动"了，而且相当"臭激动"。

2 号机、3 号机先行在北极点降落，我有幸拍到两机在冰面上的照片。后来许多年，我常对人解释说，"两架飞机机头的连线中间，就是北极点。"

会合后，冰上的、基地的哥们儿相互拥抱，都相当"臭激动"。之后中央电视台的人现场摄像，合影，往飞机上装物资、装雪橇、装 20 条劳苦功高的爱斯基摩犬。

许多报刊做了这样的报道，说我"第一个跳下飞机，把国旗插在北极点厚厚的冰雪上"。此说不实。4 号机是最后一架降落的，我有照片，照片显示冰面上已经有两架飞机了。旗子的事儿是这样的。在 89°线，队长李栓科交给我一个包，里面有两面国旗和一面队旗。起飞前我把一面国旗给了1 号机的队员，我设想他们先到，可以先展开国旗。不巧 1 号机因油箱漏油返回基地，到北极点的时候，只有 4 号机的这一面国旗。国旗我记得也是先交给队领导，然后由队友展示的。回想起来，"分散原则"还是对的。重要或关键的人和物最好不要集中在一架飞机、一艘船或一台车上。人家美军就不把出自同一家庭的士兵编在同一部队里，以避免部队在被全歼的情况下，一家几个弟兄全都阵亡。

飞机再次起飞，冰上队员就都睡着了，基本上没人长时间深沉地凝视北冰洋的景色。到雷索鲁特，冰上队员的第一件事，没错儿，就是洗澡，热水澡耶。之后吃饭。

回温尼伯的波音 737 已经在雷索鲁特等着了。从双水獭落地到 737 起飞,也就不到两小时,纳维尔北极服务中心却"兵荒马乱"。包括刚从双水獭上卸在大厅的冰上物资,冰上队员存放在仓库的行李,基地队员的行装,电脑、摄像器材、三脚架等,所有行李辎重抬上往返于机场和纳维尔中心的皮卡。房间、走廊、楼梯都是匆忙搬运的队员。

我装好一辆皮卡,发现左腕的手表是北京时间5月7日凌晨1点,报社总编室应该还有人。如果这时发回北极考察队到达北极点的消息,还赶得上凌晨报纸开印。13天太阳始终不落的明亮的日子里,我左右手腕都戴着表,两者相差11个小时。左手是北京时间,用来掌握发稿时间;右手是加拿大中部时间,用来控制作息。在没有日出日落的季节,有时就算右手时针指在8点,也得费点劲才能弄清是上午8点还是晚上8点。这时,我已近50个小时没睡成觉了。基地的记者,都在忙着收拾行李准备转机。拉行李的皮卡正在收拢最后的装备和人员。

我乱中取静,打开电脑敲消息。敲到一半,估计北京记者部电脑值班人员已经下班,马上丢开电脑,直接拨通北京长途。总编室刘海涛值班,所有远程传输设备都已关机。我口述消息:"北京时间6日上午10时55分,中国北极考察队终于停止前进,他们无法再向北走。从他们立足所在,作任何移动,无论前后左右,都是向南。北在这里消失了。……"

几小时后,5月7日的中国青年报带着考察队到达北极点的消息从全国各印刷点送往邮局发行。原消息标题"中国北极科学考察队无法向北前行"被改为"本报今日凌晨1:40快讯:北极点升起五星红旗"。

1996年4月,在德国不来梅港的德国极地研究所,一座形如巨型科学考察船的高大建筑中,国际北极科学委员会召开年会。在23日18时举行的特别会议上,进行该次年会4个议程之一:根据中国1995年北极实地科学考察活动的成果,审议通过接受中国为国际北极科学委员会会员国。

中国终于赢得应有的一席!

卓培荣

ZHUO PEIRONG

冰雪北极
随队采访记

卓培荣，新华社高级编辑，新华社新闻研究所研究员。1951年福建出生，当过下乡知青和钢厂工人，1978年考入中国人民大学新闻系学习，毕业后一直从事新闻工作。先后担任记者，编辑，新华社国内分社、总社编辑部和研究机构负责人，中宣部新闻阅评组组长；多年在全国人大、政协会议期间担任"两会"新闻中心副主任，长期兼任中国科技新闻学会常务理事等职。曾有一些新闻作品在全国获奖，《中国北极梦》入选中学教材。著述有《总设计师和第一生产力》《"面向""依靠"十年》《新华通讯社史》（第一、第二卷），主编有《毛泽东新闻作品集》《毛泽东新闻工作文选》（修订版），以及《破解报道难题》《数字化时代的传媒战略转型》等。

参加 1995 年中国北极科学考察，是我终生难忘的经历。虽然不少记忆已被岁月冲淡，但应当年的领队位梦华先生邀约撰写此稿的时候，重新翻阅那些尘封的笔记和褪色的照片，当年和队友们朝夕相处、攻坚克难的许多故事又清晰地浮现在眼前。我在纷繁的记忆中做了一些梳理，攫取一些片段铺陈如下，也许可以为队友们丰富多彩的回忆文章做一点拾遗补阙。

随科学考察队去北极

中国首次远征北极点的小型雪上飞机飞行在通往北冰洋腹地的航线上。从飞机上放眼望去，北极的天空碧蓝如洗，冰冻的大海覆盖在白色积雪之下，北极群岛上的山峦连绵起伏，一直延伸向北冰洋的深处。遥远陌生的北极，就这样与我不期而遇，展开双臂接纳了我。

作为从事科技报道的专业记者，参加北极科学考察自然向往已久，然而这次机会到来的时候却差点从我身边一滑而过。仅仅在 3 月 20 日左右，考察队从北京出发之前的大约 10 天，我才第一次接触到考察队筹备组。当时我刚刚离开工作多年的科技报道岗位，受命参加创办一份名为"新华每日电讯"的报纸，身陷不见阳光的夜班编辑事务。感谢从事科技新闻工作的同行——人民日报孔晓宁先生推荐了我，也感谢南德公司牟其中先生为我争取到南德的经费支持，还要感谢我的上司闵凡路总编辑的厚爱和信任，以执行重大报道任务的理由让我临时返回科技新闻岗位，以接受新华社派遣的名义参加北极科考，为新华社的国际编辑部、国内编辑部和新闻摄影部同时承担报道任务。

在出发前的有限时间里，我抓紧落实资料收集和选题准备工作。3 月 31 日考察队大队人马正式出发了，但包括我在内的几个人被留下来做一些国内后继工作。从首都机场送完大队人马回来，我一方面加快行前准备，一方面借助跨洋电信同远在加拿大哈德孙湾训练的队友们保持联系，开始了此次北极科考的前期报道。

4 月 18 日，我们一行 6 人包括 4 名记者终于成行了。在考察队副领队、中国科学院资源环境局刘健副研究员率领下,我们从北京出发,第二天到达美国明尼苏达州的伊利市,同先期从哈德孙湾撤到这里休整的队友们会合。接着又几经周折,于 23 日凌晨到达科考基地加拿大的雷索鲁特。这里接近北纬 75°,进入北极圈只有不足 1 千米,号称北极之门,是北极群岛卡沃利斯岛上一个只有 40 年历史的居民点,也是加拿大最北端的固定居民点,是北美大陆前往北极的主要通道。考察队到达雷索鲁特,标志着实质性的科学考察就此开始了。我们的队伍将在这里再次分为两路,其中一支 7 名队员组成的冰上考察队由领队位梦华、冰上队长李栓科率领,从这里乘坐冰上小飞机继续北行,飞越 1 600 千米的北冰洋洋面,到达北纬 88°的大洋中心地区,然后驾驶狗拉雪橇徒步前进,边行走边考察,长驱直入北极点。其余队员组成基地考察队,由副领队刘健负责以雷索鲁特为基地,在卡沃利斯岛及附近岛屿和海湾考察,期间将有三次机会乘坐小型雪上飞机去同冰上队员会合,共同开展短时间的考察活动。

几个小时后,雪上飞机运载着冰上考察队员和仪器装备,以及冰上科考的重要助手爱斯基摩犬,还有前往 88°短暂考察的部分基地队员,径直飞向北冰洋中心。这是一种俗称"双水獭"的小型螺旋桨飞机,只有 14 个座位,机身下装有两个便于雪地起落的长长的滑雪板。乘坐这种飞机走一趟北纬 88°,往返 3 000 多千米需要将近 20 个钟头,包括来去分别降落加油两次,其中一次可能降落在北冰洋冰面上,用先期运抵那里的油料加油。

飞机在北极群岛的岛屿和海峡上空飞行,阳光洒向大地,映衬出海岸美妙的曲线。岛屿上的冰川弯弯曲曲,分分合合汇向大海。冰冻的大海平坦如席,白色的烟雾弥漫在辽阔的海面上。飞机低空飞行时,可以看到黑色的"岩石"上密布填满积雪的裂缝,犹如一块块美丽的龟背,原来这是大自然千百年"摧残"的结果,北极环境的严酷由此可见一斑。

经过大约两个半小时的飞行,飞机在埃尔斯米尔岛上一个叫尤里卡避难所的地方降落加油;接着起飞穿过一条深深的峡谷,在群岛的尽头再次加油,然后继续向北,进入北极冰盖。

北京时间 24 日早上,飞机在北纬 88°附近凹凸不平的冰面上迫降,仅仅停留半个多小时,就要返回雷索鲁特。冰上考察队的队员们将从这里徒步考察,完成首次远征北极点的使命。同机到达的基地考察队队员抓紧时间进行冰上取样和测量观测,记者们紧张地拍照摄像,然后大家拥抱告别。从这里前往北极点的路上将完成这次考察的最核心任务,是此次行程中最艰难的路段。

考察队里的记者,首先是考察队员

记者参加科学考察队工作,首先是当好考察队员。

记者在这里的工作除了敲电脑、爬格子、拍照片、录视频,还要用相当多的时间和精力直接参与科考计划的实施。随队记者中,中央电视台的毕福剑和张军已经作为冰上队成员参加冲击北极点的徒步考察,其间除了完成新闻报道任务外,还要为科考项目"极地遥感应用"提供影像记录。其他随队记者作为基地队成员,除了有人会临时前往冰上工作、有人准备替补冰上队员外,大家主要在基地附近参加采集冰雪和生物样品,协助有关测量和观察项目的开展。因为人手有限,有些作业内容单靠科技人员无法完成,同时因为基地的野外工作有一定危险,考察队规定必须至少三人同行。

雾气弥漫的早晨,我和中国科学院生态中心研究员方精云、中国青年报记者叶研、羊城晚报刘刚等组成的考察小组向着雷索鲁特海湾出发了。这天的工作是分层采集北冰洋陆缘冰的冰样,提取冰层底下的海水。这是几天来基地附近采样工作中最重要的一次,采集的冰芯将用于同南极和喜马拉雅山冰芯的对比研究,探索极地环境变化对全球变化的影响。

我们走向大海,在近海的海冰上艰难步行了一个多小时,才找到一个比较理想的取样点。大家抡起洋镐开始在冰面上掘一个大洞。北极海岸的多年冰坚硬无比,大家轮流抡洋镐一点一点地往下刨,20厘米、40厘米……100厘米,没想到冰层不仅坚硬,竟还如此深厚。冰芯一次一次按照规定程序提取出来,洞口也从2平方米的长方形逐渐缩小成50厘米直径的近似圆形。从上午11点一直刨到下午5点钟,我们从冰面上掘进了32.2米,破天荒地刨穿了北冰洋的冰层,碧蓝的海水一下子涌了上来。当时的兴奋真是难以言表!方精云和他的同事们将凭借这些样品进行北极环境中元素种类和浓度的分析,进行北极地面和冰雪表面碳平衡状况和冰层物理性质的研究,努力去破解北极环境变化及其全球作用的密码。

在基地考察队的组织下,我们还访问了雷索鲁特极地研究中心,同加拿大同行开展了交流;参观了卡沃利斯岛上新近发掘的一个用鲸鱼骨骼构筑的房屋框架,那是1 000多年前爱斯基摩先民之一的图勒人在这里生活的遗址。另外,还乘坐雪上飞机前往临近海岛,考察了北极探险先驱者的足迹。19世纪中叶英国探险家富兰克林在这里遇险,最终葬身冰雪;几年后前来寻找遇难者的轮船也在这附近被冰山夹住,船员们被迫弃船逃生,留下这艘名为"雷索鲁特"的轮船,这也是百年之后出现的这个居民点的名称的由来。

对这类人文内容的考察,记者们普遍表示了较大的兴趣。其中兴趣最浓厚的是对雷索鲁特因纽特人生活的考察。雷索鲁特的行政建制是"市",但实际是个只有500个居民的村落。除了8千米外的简易机场和科学研究设施的工作人员,"市"里的居民全是因纽特人。他们是20世纪50年代以来随着卡沃利斯岛的开发,陆续从加拿大的哈德孙湾沿岸和丹麦的格陵兰岛等地迁移过来的。而他们祖先的居住地可以追溯到亚洲,那是五六千年前亚洲北部的先民跨越冰冻的白令海峡长途跋涉来到美洲的。今天的因纽特人中有少数已同白人混血,但绝大部分仍保持着亚洲先祖的体质和面貌,从外表看同我国鄂温克人和赫哲人有些相像,一些妇女身上的长袍,看似俄罗斯影视中西伯利亚居民的传统服饰。以村里小商店售货员卡鲁克小姐的话说,我同你们(中国科考队员)一样都是"蒙古人"。

雷索鲁特村落不大,但还算整洁。白雪覆盖的坡地上错落有致地分布着北欧风格的木质建筑,商店、医院、学校一应俱全。最漂亮的房子是所规模不大的小学校。小学校同加拿大全国一样实行义务教育,但也实施针对少数民族地区的特殊政策,采取英语和爱斯基摩语双语教学。学校主管行政事务的秘书塔白莎是个30出头的爱斯基摩妇女,她去年竞选"市长",连胜三位男性对手高票当选,成为雷索鲁特有史以来的第一位女长官。她现在每天半天在"市政厅"处理公共事务,半天还回这里担任校务秘书。经塔白莎安排,我们访问了一些因纽特人家庭。因纽特人早已告别茹毛饮血、穴居冰雪的历史,吃西餐,住"别墅",一般家庭消费类电器基本齐全,挂毯相框和花卉盆景普遍作为装饰。生活水平虽然同加拿大主流社会还有差距,但已充分沐浴到现代文明的阳光了。生吃鲸鱼肉、生饮海豹血的习惯虽然还保留着,但体验的机会越来越少,用冰块垒造居所的技艺也只有前往远处渔猎的时候才施展一下。随着北极群岛的陆续开发,因纽特人陆续找到新的就业门路,雷索鲁特机场内外就随处可见打工的因纽特青年。当然,狩猎也还是主要的生产方式之一,能干的猎手仍然受到人们的尊敬。

在北极当记者既潇洒也窝囊

新闻报道毕竟是记者来北极的主要工作,但由于客观条件所限,在这里搞采访写报道困难比较大。

自从冰上考察队出发前往北极点后,留在基地的记者只有三次去往冰上考察现场的机会,其间只能利用这些机会同冰上队友短暂交流。第一次是4月23日送他们飞抵北纬88°时,第二次是5月1日前往89°增援时,第三次是5月6日到达北极点迎接他们返回基地时。现场体验非常肤浅,访谈也只能蜻蜓点水。这种情况下,远程通话就成为记者主要的信息获取渠道。

加拿大北极地区的电信装备,当年算很先进的了。庞大的通信网络从美国、加拿大一直延伸到北极深处,直到北纬81°的埃尔斯米尔岛的北端。由于纬度太高,这里的卫星天线不像常见的那样仰面朝天,而是近乎平视地向着远方地平线,这样才能对准赤道上空的通信卫星。然而,这样受地面条件制约会更多,如果天气不好,信号就受到严重干扰,通话和发稿子就较为困难。

在其他考察点,特别是在徒步行进的冰上考察队中,连这样的通信条件也没有。那些地方只能通过无线电台同基地联系。这是基地同冰上队伍的唯一联系方式,也是记者采访冰上队友的难得的手段。由于受极地磁场影响,电台通信质量比较差,加上考察队携带的便携电台功率有限,在基地这边接听效果很不稳定。

我们在雷索鲁特同 1 000 多千米外的冰上队友通话,每次都费了很大的劲,才在嘈杂的沙沙声中勉强听懂对方的说话。开头几天,每天都在约定时间开通电台,可是怎么也联系不上,要么就算联系上了却听不清话。这次勉强听到了,原来是位梦华先生用他的胶东普通话在侃侃而谈,在沙沙声中辨认出断断续续的语句:"冰上情况比较复杂……几乎所有类型的冰况都遇到了……队员们克服了种种困难……。"至于基地这边的问话,他好像根本就没反应。大伙急得不行,有人冲着话筒就喊:"位老师您别说了,让李栓科回答!让刘少创回答!"但是音质还是很差,李栓科和刘少创的国标普通话照样听不清。双方用中文喊了半天不行,又都改用英语再喊,才终于弄清了冰上考察队所在方位及冰上气温等基本情况。后来还从美国向导的回话中得知,所有中国考察队员都是好样的,个个都是表率。

后来,大家总结出经验,干脆把问话内容设计成一个个断句,以便在通信信号糟糕的情况下,对方可以只用"Yes"或"No"两个英文字,就能让我们了解到最基本的情况。

在这样的通话条件下,实在很难有扎实的采访。每次同冰上通话,记者们都屏住呼吸,仔细捕捉每句短语中的每个细小信息,从而保证了国内读者对中国北极科考最新进展的基本了解。但是当记者也到达远离基地的考察点拿起话筒也只能说"Yes"或"No"的时候,想利用这只话筒向北京口述新闻,就根本不可能了。何况,在加拿大航空无线电管制部门提供的有限通话时间里,话筒根本就轮不到记者手上。这样,我们每次到其他考察点去,都只能在返航的路上,在飞机的轰鸣和震动中赶写稿子,等飞机一降落就赶回基地传往北京。

5 月 6 日北京时间上午临近 11 点,中国科学考察队 7 名队员徒步到达北极点。当时我们正在前往北极点的飞机上,等到飞机飞抵北极点同他们胜利会师,停留一小时做了简单现场采访之后飞回基地,时间已经过去 13 个小时。飞机降落到雷索鲁特的时候,我夹着两篇稿件跳下飞机奔跑着冲进机场的值班室,在机场人员帮助下以最快速度把稿子传往北京,新华社国际编辑部的同事也很快安排播出了稿件,但这时已过北京时间0点。也就是说,国内报纸大多已经截稿,再好的新闻也是明日黄花了。作为记者,我们已经脚踏实地地站在新闻的第一现场,然而却不能保证新闻的第一时效,当时的心情别提有多么难受!

虽然这些条件制约了工作,但主观努力也让我们发掘了难得的积极因素。

春末夏初的北极,极昼已经来临,天气晴好的日子里,阳光每天24小时毫不吝啬地撒在白色原野上。在北极点周围,每年从春分到秋分有半年极昼,在北纬75°的雷索鲁特一带,从5月1日左右开始也有将近4个月的极昼。万籁俱寂的"午夜"时分,太阳在北边的地平线上漂浮着,总给我们"天还不晚"的暗示。我们下榻的NARWHAL是一家接待科学家的基地旅馆,有一个专门的写字间,电话和传真全天开通,只要不嫌费用高,可以尽管使用。我们常常在这里通宵达旦凭借自然光伏案工作,整理考察数据和编写新闻稿件,倒也觉得十分惬意。有关北极科学考察的文字稿件和新闻图片就从这里发往北京,传遍世界。

一次惊险的冰上增援

4月29日傍晚,同冰上的通话带来令人不安的消息,冰上考察队今天在北纬89°附近遭遇剪切带的重大冰裂,考察行程受阻。

这是这个季节北冰洋腹地的一种特殊的自然现象。虽然已是春天,但北冰洋冰面上依然千里冰封,感觉不到一丝春的气息,然而在厚厚的海冰下面,春天的强大力量萌发了。来自白令海峡的由西向东的洋流和北冰洋中心地带旋转着的洋流在这里相遇,两股洋流相切释放的巨大能量冲向冰层,形成可怕的剪切运动,将冰层挤破、撕裂,撕拉变形,发出巨大的轰鸣声,并有大量气体挤出冰面形成浓雾。剪切运动会将几十平方千米范围的海冰撕成碎块,推挤成山,甚至推动冰层大面积位移,形成宽阔的冰河。人员要是被困在剪切带区域,后果将不堪设想。当时考察队在位梦华领队指挥下紧急后撤,在风雪和严寒中迂回行进,先向南,又转向东,沿着一条刚刚形成的冰缝,在两股浓雾的夹击下突出重围,考察的行程计划被完全打乱了。

当天考察队决定,原定的冰上增援提前在明天实施。一方面为冰上队员补充必要的给养,另一方面进行空中侦察,寻找脱离危险地带的捷径。同时将由两名在基地的队员替补两名冰上队员,香港科技协进会李乐诗换下中国科学院赵进平,哈尔滨电视台郑鸣换下中央电视台张军。

然而,当天夜里飘飘洒洒下起了大雪。30日早上不到8点,担负增援任务的队员早早穿上滑雪衣,套上雪地靴,做好了登机前的准备。但是只能望天兴叹,大风卷着雪花无情地飘打到大家脸上,眼前几十米外灰蒙蒙一片。雷索鲁特简易机场的跑道被厚厚的积雪掩埋着,飞机根本不可能起飞。大家真是心急如焚哪!

一直等到30日夜里,让人诅咒的暴风雪才终于止住。第二天上午9点,增援的飞机得以按时起飞。

这是我们第二次从雷索鲁特飞往北冰洋腹地,乘坐的还是那种带滑雪板的14座"双水獭"雪上飞机,但这次飞行谁也感觉不到上回的浪漫了。从空中俯瞰北极,还是那样一个白茫茫的银色世界,还是那样美好那样壮丽,但我的心里没有了上次空中看北极的激情。

飞机飞行两个半钟头以后,降落在尤里卡避难所加油,然后再次起飞继续向北飞行。因为今天的航程远于23日飞北纬88°,调整了第二次加油的地点,要一直飞到北纬86.5°的临时冰上加油点,所需的油料已经先期空运过来并且存放在冰面上。

"看!这就是剪切带!"不知谁先叫了起来。

在临近预定加油地点飞机降低飞行高度的时候,我们清楚地从空中看到了剪切带。原来平整的北冰洋冰面被撕拉得支离破碎,白色的海冰上,黑色的裂缝纵横交错,把冰层切割得如同一个线条粗劣的棋盘。有的地方,裂缝把冰面分割成大大小小的近似圆,局部冰层可以看到明显的旋转痕迹。飞机要补充的油料就堆放在这附近,真不敢想象我们在这样的地方将要怎样降落和起飞。万一海冰裂缝延伸过来油桶滚进北冰洋里，我们还靠什么起飞？

我们正担心着，飞机已在空中盘旋几圈，对准一块相对平整的地方强行俯冲下来。机身的滑雪板碰到坎坷不平的冰面，飞机像摩托艇撞上浪涌那样蹦了起来，然后又像从一个浪尖跃向另一个浪尖那样剧烈颤抖着跳跃了一会儿，才突然止住了疯狂。后来补充好油料再次起飞也是这样，飞行员在冰面上来回走动勘查了一回，就算选定跑道了。飞机一发动就咆哮起来，好像冲出不足百米，居然就在冰脊的夹缝间一抬头，几乎擦着一个凸起的冰脊飞了起来，真是惊心动魄！要不是这次飞行采访的经历，也许还品味不出北极科考的惊险呢。

记者圈里的阿乐大姐

结束北纬 89° 冰面的物资搬运和人员交接，记者对冰上队员做了短暂采访，飞机就要返航了。我钻进机舱门回身拉住下一位队友的手，意外发现是不该登机的李乐诗大姐。

李乐诗和我们同机来到 89°，预定要在这里替换上冰徒步前往北极点的，怎么又要随机返航呢？"老位腰伤了，进平的项目还需要在冰上做。"她平静地回答我，但说话间眼圈湿了。

李乐诗来自回归祖国前的香港，是考察队中唯一来自大陆之外地区的队员，也是唯一的女性。她身兼摄影记者、科普作家、科技社会活动家和科学探险家几个身份，还是队伍中年龄仅次于位梦华领队的长者。年轻的考察队员尊敬并且喜爱李乐诗，叫她李老师或者李大姐，但她更喜欢在香港朋友圈里习惯的昵称，"阿乐"。于是"阿乐"的名字很快在考察队里普及了。

阿乐温文尔雅，典型的读书人模样，可实际上她却同浩瀚沙漠、高耸的珠峰以及冰雪世界南极北极有着很深的情缘。在过去的 25 年里，她完成了一个"背囊睡袋走世界"的宏伟计划,带着简单的行李和摄影器材走遍了五大洲四大洋。她曾四次到南极,两次分别从北坡和南坡攀登珠峰,最高到达海拔 6 000 米的高度;两次穿越塔克拉玛干沙漠;三次进入北极。1993年她随同一个国际考察队从加拿大乘坐飞机到达北极点,成为第一个到达北极点的中国女性,同时作为中国香港居民第一次把五星红旗插到北极点上。在 20 多年的野外科考经历中,她笔耕不辍,发表了大量科普文章和摄影作品;就在雷索鲁特基地的这几天,她的精美的摄影集《白色力量》还在队员中争相传阅。

这次中国考察队首次远征北极点,阿乐是积极的倡导者和参与者。她担任中国北极科学考察筹备组的副组长,参加了考察活动的筹备、集资和联络的大部分过程。考察队来到北极后,她又担负了考察队的技术指导和后勤保障等工作。在驻地的日日夜夜里,大到给队员讲授极地的生存技能和安全知识,小到采购食材烧水做饭,总能见到她为大家不停忙碌的身影。

徒步前往北极点是阿乐多年的心愿,也是队里既定的安排,今天 89° 增援的内容之一就是由她替换下中国科学院的赵进平。她为此做好了所有准备,包括个人支付了所需的费用。冰上队友也为她的到来做了安排,如在运输装备的狗拉雪橇上腾挪出小小的空间,让她在艰难的冰上徒步过程可以间或乘坐一会儿。

然而出发前不久,她犹豫了。她了解到赵进平在冰上的研究还需要继续下去的时候,毅然决定把名额让给这位物理海洋学家。她认为赵进平从事的是世界一流的科学研究工作,他更需要到那里去。同时领队位梦华的腰受伤了,她觉得狗拉雪橇上她可以用的那个位子应该留给位梦华,因为他不仅是此次科考的总指挥,也是整个队伍的灵魂。返航的飞机就要起飞了,她把带来的装备留给冰上队友,一转身登上小飞机。她筹划许久的徒步北极点计划就此搁浅了。我想她的心里一定不好受吧,但长时间的飞行中她始终平静,甚至脸上还有一丝欣慰的微笑。

在中国首次远征北点极科学考察的集体中,有写不完的人和事,我们的科学家、科普工作者和记者都从自己的角度为考察成功做出了贡献。很多人创造了辉煌的业绩,他们的故事也许几年也写不完,但也有一些人一样值得不惜笔墨,他们以另外的方式做出同样重要的贡献,却悄无声息地平平静静地将辉煌融进了集体,融入了民族的血液。

1995年的这次北极科学考察,是我国的第一次。那是征服自然的探险之路,更是中国面对全球变化、担负大国崛起的民族责任的科学之路和开放之路;尤其是,那是在中国科技体制新旧交替、科技改革进入攻坚阶段之时,科学考察形式的一种探索性的突破和试验。

我国科学考察队一步到位到达北极点,进行了实质性的多学科考察活动,带回了542号样品和1万多个考察数据,标志我国的北极研究终于迈出了坚实的一步。考察成果也直接成为国际北极科学委员会的货真价实的入场券,第二年4月,包括考察队成员赵进平、刘健在内的中国科学院代表团应邀前往德国不来梅港,在国际北极科学委员会年会上报告了这次考察的主要成果。也就是这次会议,一致通过中国成为国际北极科学委员会的成员国。

同时,1995年的北极科学考察是以中国科协名义民间发起,通过民间筹集经费,由中国科学院牵头以民间形式组织实施的。这是由国家批准的第一次民间组织的重大科技活动,是进一步深化科技体制改革的一个尝试。这方面的意义,同中国科学考察队到达北极点有着同等重要的意义。

然而在这两个响亮的"第一"之中,给今后的第二、第三留下了思考。探讨民间组织重大科技活动这条道路的艰难,甚至超过了通向北极点的那段路程。如何通过民间形式组织国家的重大科技活动,在我国还没有先例,还没有相应的政策用于调整参与者之间的利益关系。因此组织者、实施者和赞助者之间如何体现权利和义务,大家出现了一些意见分歧,暴露了体制上的一些缺陷。如在冰上考察和基地考察人员的调配上,除了考虑每个队员的科研任务、专业优势和角色需要外,要不要考虑其代表的是哪个方面的背景等,都曾出现严重分歧。这些问题最终导致考察经费多次未能按计划准时到位,考察工作因此未能全部按预定行程安排,无形中增加了费用,浪费了队员们的体力和精力;从一定意义上说,甚至影响了考察成功的圆满程度。

在国家科技规划的框架内,放手让民间组织重大科技活动的方向,我想不会有多少人怀疑,今后还会继续尝试和推动。然而遗憾的是,20 多年过去了,进一步的尝试和推动做得并不多。怎样建立必要的管理体制和监督体制,怎样找到民间集资民间组织重大科技活动的更好办法,该做的工作同科学探索一样任重而道远。

曹乐嘉

—— CAO LEJIA

冰雪松花江

　　曹乐嘉，《科技日报》高级编辑，副刊部主任，《科学文化周刊》主编。中国科普作家协会会员。极地科学考察事业的积极参与者。首位进入北极地区进行采访报道的中国大陆媒体女记者。

北极仿佛一束耀眼的极光在眼前舞动,吸引我,吸引我奔向她。1992年6月7日《北极之行》在我主管的版面上启航,破冰前行。此后,作为一个媒体人,我的视线再也没有离开过北极科考的一举一动,并尽可能为之鼓与呼。

那是一道窄门

时间倒回24年前的1991年。我所供职的《科技日报》创办了一周一期四个版面的"星期刊",其宗旨是希望努力达成以科学的视角关照社会、历史、文化艺术等方方面面,内容相对"软"一些。此时,我极想物色一部适合连载的富含科学内容的文学作品。恰在这时,老主任赵之拿来一包厚厚的文稿,说,你看看,我觉得不错。

仔细阅读之后,我开始着手编辑《南极惊梦》,并于1991年1月6日开始连载。它吸引你走进地球上最后一块未知的大陆——一个冰天雪地、洁白无垠的神奇世界。

一年以后,再见到位梦华时,他指着堆满一桌子的资料素材说,他要辞去一切行政职务和分外之事,向国人系统地介绍北极。他一再强调说北极实在是太重要了。

北极连接欧亚北美大陆,决定了它极其重要的战略地位;

北极是空间科学研究的一个很好的窗口;

北极和南极一起对地球气候和环境净化起着关键性的控制作用;

北极有丰富的石油煤炭森林等自然资源;

北极地区有人类活动——作为其主体的因纽特人社会是一个很值得研究的民族;

北极成立了"国际北极科学委员会",我国尚未加入,而我们理应成为其中的一员,在北极事务中发挥应有的作用;

等等,等等。

政治、军事、环境、资源、人文……自然科学与社会科学交叉,影响,促进，制约，又是一个全球性全方位的观察和思考。

仿佛一束耀眼的极光在眼前舞动，吸引我，吸引我奔向她。

1992 年 6 月 7 日《北极之行》在我主管的版面上启航，破冰前行。

此后，作为一个媒体人，我的视线再也没有离开过北极科考的一举一动，并尽可能为之鼓与呼。除推出上述连载外，我还撰写了有关位梦华的数篇报道，先后刊发了多篇与极地科考有关的文章，其中有首次徒步进军北极点的科考队长李栓科的长篇连载《北极归来话科考》等。同时，作为部分活动的参与者，忠实记录报道了其中的新闻事件，是我从事新闻工作以来值得骄傲的一段经历。

钱，会把人憋死吗

要搞北极科学考察，除了其他条件之外，没有钱是万万不能的。当年，社会的热点在南极，国家层面也只设海洋局南极办，北极还没有被提上日程。但是在民间，一些有识之士开始认识到北极的重要性，在相关科学领域更是得到了不少科学家的支持。

过去，在计划经济体制下，我国一切重大科研项目多是由政府拨款，有关人员参与。而对一般民众，科学成了神秘莫测、高不可攀的事情，似乎与他们没有多大关系。改革开放，国门打开，我们终于懂得了这样一个极为重要的道理：世界需要中国，中国更需要世界。一个没有全球意识的民族是没有前途的。北极科考试图以一种民间的方式来推动和组织，特别是资金的筹措，将不依赖国家拨款。这不仅能减轻国家负担、缩短运营周期，更重要的是振奋一种高昂的民族精神，扩大人们的视野、思维空间，增强人们的参与意识，让科学观念深入国人之心。

为此，位梦华喊出了"谁肯提供一点钱，我就豁出一条命"！

《科技日报》以"小人物，大世界"为题刊登了捐款方式，发出号召：有力的出力，有钱的出钱，有智慧的出点子。中国北极科学考察筹备组热诚欢迎每一颗赤子之心，每一笔来之不易的钱物。众人携手向 20 世纪作一个辉煌的告别,为将要进入 21 世纪的中国留下一个永远的纪念!"

所幸,改革开放,诞生了一批有经济实力有眼光的民营企业,南德集团接棒了。同时,一些名不见经传的小百姓几块钱、几十块钱捐款,虽属九牛一毛,也是聚沙可成塔,弥足珍贵。

冰雪松花江

1995 年 1 月 16 日,国家地震局地质研究所内,远征北极点科学考察队冬训队员整装待发。

出发前,27 名队员按照国际惯例履行最后一道手续——签订《生死合同》。

位梦华严肃而平缓的声音如铁锤震人耳鼓:"把五星红旗插到北极点上,这是一次历史性壮举。危险性相当大,生死问题是每一个人都必须考虑的。现在我们冬训队员每人要签一个合同,大家看看具体条文,不同意可以退出。签了字后,诸位回去要与单位领导、家属讲清楚,一旦发生意外,如何处理后事。"

队长李栓科的话掷地有声:"一个世纪以来,南极考察只死了十几个人,而北极死亡人数已达 600 人。为了集体生存,不允许个人自由。"

律师在场,保险公司的人也来了。大家依次在《生死合同》上郑重签名。

1 月 17 日 9 时,身穿一色天蓝防寒服的考察队冬训队员在哈尔滨市防汛纪念塔前举行了简短的开营仪式后即登车出发,奔向冰雪覆盖的松花江,下午从方正县高楞镇下江。

与我们同时进行冬训的美国队领队,一位极富经验的北极探险家鲍尔·舍克昨天才抵达北京,便马不停蹄赶到哈尔滨,今天下午终于赶上了队伍。在手持蜡烛围成圈的中美队员面前他发表了热情洋溢的讲话,称这是个"伟大的时刻"。

我因年龄和性别关系被列入岸基记者行列,似乎入了另册,心中总有些不服气,但为了不给全队添麻烦,我只好忍了,个人服从全局嘛。

作为一种体验,第一天,我还是争取上冰了。

一上冰就摔跟头,比起老美,我们的"行头"显得特别笨重。人家拉东西的雪橇形似香蕉,拉起来轻便,而我们的自制雪橇重心偏高,稍不注意就翻车。脚下是5斤重的登山鞋,走在冰上溜滑,腿部肌肉特别紧张,摔跤就成了家常便饭。后来,听说铁塔般的央视记者孟和半天就摔了几十个跟头,摔得他头直嗡嗡响。毕福剑更不得了,已经摔了上百跤了,无奈之中只好往鞋上缠绳子,以增加摩擦力。千里之行,始于足下。走不了路的鞋子是万万不能穿的,何况要徒步200千米走到北极点呢。

晚上扎营,我们用的是几十年一贯制的手电筒,只能一只手干活,或者有人专门拿着手电筒充当活动灯柱。老美的装备就轻巧灵便多了,他们的电筒像矿灯一样可以顶在头上,双手就可以腾出干活了。另外,诸如帐篷、睡袋之类的野外活动装备我们更是差得远了。

夜深了,按规定,我上了岸。

第二天,天色微明,即起。推门,寒风夹着散雪扑面而来,浑身禁不住打了几个寒战,我把衣服裹紧,因帽子太大,风直往里吹,冻得脑仁疼。我这才意识到,贴着头皮一定要戴一顶毛线帽才保暖。步行半小时到江边,东方天际微微露出一缕霞红。辽阔的江面上,十数顶彩色帐篷分外艳丽。

位梦华大概已收拾停当,正在帐篷外啃着干面包。王迈和孔晓宁用一种形似小地雷的罐装燃料融化雪水,泡上两袋方便面算是吃了顿热饭。美国人正在拆帐篷,仅十几分钟就将帐篷拆卸完毕,一应家什都放在雪橇上捆扎好,准备出发。

8点,一天艰苦的行程又开始了。

我和此次冬训队的总指挥、第一任南极考察队队长、原南极办主任郭琨和冬训队副总指挥翟晓斌一同沿江边插旗,作为路标,给冰上队伍指示路径和宿营地点。黑龙江体委提供的"沙漠王"性能极好,再陡的坡,它都能大"吼"一声爬上去,但在冰冻的江面上,就显得过于灵活,刹车稍微用力,就会来个360°大旋转,如同跳华尔兹。

郭琨毕竟是"老江湖"了,对冰雪非常熟悉。他告诉我,江水封冻结冰分文封和武封两种,今年江面属武封。由于气候风速关系,奔腾的松花江水后浪追前浪,前浪骤停,后浪涌起凝固成耸起的冰堆和冰凌,加上不化的积雪,在这样的冰面上行走,不摔跤是不可能的。更加危险的是永不封冻的江水形成的"青沟",一不小心就会葬身其中。

傍晚5点钟,天就大黑了,江上刮起了六七级大风。我们伫立江边许久,不见人影,估计今晚他们走不到这里,在前面安营了。

昨晚有5名记者和2名队员因伤病上岸了。他们把食品、用品留给继续跋涉的22条好汉,但愿他们能坚持到底。

久违的鞭炮声和空气中的硝烟味提醒我们这些忘了日子的人,今天是小年。我们驱车赶到依兰县。历史上宋朝的徽、钦二帝被金人掳去,就是囚禁在这里的慈云寺内。岳飞终其一生也是"靖康耻犹未雪",那位治国无方却精通诗书画的天子赵佶也只能在"家国回首三千里,望断天南无雁飞"的断肠诗中了此残生了。可眼前的依兰县城却没有一点孤寂悲凉的气氛,一股浓浓的年味扑面而来。集上热闹非凡,火红的春联对子,大大的"福"字,木版印刷的彩色门神、年画;最抢眼的是两肘长的大鱼,冻得硬邦邦的,像一根根木头一样插满了一个个大圆桶。我从没有见过这么大的鱼,稀奇得不行。在一个卖花布绒花的小摊旁,看到一个头戴白绒线帽的小姑娘,便走过去问她:哪里可以买到这样的绒线帽?姑娘摇头说不知道。我正失望得要走开,小姑娘忽然说:"我这个,你要不要?""要,多少钱?""给5块钱吧。"太好了,我赶紧掏出5块钱递给她。她摘下帽子给了我。可她怎么办,这么冷的天?她说"没关系,我还有一顶大棉帽子",说着就拿出一顶大耳朵帽扣到脑袋上了。这顶普通的帽子可解决了我的大问题,不然非被这江风吹出个头疼脑热不可。

临出发前,老位把他在美国买的轻便保暖的雪地靴让给我穿,自己穿着大头登山鞋上路了。这两天不时传来对鞋子的抱怨,我生怕老位不小心把自己一把老骨头摔散了,急着要把鞋子跟他换过来。正巧他因喝了不洁的江水拉肚子被迫上岸找药,我赶忙找他换了鞋并劝他不要下江走了。他不听,说:我是领队!三点多时忽然传来美国人集体上岸不知去向的消息。位梦华一听自然十分着急,不顾疲惫的身体又起身出外寻找。

我随郭琨仍按规定驱车循江与江上的同志联系。领队生病,老外又不知去向,他们的担心焦虑可想而知。

天越来越黑了,松花江上不见队伍踪影。当地人说,这里是松花江、牡丹江、倭肯河三江交汇处,会不会走到牡丹江里去了？于是我们折返到牡丹江大桥,等待良久仍是人迹全无,估计是在前面宿营了。这时越发感到通讯的重要,我们那时真是穷啊,连个大功率的对讲机都没有。

依兰县副县长和县体委主任沿江寻找我们好久,方知我们已落脚在依兰县宾馆。春节前,县里诸事繁多,仍挤出一台车送央视记者下冰,我也一同前往。

冰上的人吃水很困难,矿泉水放在怀里也会结冰,只好砸破瓶子吃冰块。松花江污染厉害,水有异味,不少人喝了拉肚子。我犯了点纪律,"走私"了几瓶矿泉水,弟兄们看到,齐呼万岁。

已经是第三天了,行进在松花江上的科学家和记者们虽然每天以方便面、巧克力充饥,却逐渐适应了冰上生活,身体的极限也过去了,看来继续走完最后两天的路程已不在话下。

车行进在从依兰到佳木斯的路上,片片白桦林从车窗边闪过,茫茫雪原一望无际。我依窗斜靠,想着江上认识不久的朋友们,真的是来自五湖四海。

研究冰川与冻土的当年才25岁文质彬彬的效存德博士来自甘肃,曾进行过唐古拉山——希夏邦马峰冰川考察。

中科院海洋所研究员赵进平博士最发愁的是钱。他去北极的科研项目需经费16万,他手头现在只有1万元,缺额到哪儿想办法呢？

来自武汉的刘少创博士生龙活虎,一直走在队伍最前面,人送外号"生猛海鲜"。为了北极,为了冬训,他推迟了婚期,把未婚妻留在老家,自己一猛子扎到松花江来了。

张军、毕福剑、郑鸣这几个电视记者,除了自己的行李,还要保护笨重的摄像机,自己就是再摔跟头也不能摔坏了机器；一歇下来,还要前后左右地忙活。

还有队长李栓科,临行前未及与当年才5岁的儿子告别,特嘱咐我们到了佳木斯为他买一个生日蛋糕,好带回北京送给将要过生日的儿子。

佳木斯飘起了小雪,一下车我们就满街转悠,一定要为栓科队长完成这个心愿。

1995年1月26日,我随总指挥郭琨在大来屯迎上了前进的队伍。难忘的冰上5昼夜,共有12名科学家、10名记者完成了预定的冬训科目,顺利到达终点。大家兴奋不已,纷纷摄影留念。我的脖子上同时挂上了几架相机,戴着手套不便操作,索性摘了,却忘了身在冰天雪地的松花江,忘了-40℃的严寒,仅仅十几分钟,我的右手就被"速冻"了。几个人跑上来拿雪给我搓,老位又把因纽特人的大皮手套给我戴上,直到火辣辣地疼,他才说没事了。

岸上的其他人也很快赶到,大家如久违的老友拥抱,捶打。女记者史立红剥开一个个橘子塞到每个人嘴里。张军激动地大喊:"我要犯一回纪律了!"抱起小史就亲吻起来。大家齐心协力将各种装备拖上岸装车,向佳木斯驶去。

留在北极点

冬训之后,科考筹备组决定由其中7名队员组成的中国首次远征北极点科考队将于4月15日启程飞抵北纬88°,徒步行走200千米到达北极点。

我知道自己无论从哪方面说都不够正式队员的条件,又于心不甘,在他们吃饭之前突发奇想,找出一张单人照片交给老位,嘱托他,到达北极点后一定将这张照片埋在厚厚的北极冰原下,算我也跟着你们到了北极点。身虽不能至,心向往之。老位还真这么做到了。

科考队凯旋

1995年5月11日北极科考队凯旋,本人通过科技日报发布新闻如下:

"中国首次远征北极点科学考察队在圆满完成了既定任务后于今天 13 时 15 分安全返回北京。"

"科考队于 3 月 31 日从北京启程,经美国进入加拿大。4 月 4 日在哈德孙湾开始为期一周的冰上封闭式滑雪和驾驶狗拉雪橇训练,并进行冰雪、生态、海洋、遥感等学科的观测和采样工作。"

"4 月 23 日,科考队 7 名队员与美方探险队飞至北纬 88°冰面,开始滑雪向北极点进发。经过 13 天艰苦卓绝的跋涉,科考队于北京时间 5 月 6 日 10 时 55 分(当地时间 5 日晚 9 时 55 分)沿西经 70°线安全到达北极点,胜利完成了本次考察活动的野外观测和采样任务,为今后继续开展北极科学考察积累了宝贵经验。"

"科考队总领队位梦华在接受本报记者采访时说,首次远征北极点的主要收获是取得了宝贵的科研数据,填补了我国在这方面的空白,再就是培养锻炼了年轻人,这是最重要的。"

当晚值班的副总编辑说,若不是载人磁悬浮列车的消息,这篇《北极科考队凯旋》的文章应占报眼的位置。其实这样的版面处理,我已经是很满意了。

中国首次北极科考终于画上了一个圆满的句号,我的报道也暂时告一段落。

附　录
/ APPENDIX

位梦华
| WEI MENGHUA

一

远征北极点日记

　　每个人在一生当中，都会有许多美好的愿望或者梦想，但大多都是昙花一现，一闪而过，想入非非，白日做梦而已。真正能付诸行动大干一场的，总是极少数；而能把梦想变成现实者，更是凤毛麟角，沧海一粟。

　　而我，只是人类中的一分子（60亿分之一），中华民族之一员（13亿分之一），平头百姓，无名小卒，却与北极结下了不解之缘。位卑不忘忧国事，不惜破釜沉舟，义无反顾，为中国的北极考察事业，尽一点微薄之力。有人说我杞人忧天，有人说我自不量力，有人说我想出风头，有人说我想争名誉，我却不思悔改，一笑置之，上蹿下跳，左冲右突，唤起了民众，感动了上苍。有人愿意出钱，有人愿意出力，有人摇旗呐喊，有人奔走呼吁，终于得到了中央书记处书记温家宝的批示，由国家科委批准、中国科协主持、中国科学院组织，组成了中国首次远征北极点科学考察队，经过艰苦跋涉、出生入死、履冰卧雪、战天斗地，这一梦想，很快就要变成现实……

　　我躺在北冰洋的帐篷里，听着外面肆虐的暴风，想象着明天就要向北极点冲刺，禁不住心潮澎湃，百感交集，辗转反侧，思绪万千，许多往事涌上心头，历历在目，潸然泪下，终于松了一口气……

纽约一日

　　1995年4月1日　星期六　　晴　　纽约

　　好事多磨，一波三折，绝处逢生，总算成行。直到1995年3月30日下午4点多，才好不容易拿到了机票，第二天便登上了前途未卜的征程，第一站是纽约。当我们走出飞机场时，已是深夜11点多钟。尽管晚点了四个多小时，但一些中文电视台的记者仍然等候在那里采访，可见华人社团对这次考察的重视程度。到达旅馆时，已是凌晨3点多钟，我们住在"纽约人（NEW YORKER）"大酒店里。

　　1981年，我第一次出国，第一站也是纽约。我们住在42街西头中国驻联合国代表团南院，那是一栋十几层高的大楼，其实并无院落。站在顶上往东张望，在那密集林立的高楼大厦之中，有一个醒目的牌子"NEW

YORKER"。那时候我想,那一定是一家高级酒店,也不知道里面住的是有些什么人,会高级到什么样子,却没有想到,有一天,我还能住进去。而且,更没有想到的是,这家旅馆的老板娘,竟是一个中国人,不仅服务周到,而且价格便宜,我们受到了特别的照顾,真有点宾至如归之感,虽在异国他乡,却得到了众多同胞的关怀和礼遇。

作为总领队,我被特别照顾,住了一个单间,却有三张床铺。窗户朝西,望出去,正好又看到了中国驻联合国代表团南院的那座大楼,但似乎很是遥远,可望而不可即。躺下时,已近4点,翻来覆去,怎么也睡不着。从昨天在北京登上飞机的那一时刻起,许多人经过几年的努力,中国首次远征北极点科学考察活动终于踏上了征途。作为这一活动的发起者、推动者和组织者,我的压力之大可想而知;但是,箭在弦上,不得不发,只有破釜沉舟,义无反顾。

我们在纽约,一共待了不到24小时,几乎用了一整天的时间谈判经费问题,直到6点50分才签了字,7点便赶去参加纽约华人社团组织的盛大欢迎会。出席者中,既有各界代表、新闻记者,也有我国驻纽约总领馆的领导同志。大家轮流演讲和祝酒,共祝中国人早日到达北极点,为国家争光,为民族争气。这使我们既感到祖国的强大、同胞的情谊,又感到重任在肩,承受着巨大的压力。

这个欢迎会,实际上也是欢送会,会议散时,一位老华侨握着我的手说:"美国人早就征服了北极点,我们中国人也应该去。我们就是要证明,美国人能干的我们同样也可以。"听了这话,我觉得力量倍增,增添了不少信心和勇气。

夜奔多伦多

1995年4月3日　星期一　　晴 风　　多伦多

晚上11点多离开纽约,昼夜兼程,于4月2日下午3点多来到多伦多。晚上又参加了多伦多华人各界为我们举行的盛大欢迎欢送会,这里的气氛更加热烈。在我介绍了这次北极考察的目的和意义之后,侨胞则开始了当场献诗作画,接着又开始了一场争出对联的友谊比赛,真是高潮迭起、情景交融、频频举杯、阵阵欢呼,为中华民族走向世界、为中国人征服北极而祝福。

从纽约到多伦多,又向北极迈进了一步。这几天连续作战,疲劳战术,大家实在都有点累了,中央电视台的张军同志在站着照相时就打起了呼噜。当然,这趟辛苦还是值得的,沿途华侨的热情给了队员们以极大的鼓舞。大家都摩拳擦掌,希望能尽快地投入滑雪训练。

为了安排下一步的行程,我决定带几个人先去温尼伯。下午6点半到达机场,鲍尔的代表瑞克,把我们接到了旅馆里;我们吃了一顿像样的晚餐,美美地睡了几个小时。

哈德孙湾冰与雪

1995年4月9日　星期天　　晴　　哈德孙湾

这次活动,可以说分为三部曲,先是松花江上的训练,现在则面临着哈德孙湾的实战演习,不闯过这两关,要到达北极点是不可能的。

哈德孙湾是一个很大的海湾,深深嵌入加拿大内陆,东连大西洋,北接北冰洋,大部分都处于亚北极地区,是一片很大的水域。我们住在丘吉尔市,接近北纬60°,眼前的冰雪向外无限地延伸开去,起伏连绵,裂缝纵横,而且气温很低,寒风刺骨,真有点北极的味道。我们在这里的主要任务,是学习滑雪和如何驾驶狗拉雪橇,如果没有这两样本事,在北极冰面上将寸步难行。因此,哈德孙湾上的冰和雪,就像是一块块的试金石,它们很想看一看,这些来自遥远东方的考察队员是否能掌握征服北极的真本事。

4月5日,所有队员都来到了丘吉尔市。休息了一夜,6日一早便上冰。看别人滑雪,很是容易,只要穿上滑雪板,两手用雪杖往后一撑,便"嗖"地飞了出去,身轻如燕,回转自如,仿佛鱼儿在水中漫游、鸟儿在空中飞舞。但是,真轮到自己时,却完全是另一回事。

开始的时候,大家都跃跃欲试,兴奋不已。第一步是不穿滑雪板,先跟着教练，模仿冰上动作，一个个跟跳舞似的。这时候，大家嘻嘻哈哈，自我感觉良好。有的甚至说："嗨！这还不容易，往前滑就是了。"他们以为很快就会像运动员那样，在冰雪上可以自由翱翔，回转自如。

然而，看上去容易做起来难，事情远没有想象得那么简单。等穿上滑雪板才知道滑雪的滋味，脚底下像是抹了油，摩擦系数接近于零，好不容易站起来，稍微一动就会摔下去。这时候，再也没有了跳舞的优雅、绅士的风度，一个个东倒西歪、人仰马翻、横七竖八、连滚带爬，甚至连爬都爬不起来。大家这才冷静下来，由嬉笑变严肃，如同婴儿学步，小心翼翼，战战兢兢，能勉强站住就算不错了。

年轻人毕竟适应得快，再加上大家都知道，这是通往北极点的必经之路，如果不过这一关，要进军北极点是绝对没有希望的。所以，一个个都刻苦训练、反复摸索，摔倒爬起来，爬起来又摔倒，即使鼻青眼肿也坚持不懈，绝对不放弃。几小时之后，年轻力壮的队员都逐渐摸出了门道、找出了规律，靠着滑雪杆的支撑，勉勉强强可以往前移动了。

但是，我这个半老头子可就惨了，不仅体力比他们差，而且反应也慢，动作也不灵活，穿上滑雪板后，刚想站起来，便仰面朝天地摔了下去，屁股重重地撞在硬硬的冰块上，就像被狠狠地踢了一脚。我当然不能服老，赶快爬起来；没想到，还没等站稳，接着又来了一个嘴啃地，雪加冰把口里塞得满满的。

我恼羞成怒，心中暗想："难道自己真的不行了？"转念又想："不！这是绝对不可能也是绝对不允许的。如果我不能过这一关，怎样带领队员上冰呢？恼怒解决不了问题，必须稳住自己的情绪！"于是，我坐在那里，深深地吸了一口气，稍事休息了一会儿，把口里的冰雪吐出来，剩下一点化成了水，正好咽了下去，一阵凉气沉入肺腑，犹如大热天吃了一根冰棍。

这时，毕福剑跑了过来，想把我扶起来。我摆了摆手，谢绝了他的搀扶，稳定了一下心情，试探着慢慢地站了起来，感觉好一些了，晃晃悠悠地往前滑去。走了不到3米，正好遇上了一个雪坑，躲闪不及，又来了个倒栽葱，一头扎进雪坑里去了，只有两条腿露在外边，上半身子完全被冰雪所吞没，挣扎了半天，才好不容易爬了出来。就这样连中"三元"之后，我才开始冷静下来，按照教练所说的诀窍，屈腿弯腰，不急不躁，开始了人生第二次蹒跚学步。

有志者事竟成。两三天之后，队员们都能正常前进了，特别是刘少创、毕福剑、郑鸣、李栓科、赵进平、效存德等，滑得就更好一些，有点像运动员的架势了。我也逐渐掌握了要领，但速度上还是没办法与他们竞争。

从第4天开始，鲍尔让我学习驾驶狗拉雪橇。对我来说，驾驶狗拉雪橇，体力上的要求要低一些，但就难度而言却有过之而无不及。首先要对付的是那些生龙活虎的爱斯基摩狗。它们在家里憋了好久，好不容易才得到了一个施展本领的机会，一个个像是发疯似的，一有机会就会向前猛冲。它们在那崎岖不平的冰面上，拖着雪橇，风驰电掣，飞流直下，宛如一阵狂风。这时的雪橇，仿佛变成了一叶无系之舟，急速辗转于风浪湍流之中。人站在上面，上下颠簸，左转右冲，心惊胆战，欲罢不能，只能硬着头皮往前疾驶，仿佛就是一场命运的赌博、生死的抗争。然而，这同样也是通往北极的必经之路。不掌握这一技术，要在北冰洋上生存也是非常困难的。所以，我要求每个人都必须掌握驾驶狗拉雪橇的技术。

其他考察队员，很快都闯过去了，我却望而生畏、颇犯犹豫。因为，我这把老骨头虽然不值几个钱，但若有个三长两短，不仅会给今后的生活造成困难，这次考察恐怕也就要告吹了。但是又一想，自己必须以身作则，不学会驾驶狗拉雪橇，怎么去远征北极点呢？于是，我下定决心拼死一搏。

我的第一个伙伴兼教练是一个印第安人小伙子，名叫汤姆。他皮肤黝黑、膀阔腰圆、又高又壮，像是一头棕熊。但他性格很好，诚挚而朴实，乐于助人，总是笑眯眯的。他把狗队稳住，让我先在雪橇的后架上站稳，抓住横杠；然后一声令下，狗队便冲了出去。我虽然早有准备，却手劲不足，没有抓住，一下子从雪橇上飞了出去，重重地摔进一个雪堆里。汤姆赶紧把狗喝住，把我从雪堆里拽了出来，然后一挥手，狗队一跃而起，就像离弦的箭一样飞驰而去。

这次我铁了心，就算是粉身碎骨，两手也绝不松开。这一招果然奏效，我竟然站住了脚跟，且像是黏在了雪橇上，顺利地跑了一阵子。谁知，正在得意之际，雪橇忽然冲上了一个冰堆。跑在前面的头狗，一看形势不妙，来了一个急转弯。我踩在雪橇上的两脚一滑，身子便横着飞了出去，正好落在一个冰沟里。两边的积雪和冰块，稀里哗啦地垮了下来，把我埋了个严严实实。汤姆好不容易把狗队喝住，赶紧回头来找我，却不见踪影，可把他吓坏了。我以为掉进了冰缝，沉入了海底，便大声喊叫起来："救命！救命！"

我费了好大劲，才从冰块中钻出头来，冲着汤姆吼道："我在这里！"汤姆赶紧跑过来，把我拖了出来。我们俩你看看我、我看看你，笑得上气不接下气。

后来，我也渐渐摸出了门道。驾驶雪橇，脚要站稳，手要抓住，两眼要紧紧盯住前方；随时注意前进的方向和冰面的形势，在瞬息万变之中，及时而准确地判断出雪橇有可能往哪边翻倒、往哪边飞驰；必须当机立断，采取相应措施。尽管如此，翻车还是常有的事。

当然，体力也是一个很大的问题。开始几天，我累得腰酸腿痛，精疲力竭，一天下来，骨头架子就像要散开了似的。内心确实也曾动摇过，觉得自己可能过不了这一关，知难而退方为上策。但是，这种念头一闪而过，很快就被打消了。因为我清楚，别人都可以不干，只有我不能打退堂鼓。如果我一动摇，就有可能前功尽弃，必须咬紧牙关，只要不死，就得撑下去。思想问题解决了，心情也轻松了许多，从今天开始，技术又提高了一步。

晚上，我们来到一片小树林里过夜。丛树林里积雪很深，寸步难行，但是，大家的情绪非常高涨。每个人的滑雪和驾驶狗拉雪橇的技术都有了很大的进步，一个个信心百倍、跃跃欲试，都憋着一股劲，觉得走到北极点应该不成问题。大家点起了篝火，唱起了歌；老天爷也来助兴，天上出现了绚丽的极光，红的，黄的，漫天飞舞。无论是我们的队员，还是那些教练，甚至那些爱斯基摩犬，一个个又叫又跳、兴奋不已。

哈德孙的冤魂

1995 年 4 月 10 日　星期一　　晴　风　　哈德孙湾
今天是冰上训练的最后一天，明天就将收兵回丘吉尔市。

经过几天的艰苦训练，我觉得已经有了充足的信心，无论是滑雪，还是驾驶狗拉雪橇，都可以应付自如。

我们来到了一个古要塞。附近有一座古老的炮台，训练时路过那里。休息时，大家都跑到上面去参观。只见院落很大、城墙坚固，仍有许多大铁炮，整整齐齐地摆放在那里。这都是英国殖民主义者留下的。想当年，他们攻城略地，屠杀无辜，威风凛凛，不可一世；然而，曾几何时，却都消失得无影无踪，只留下了这些历史的陈迹。于是，我便想起了他们在中国发动的鸦片战争，进而又想到了哈德孙湾的来历。

1607 年，英国的俄罗斯公司（是一个专门和俄罗斯打交道的公司），派遣航海家兼探险家哈德孙去探索一条通过北极点而到达中国的近路。他们在斯瓦尔巴群岛附近，北纬 81° 左右的地方，被坚冰挡住了去路。这次航行虽然以失败告终，却为该公司找到了一条致富之路，那就是捕鲸。因为他们在斯瓦尔巴德附近海域，发现了大量的鲸鱼。

1609 年，哈德孙受雇于一家荷兰公司，再次出航去探索西北航线，并对哈德孙河谷地区提出了主权要求。1610 年，哈德孙第三次出征，这次他发现了哈德孙湾，却永远留在了那里。

在最后一次航行中，开始一切都很顺利。但到了 8 月 3 日，哈德孙的航海日志便终止了，改由别人代笔。原来，他们的船只被冰封住了，必须准备越冬，却只剩下了两个月的口粮。哈德孙立刻组织船员打猎和捕鱼，以度过艰难的冬季。在生死考验面前，有人吓破了胆。经过一番阴谋策划，发生了叛乱。哈德孙和他只有 16 岁的儿子，以及 3 个皇家水手和 4 个病人，被扔进一条敞篷小船里漂流而去，从此便杳无踪迹。而其他 13 个人，则驾着大船"发现"号扬长而去。后来，他们中又有 5 个人被原住民所杀，只有 7 个人活着回到了英格兰。按照当时的法律，发动叛乱的水手必须处以绞刑。但是，雇用他们的伦敦商业公司，急于想找到西北航线，认为只有他们那几个人才握有打通这条航道的钥匙，结果不了了之。

晚上，人困狗乏，大家早早地都钻进了帐篷。我在外面巡视了一遍，一切正常,便在离营地不远的一个冰丘上坐了下来,稍事休息。只见晚霞的余晖,照在惨白的冰面上,形成茫茫的一片,灰蒙蒙的。风停了,雪住了,万籁俱寂。只有一种不知何名的鸟儿,在远处偶尔发出一声哀鸣,使人听了不胜凄楚。我忽然觉得有点害怕,暗想:也许那是哈德孙的冤魂在鸣冤叫屈吧?而他和他那年轻儿子及其他几个人的尸骨,说不定就在我们的脚下。正在这时,忽然,"咔嚓"一声,冰裂了,吓了我一大哆嗦;我赶紧回去,钻进了帐篷。

躺下后仍然睡不着。辗转反侧中忽然想到,无论是过去还是现在,要在极地那种极端环境中工作和生存,都是一种严峻的挑战和考验。不仅每个人都要有钢铁般的意志和临危不屈的精神,而且同伴之间也必须精诚团结、密切合作,把生的希望让给别人,把死的威胁留给自己。只有这样,才能同心同德、战而胜之,也许这可以叫作极地精神。

然而,并不是每个人都能做到这一点,因而就出现了像哈德孙父子那样的历史悲剧。

南撤伊利

1995 年 4 月 13 日　星期四　　晴　　伊利

出国以来,一直在运动之中,东跑西踮,心神不宁,连日记也记不全。

哈德孙湾的训练非常成功。掌握了滑雪和驾驶狗拉雪橇的技巧之后,队员们如虎添翼、信心倍增,一个个摩拳擦掌、跃跃欲试,觉得又向北极点大大地迈进了一步。特别是那些体力好的队员,像刘少创、毕福剑、李栓科和郑鸣等,更是信心百倍、喜形于色,觉得征服北极点只是小菜一碟。

为了巩固训练成果,并进一步做好北上的物资和精神准备,我们必须战略转移,来一个大踏步地前进,大踏步地后退,南撤到美国明尼苏达州的伊利市。

今天,我们一大早出发,离开加拿大的温尼伯,驾车南行;一个多小时后,越过了美加边境,下午便到达了目的地,住进了鲍尔的家里。

1993年6月初，我从北极回来，专程飞到伊利，第一次见了鲍尔，与他商讨请他作为向导和顾问，我们共同带领一支中国科学考察队远征北极点的可能性。鲍尔认为，他如果能帮助中国首次远征北极点科学考察队胜利到达北极点，真是三生有幸，也是一种历史机遇，于是欣然同意。从此，我们成了好朋友，共同做起了北极之梦。

现在，经过几年的策划和推动之后，这一梦想终于将要变成现实，我们的心情都很激动。鲍尔的妻子苏珊和大女儿玻丽亚、儿子皮特都到过中国，都是我的好朋友。现在再次相见，特别高兴。只有他们的小女儿白瑞尔，刚满一周岁，是初次见面的新朋友。为了节省经费，鲍尔免费提供住宿，每天只交一点饭费。他知道，我们的经费有限，所以尽量提供帮助。

鲍尔的房子，建在湖边，孤零零地，在森林深处。这个湖很大，而且名字也很怪，叫白铁湖。这里环境优美，有点与世隔绝之感。鲍尔为他们的住处特地起了一个很好听的名字，叫"Wintergreen"，即"冬青"之意。已是4月中旬，却依然冰雪覆盖，茫茫一片，真有点像白铁铸成似的。也许，"白铁湖"就是因此而得名吧。附近有狼，苏珊常常为孩子们的安全担心，严禁孩子们单独外出。

我们第一批队员，共19个人，来到以后，这里骤然热闹起来。皮特也解放了，不用害怕狼了，可以放心大胆地在周围树林里跑来跑去。连那两条老狗，也格外兴奋，一下子见到这么多中国人，恐怕有生以来还是第一次，总是跟在队员们的身后转来转去，寸步不离。

但是，到了晚上，那两条狗却遇到了意想不到的新问题。以前，它们每天都是睡在大厅的沙发上，舒舒服服。现在，却被一个人占去了，只好睡在地板上，硬邦邦的。更为糟糕的是，睡在沙发上的那位原来是个打呼噜的健将，那呼噜打得山响，像是发动了一架飞机，把它们吵得没法入睡；两条狗不时地抬头看一看，觉得百思不得其解，大概在想：我们每天都睡得好好的，怎么你一来就睡不着了呢？好不容易坚持到下半夜，实在没有法子，只好推开门，出去了。第二天早晨，队员们发现那两条老狗睡到了屋檐下面，眼泪汪汪的，都为它们的遭遇打抱不平。

　　我们清楚,在哈德孙湾学到的那两下子只不过是刚刚开始,光靠这点本事就去冲击北极点是非常危险的。所以,我和鲍尔要求队员们,每天都要在白铁湖上坚持训练,不仅要提高技术,而且要增强体力和磨炼意志。鲍尔则在抢修雪橇,挑选爱斯基摩狗,购买装备,准备食品,成天忙得不亦乐乎。我知道,他的压力同样很大,要把中国首次北极科学考察队安全带到北极点,绝非一件容易的事。这不仅是一个历史事件,也是一个国际合作的范例,必须务求万无一失。

湖上练兵

　　1995 年 4 月 18 日　星期二　　阴 大雪　　伊利

　　夜里下了一场大雪,早晨仍在继续。积雪挂满了枝头,树林变成了一片白色。空气更加清新,呼吸起来,觉得有点甜丝丝的。

　　我们在鲍尔家里,已经住了 5 天。大体是这样度过的:每天早晨七点起床,除了留下做饭的人之外,其他队员都要到冰上去练习。一个小时后回来吃饭,然后继续,直到中午。下午自由安排,有的人继续训练,有的人帮助鲍尔干活,有的人忙着写东西。

　　我的体力较差,增大了锻炼强度。每天早晨起来,先在湖边的石头上奔跑,在石头尖上跳来跳去,以提高自己的反应速度和耐力。在哈德孙湾时,我的滑雪速度有点慢,跟不上队伍。为了提高速度,以免成为累赘,我每天上午都在无雪的湖面上练习。后来发现,两臂同时后撑,可以滑得很快,飞也似的,足可以与年轻队员相比。但是,前天和毕福剑等人比赛,一不小心,连着摔了两跤,仰面朝天,后脑重重地撞在坚硬的冰上,当时都有点晕晕乎乎,把小毕吓得够呛,怕我摔成脑震荡。不过还好,站起来活动活动之后,觉得头脑还算清楚,又恢复了正常意识。下午和晚上,则沿湖边散步,一面锻炼腿劲,一面独自思考一些问题。

　　昨天,鲍尔到湖上来看大家训练,不知是一时兴起,还是看透了队员们有点自满和松懈的情绪，便来了一个即兴表演。只见他两脚一蹬，两手猛地往后一杵，便箭一样飞了出去，速度之快令人瞠目，而且动作和谐、手脚并舞，简直就像是在冰上滑翔，令人看得目瞪口呆，大家方知自己那两下子实在是小巫见大巫，于是纷纷议论说："还是赶快练吧，我们这两把刷子还早着呢。"

昨天下午，鲍尔一家决定带我们到附近的原始森林中去远足，然后来一顿野餐，他们把东西都准备好了。大家都很高兴，能到真正的原始森林中去散步，有生以来还是第一次，于是，浩浩荡荡地出发了。走不多久，便不见了路，只见树木参天，遮天蔽日，枝叶繁茂，盘根错节，如果不是鲍尔带路，我们肯定早就迷失了方向。这时我才意识到，鲍尔并非为了带着大家玩，而是想让队员们体验一下，迷失方向的滋味是什么样子的。在极地行走，太阳不落，又没有明显的参照物，要判断方向非常困难，而一旦迷失方向，走不到目的地，是非常危险的。

经过一个多小时的跋涉，终于来到了湖边，只见森林环抱，湖面如镜，蓝天白云，一片洁净，景色真是美极了。鲍尔在一块空地上燃起了篝火，面包和香肠插在树枝上一烤，立刻香气扑鼻。大家肚子也都饿了，便狼吞虎咽地吃起来。这一餐，恐怕比任何高级宴席都有味道，也更有意义。

回来的路上，一时兴起，忽然唱起了革命歌曲。也不知是谁起了一个头，大家立刻一哄而起，竟唱起了抗美援朝之歌：

"雄赳赳，气昂昂，跨过鸭绿江。保和平，为祖国，就是保家乡。中国好儿女，齐心团结紧，抗美援朝，打败美国野心狼。"

唱完之后，都哈哈大笑起来。在美国森林里，竟然响起了抗美援朝的歌曲，确实有点滑稽。鲍尔的大女儿玻丽亚，不知道我们唱的是什么意思，但却觉得很好听，一定要我们再唱一遍。大家却觉得不太合适，虽然人家听不懂，但鲍尔一家对我们是如此之友好，我们怎忍心再去骗他们呢？于是便换了一首抗日歌曲："大刀，向鬼子们的头上砍去！……"

学校奇遇

1995 年 4 月 19 日　星期三　　晴　　伊利

鲍尔的妻子苏珊很能干,自己经营了一家服装工厂,雇用了二十几个人,还要管理家务、照看孩子,忙得不亦乐乎。森林深处,他们单家独户,邻居离得很远,很少来往,孩子们的活动便受到了很大的限制。玻丽亚小的时候,学校的老师曾说她反应慢,似乎智力有问题,建议她去看医生。苏珊不听那一套,深信自己的孩子是正常的。果然,玻丽亚现在是学校里最好的学生之一。而皮特又遇到了同样的问题。有一天,苏珊愤愤不平地告诉我说:"有人说我们皮特有心理障碍,去它的吧,我才不信他们胡说八道呢!"

出于好心,苏珊出面和玻丽亚的老师联系,让我们到学校去和孩子们座谈,回答他们有关中国的问题。老师和孩子们都很欢迎,我想这也是一件好事,便答应了。玻丽亚更是高兴,还特地穿上了一套在中国买的新衣服。

本来说校长会出来迎接,但到了学校时却不见他的影子,说是开会去了。后来他始终也没有露面,我们也没有往心里去,以为当官的都很忙,随他去吧,见不见没有什么关系。

我们走了几个班,小孩子们真是可爱极了。他们天真活泼、友好无邪,提了许多关于中国和北极的问题,对我们数字的读法和写法特别感兴趣,并问我们为什么要到北极去、北极熊吃不吃人及它们在冰上都吃些什么东西,等等。

中午,校方请我们在小学生的食堂里和学生们一起用餐。但是,等了半天,饭菜还不见端上来,我就觉得有点问题。后来虽然端上来了,但他们的表情却有点别扭。果然,饭后苏珊告诉我们说,那个校长是故意不见我们的,而且还说,我们不应该在学校里照相,因为我们是来自于共产党国家。苏珊气愤地说:"美国和中国早就友好了,却还有这样的事?那个校长一直横行霸道、不得人心,但却死死地占据着那个位置。他是个军人,曾经参加过朝鲜作战,所以很害怕共产党。"

听到这里,我才恍然大悟,忽然想起了那天高唱"打倒美国野心狼"时的情景,忍不住哈哈大笑起来。看来,长着花岗岩脑袋的家伙还是存在的。

还有好几个班的老师和学生,热切地盼望着我们去座谈。但是,既然校长如此不友好,我们也就只好谢绝他们的好意打道回府了。苏珊却仍然愤愤不平,觉得她的好心受到了屈辱,发誓一定要那个校长公开赔礼道歉。

后来,在去北极的路上,苏珊高兴地告诉我说,那个校长已经向她赔礼道歉了,公开承认了自己的错误,说他那天的做法是很不合适的。我听了以后,笑了笑,心想:看来花岗岩脑袋,也有改造的余地,至少是可以慢慢风化的。

签证受阻

1995 年 4 月 20 日　星期四　　阴　　底特律

中国首次远征北极点科学考察队,共有 25 名队员组成,来自全国 18 个单位,其中包括香港的著名摄影家李乐诗。由于各种原因,分成前后两批。第一批共 19 个人,先期到达,参加了哈德孙湾和白铁湖上的训练。第二批 6 个人,由副领队刘健带领,于昨天下午到达伊利。分别已有 20 天,见面之后特别激动,大家你看看我、我看看你,紧紧握手,热烈拥抱,其情融融,其景楚楚,互相交流了国内和国外的各种情况,研究和布置了下一步的行动计划。这次活动,困难之大和问题之多是可想而知的,全靠大家齐心合力、过关斩将方才走到了今天这一地步,其中的酸甜苦辣,局外人是无论如何也难以理解的。

现在,又面临着一个迫切的问题,就是首批队员再次进入加拿大的签证出现了问题,必须连夜赶到底特律。所以,"会师"之后,只有短短几个小时,我们便又匆匆上了路。今天上午 9 点来到了底特律,急急忙忙赶到加拿大驻这里的领事馆,跟他们交涉签证问题。

根据我的经验,无论走到哪里,与官方打交道,总是非常困难,因为牵涉到政治问题,我们离开北京时,时间太紧,只办好了路过美国的签证,没有办进入加拿大的签证。在纽约只待了一天，又遇上周末，领事馆关门。资助方跟我们说，他们已经与加拿大方面打通了关系，我们只要到边界补一个手续就可以了。到了边界才知道，根本就没有那回事。海关人员告诉我们说："加方对此很不理解，既然你们是到加拿大来训练，却为什么只办了美国签证而不办加拿大签证？是不是瞧不起我们？"这真是天大的误会，搞得我们有苦说不出。幸好中央电视台的张卫，凭着他流利的英语和诚恳的态度，做了大量的解释工作，终于取得了加方海关人员的理解，给我们办了签证，只收了一点手续费，而且态度非常友好。

没有想到，现在又遇到了麻烦，真是老革命遇到了新问题。

在我们还没有来底特律之前，鲍尔已经与加方通了好几次电话，作了长时间的解释。据他说，这次加拿大不仅是因为受到了冷落而生气，而且主要还怀疑我们是否真正去搞北极考察。移民局的一位女官员告诉鲍尔说，他们担心我们是一帮难民，进入加拿大就不走了。因为加拿大根本就不相信，中国人还能搞北极考察。听了这话，我觉得又好笑又可气，真是狗眼看人低，没有想到加拿大竟然小气到如此地步，为什么我们中国人就不能搞北极考察呢？但是，要进人家的地盘，自然就得受人家的约束。我们不到 10 点就到了，却要等到 11 点半以后再去谈，而且被赶到一楼的大厅里，待久了，警报器就会响，保安人员就过来询问是怎么一回事。这搞得大家坐立不安，去留不是，真像是一帮难民似的。

还是由张卫出面，凭着他那极其耐心而诚恳的态度，费尽三寸不烂之舌，再加上鲍尔从中疏通和说服，直到下午 3 点终于拿到了签证，大家总算松了一口气。于是，大家给张卫起了一个绰号，叫他孙悟空。

我觉得，这个比喻很好，我们这次行动，确实有点像西天取经。而且，我们的西天比唐僧的西天还要往西。我们的处境，同样也是困难重重。没有大家的共同努力，没有张卫这样的干将冲锋陷阵，一道道的难关是很难闯过来的。

但是，这个比喻也引出了一个问题：如果张卫是孙悟空，那我就是唐僧。那么，谁是沙僧和猪八戒呢？

飞往北冰洋

　　1995 年 4 月 23 日　星期日　　晴　　从雷索鲁特到北纬 88°

　　从 4 月 20 日开始,又进入了运动状态,掉头往北,昼夜兼程,途径温尼伯,到达雷索鲁特时已经是 23 日凌晨一点多了。

　　雷索鲁特,对我来说,似乎有着特殊意义。去年的国庆节,我就是在这里度过的。现在是旧地重游,而且这一次,这里将是我们的大本营。

　　从外表来看,这里似乎没有多大变化,只是地上的积雪比去年更深了一些。机场的旅馆重新装修了,可见已经换了主人。老板是个女的,看上去很是精明能干的样子。

　　正在搬运行李时,又碰到了国际北极探险者之家的主人,印度人贝泽尔先生。去年我就是住在他那里。见面之后,很是高兴,他紧紧握住我的手说:"你到底带起了一支队伍,要进军北极点了,佩服!佩服!"我问他近来的情况,他说他刚从北极点回来,冰上裂缝很多,起伏很大,情况比较复杂,要我千万小心,一定要谨慎行事。听了以后,更增加了我心头的忧虑。

　　这次行动,终于到了关键的时刻。为了祖国和民族的荣誉,谁不想到冰上去拼搏一番呢?就是死了也是值得的。但是,上冰的只能有七个人。首先要保证科学家去完成他们的科研项目;此外,还必须有两个摄像记者,以便把整个考察过程拍摄下来。这不仅为了新闻宣传的需要,更重要的是可以作为宝贵的科学资料留给后世。经过反复分析和研究之后,由考察队领导集体决定,上冰队员名单如下:

　　总领队　位梦华　国家地震局地质所研究员
　　　　　　　　　　地球物理与极地考察专家
　　队　长　李栓科　中国科学院地理所副研究员
　　　　　　　　　　环境地理极地考察专家
　　　　　　赵进平　中国科学院青岛海洋研究所研究员
　　　　　　　　　　物理海洋学专家

刘少创　　中国测绘大学博士研究生
　　　　　大地测量与遥感专业
效存德　　中国科学院兰州冰川冻土研究所
　　　　　博士研究生
毕福剑　　中央电视台记者
　　　　　导演与摄像
张　军　　中央电视台记者
　　　　　摄像

　　使我特别感动的是，香港摄影家兼极地考察专家李乐诗女士上冰的经费是由她自己支付的。但是，为了祖国的北极科学考察事业，她决定将名额连同经费都让出来，让给科学家去完成他们的科研项目。在如此关键的时刻，在如此事关重大的荣誉面前，竟有如此的情操和胸怀，感人至深，令人佩服，其爱国之心昭然生辉，历史是不会忘记的。

　　另外，中国科协的沈爱民同志，是一个既有理想又能执着追求的人。在这次北极科学考察活动中，他不仅是积极推动者之一，也是一位重要的考察队员。但是，到真要向北极点进军的时候，他因经费所限而不能上冰，这如同一名战士，冲锋号已经吹响，却不能往前冲，焦急的心情可想而知。

　　我们在雷索鲁特基地只待了几个小时。事有凑巧，在这里正好遇到了香港北极旅游考察团。天涯相会很是高兴，像是久别重逢的老朋友。但我实在累了，体力有点不支，幸好刘健抓到一个空隙，将我引到他的房间里去休息；我美美地睡了一会儿，才算缓过劲来。非常感谢刘健，是他见机行事，像救了我一命似的。

　　我们匆匆赶往机场。早晨8点，7名上冰队员和部分记者，分乘三架双水獭型小飞机，从雷索鲁特机场起飞，很快升入万里晴空，继续往北挺进。

　　经过几天连续奔波，住无定所，吃无定时，队员们都已疲惫之极，任凭蓝天在头上延伸，冰雪在脚下飞驰，大家已无先前那样兴奋，而是默默地蜷缩在座位上，各自想着心事。因为，等待他们的是好是坏、是祸是福，谁都无法预料。

这时,出发前签订生死合同时的情景又浮现在我的眼前。许多队员的亲属坚决拒绝在上面签字。他们的心情是完全可以理解的。人心都是肉长的。这次远赴北极,也许就是生死离别,谁能无动于衷呢?现在,队员们和自己的亲人天各一方,生死未卜。我只能硬着心肠,怀着深深的愧疚,对他们深表歉意,并在心中暗暗祈祷,希望大家都能活着回来,平安无事。

正在沉思之际,突然觉得飞机开始下降。我赶紧往外望去,只见光秃秃的群山迎面飞驰而来。就在一个山涧峡谷之中,飞机呼啸着降落在一个简易机场上,这就是尤里卡避难所,正好位于北纬80°。飞机在这里加油,人则在这里放水,也顺便活动活动身子。这时,一只北极狐忽然跑了出来,站在远处往这边张望。只见它皮毛蓬松、洁白如玉,闪亮的眼睛像两颗黑色珍珠,小心翼翼地观望了一阵之后,很快就消失在雪原中。而在远处的山坡上,则有几个黑点在活动,原来那是一群麝香牛。但因离得太远,即使用照相机的长镜头拉近,也还是看不太清楚。

飞机重新起飞,继续往北飞。山坡上的积雪更厚,山谷里的冰川更多,闪闪发着光蜿蜒而去,像是一条条奔腾的河流,却并不流动,而是凝固在那里。

一个多小时以后,飞机再次降落。这个机场更小,只有一块绿色牌子竖在那里,上面注明:这里是伊尔斯米尔岛上的国家公园自然保护区。我向四周望去,都是光秃秃的,既没有植物,也没有动物,什么生物也没有,不知到底保护什么。

已经12点多了,大家的肚子都有点饿,便沿着几排半圆顶的平房逐个敲门,想找点吃的。可所有的房子都空无一人,门却没有上锁,大概也不会有人到这里来偷东西。正在失望之际,忽然从远处的房子里走出一个人来,手里托着一个纸盒子。大家喜出望外,赶紧迎了上去。走近一看,是位女性。她非常友好地将我们迎进她住的那栋房子里,从纸盒子里拿出了几个三明治。我们一面吃,一面和她聊天。她说,这里只有她一个人,唯一的伙伴就是那台能说话的对讲机。我问她,碰到北极熊怎么办。她笑笑说:"那就只好听天由命了。"我为她的精神所感动,不禁升起了几分敬意,心想:她也许是世界上最靠北的工作人员了,而且又是独身一人,还是女的,真是令人佩服。我们很想跟她多聊一会，但飞机马上又要起飞，只好匆匆离去。

又飞了两个多小时，伊尔斯米尔岛上的群山渐渐向后退去，消失在地平线以下。飞机颤抖着翅膀，进入了北冰洋上空，已经越过了北纬 83°。我通过舷窗往下看去，只见洋面一马平川，没有什么太大的起伏，于是又高兴起来，心想：如此好的冰情，一天还不走它几十千米，用不了几天，就可以到达北极点了。但是，仔细观看，却有许多黑色的冰缝，纵横交错，漫延无际，又觉得心情惴惴，暗暗寻思："这些家伙，就像张开大口的魔鬼，弄不好就会被它们吞下去。"

坐在飞机上，我忧心忡忡地写下了以上文字。

新的起点

1995 年 4 月 23 日　　星期日　　　晴　　北冰洋北纬 87°59′12″

下午 4 点多钟，飞机开始缓缓下降，经过一段跳动和滑行，停在了一块平坦的浮冰上。

我心急如焚，急不可耐地钻出机舱，放眼往周围一看，心一下子凉了半截。原先那些在空中看上去只是一些小小起伏的雪堆，现在却突然长高了似的，变成了高高隆起、犬牙交错的山脊。而且，这些山脊，起伏连绵，无边无际，要想绕过去是绝对不可能的；要想前进，只能从上面翻过去。可是，怎样才能翻过去呢？这绝非是一件容易的事。

大家七手八脚，把装备卸下来，横七竖八地堆了一地。记者们忙着拍照、采访。机组人员忙着维修机器。队员们忙着检查装备。只有那些爱斯基摩狗，兴奋得乱蹦乱跳、乱吼乱叫，像吵成了一锅粥似的扭打在一起。

飞机在冰上停留，是很危险的，因为随时都会有暴风雪或者冰裂缝，万一起飞不了，就会全军覆没，必须抓紧时间撤离。

半个小时之后，飞机载上记者腾空而起，扬起了一阵飞雪，把我们留在这个白色茫茫的世界里。大家拼命地挥舞着双手，与渐渐远去的队友告别。

飞机消失之后，我转过身来一看，在空旷无垠的北冰洋上，只有我们几个活物。这时才感到一阵失落,格外孤寂。于是,荒凉、死寂、孤独、压抑一下子涌上了心头,造成了一种难耐的压迫,压得我几乎喘不过气来。正在这时,只听刘少创喊道:"我们现在的位置,是北纬 87°59′12″!"

这是一个新的起点!

这也是我们中华民族有史以来,第一次将自己的脚印,延伸到了北极的中心地区!

出师不利

1995 年 4 月 23 日　　星期天　　　晴　　　北冰洋北纬 88°01′

如果用天气的好坏来占卜我们未来的命运,那么应该说,兆头还是相当不错的,老天爷给了我们一个好天气。蓝天白云,风和日丽。据鲍尔说,能在北冰洋上碰到这样的好天气是非常难得的。他开玩笑说,这都是毛主席保佑的结果,我们必须抓紧时间上路,一分钟也不敢耽搁。

万事开头难。先是把那些激动万分的爱斯基摩狗牵到一起,套上绳索,并使它们各就各位,安分守己,就很是费了一番周折。而且它们伺机而动,随时准备冲出去,必须有人把它们紧紧拉住。然后,队员们再把东西装上雪橇,仪器设备检查好,穿上滑雪板,弄好滑雪杆。到一切准备停当整装待发时,又用了一个多小时。

我的体力有限,滑雪跟不上队伍,便决定驾驶狗拉雪橇,心想:只要死死抓住不放,拖也会被拖到北极点的。谁知道,上路之后才发现,根本就不是那么一回事。

一切就绪之后鲍尔一声令下,队伍开始往北进发。我们一共有 20 条爱斯基摩狗,十条一组,每组拖着前后一大一小两个雪橇。美国人肯尼(Ken)是个大力士,他驾驶前面的大雪橇,我负责后面的小雪橇。根据哈德孙湾的经验,最重要的是不能让雪橇翻倒。雪橇一翻倒,就得停下来,弄不好还会砸伤人,或者把狗撞死、轧死。

一开始我便紧紧地把握住方向,两眼死死地盯住前面的形势。但是,经验总也不够用的,走不几步,一道由巨大的冰块堆成的冰脊横在前面,挡住了去路。这是我碰到的第一道冰脊;我一下子就晕了,吓得目瞪口呆、束手无策,不用说要把五六百千克的雪橇运过去,就是空着手爬上去几乎也是不可能的。正在犹豫,鲍尔赶了上来,二话没说,就用滑雪杆猛敲狗的屁股。狗儿们本来就很兴奋,再加上几分委屈,汪汪狂叫着,不顾一切地向上冲去。肯尼顺势一扛,雪橇飞上了冰脊。我站在第二个雪橇上,也便如法炮制,学着肯尼的样子,刚想去扛雪橇,雪橇却自己飞了出去。我一看大事不妙,赶紧死死抓住雪橇的横杠,连滚带爬地被拽了上去。

　　到了冰脊的顶部,心中暗暗庆幸,爬起来往下一看,不禁倒吸了一口冷气。原来,冰脊的背面,是一个悬崖峭壁。一块足有半个篮球场大的冰块直冲云霄,形成了一个高高的冰崖,足有十几米,直立陡滑,寒光逼人。

　　但是,我根本来不及思考和犹豫。因为肯尼驾驶的雪橇已经翻过了冰脊,开始走下坡路。那些爱斯基摩狗,刚才受了委屈,怒气未消,又突然感到轻松起来,毫不费力。它们知道后面的雪橇马上就会顺着冰块的平面而下,便都争先恐后,拼命地往下蹿。走在前面的大雪橇,在惯性的驱动下腾空而起,飞驰而去,一下子失去了控制,从高高的悬崖上摔了下去。我驾驶的后面的小雪橇刚刚爬上了冰坡,便被大雪橇突然一拽,跟着飞了起来;还没等我反应过来,连橇带人被甩出了十几米,重重地落在冰块上。顿时我觉得两眼放花,腿脚麻木,腰椎酸痛,动弹不得,昏昏沉沉,几乎休克过去。稍事喘息之后,渐渐清醒过来。我试着慢慢站起来,赶紧活动活动腰腿,虽然疼痛难忍却还可以走路,这才松了一口气。

　　两个雪橇,翻倒了一对。那些奔跑了一阵的爱斯基摩狗,终于得到了一个歇息的机会,站在那里,冷眼相观,呼哧呼哧地喘着粗气。肯尼躺在雪里,仰面朝天,哈哈大笑。我却没有他那样的兴致,过去把他拉了起来。我们两个齐心合力,把雪橇一个个地扛起来。还没等我们站稳脚跟,那些爱斯基摩狗一跃而起,猛地往前冲去。结果,我又来了一个倒栽葱,肯尼来了一个嘴啃泥。实际上,这里只有冰雪,他也啃不了泥,只是一嘴冰雪而已。

　　滑雪的队员,更加辛苦。他们背着二三十千克的救急背包,在平地上滑起来就已经非常吃力。一遇到上坡,往往需要手脚并用,连滚带爬。而在北冰洋,平坦的地方很少。

毕福剑和张军,就更加困难,除了与别人一样的负重之外,还要随身携带着沉重的摄像器材,又是摄像机,又是照相机,特别是那些备用电池,死沉死沉的。

就这样,我们足足挣扎了大半天,辛辛苦苦地行走了 7 个多小时。停下来后,刘少创用 GPS 一测量,只前进了不到 2′,若以直线距离来计算,仅仅往北移动了不到 4 千米。我在心里暗暗盘算着:"如此算来,如果每天走 12 个小时,也只能前进五六千米。而到北极点的直线距离是 222 千米,那要多少天才能走到啊?而且,我的腰痛得厉害,钻心地疼痛,行动起来极端困难,连翻个身都非常吃力。"但是,这些情况我不能说,怕影响队员们的士气。

鲍尔找了一块比较平坦的地方作宿营地,然后分配任务:有人做饭,有人拴狗,有人搭帐篷。刘少创和效存德帮助鲍尔做饭,赵进平去拴狗,我和栓科搭帐篷,毕福剑和张军则抓拍镜头。虽然很苦很累,大家的情绪还是满高涨的。

鲍尔找了一个背风的地方,少创和存德帮他把汽油炉子支在冰块上,上面放上两个铁桶,点上火,开始化雪。烧了一个多小时,雪终于化了。然后把蔬菜、大米、香肠、果汁、酸奶酪、巧克力等一股脑儿倒进去煮。又烧了一个多小时,才煮出一桶稀粥来,酸甜苦辣,五味俱全。每人分上一碗,热乎乎的,这是北冰洋上的第一餐。肚子实在饿了,都吃得津津有味,狼吞虎咽。因为每个人都知道,这种稀粥虽然不好吃,却是唯一的能量来源,必须拼命地塞饱肚子;否则,明天就可能跟不上队伍。

饭后,大家都催我赶快进帐篷休息。我好不容易钻进睡袋,心情沉重,闷闷不语。没有想到,出师不利,第一天就来了个下马威,真是万事开头难,往后的日子将会更加艰苦。

风停了,云散了,北冰洋上,静得出奇。我仰面朝天,默默地祈祷:"老天爷,请放我一马吧!只要我的腰不痛了,能走到北极点,回去之后就是瘫痪了坐轮椅也没有关系!"

冰上第二天

1995 年 4 月 24 日　星期一　　晴　　北冰洋北纬 88°05′21″

早晨起来,腰痛如故。我艰难地爬起来,赶快去看看那些爱斯基摩狗,它们是我的伙伴,也是我的动力。昨天我和它们一起奔波,同甘共苦,似乎已经熟悉了。用铁链子把它们固定在冰上,防止夜里逃跑。并且分开来,两条狗之间相距几米,防止它们打架。爱斯基摩狗,是世界上最忠诚、最顽强、最能抗寒的狗。它们能在南极、北极的冰天雪地里,任凭暴风怒吼,气温在零下几十度,对它们来说是家常便饭,应付自如,睡得格外舒服。

它们本来都趴在雪里,一见到我,便都纷纷站了起来,又叫又跳。当然,它们不是出于礼貌,对着我欢呼,而是因为饥肠辘辘,想要点吃的。我同情地摸摸它们的脑袋,在每条狗面前倒了两茶缸狗粮。它们狼吞虎咽,很快就吃光了,显然远远不够。我去请示鲍尔,能否多喂它们一点。鲍尔摇摇头说:"不行,那都是计算好了的,必须定量。如果还没有走到北极点,狗粮就吃光了,我们就只能无功而返、半途而废、前功尽弃。"看着那些可怜巴巴的爱斯基摩狗,我万分遗憾地挥了挥手,硬着心肠转身而去。在这个问题上,鲍尔是权威,我必须听他的。

早饭之后,准备赶路。万事开头难,因为刚刚开始,彼此都不熟悉,人与人,狗与狗,以及人与狗之间,都有一个磨合期,折腾了半天,才整理好队伍。我仍然和肯尼在一组。肯尼力气很大,膀宽腰粗,乐于助人,人很和气,曾经是皮划艇运动员,代表美国参加过国际比赛,得过世界冠军。我腰痛难忍,使不上劲,雪橇一翻,要把它扶起来,相当于扛起几百千克重的东西,非常吃力。他便跑过来帮忙,使我很是感激。

我心情沮丧,担惊受怕,非常紧张。昨天摔坏了腰,不知道今天会出什么事。昨天算是初步试探,摸索经验。今天才是正式开始,踏上了远征北极点的路。摆在我面前的困难是我不能滑雪,因为体力不行,跟不上队伍。如果掉队,不仅会拖累全队的行程,而且如果脱离了队伍,随时都会有生命危险。

所以,我只能驾驶狗拉雪橇,实在走不动了,还可以站到雪橇上歇息一会儿。然而,驾驶狗拉雪橇,同样也是玩命的事。特别是翻越冰山,要肩扛手推,费尽九牛二虎的力气爬上去了,却不知道下面等待你的是什么,是悬崖,是裂缝,还是北极熊?如果是悬崖,就有可能摔下去受伤;如果是裂缝,就有可能掉进水里淹死;如果撞上北极熊呢,后果更是不堪设想。对饥肠辘辘的北极熊来说,逮到一个人比逮到一只海豹容易多了。

然而,那些爱斯基摩狗却非常聪明。它们清楚地知道,下山的时候如果跑慢了,雪橇就有可能从身上轧过去,不是一命呜呼,也得粉身碎骨。所以,只要雪橇一上了冰山,它们就会争先恐后,拼命地往前冲去。这时候,你既不可能先站在山上看看下面是什么形势,因为根本就没有时间;也不可能大撒把,让雪橇先走。因为雪橇一冲下去,几十米就出去了,要步行追上去,几乎是不可能的。我又总是处在最后,别人看不见。等他们发现了,我可能已经落在了后面,队伍必须停下来,派人去救援。

我想来想去,觉得为难犹豫毫无意义,只有破釜沉舟,拼死一搏,干脆豁上这条老命,拼一拼,试一试。想通了以后,心情轻松了,动作也放开了,反倒容易了许多。这也是今天最大的收获。

中午停下来,休息了半小时,喝一点水,吃点东西,补充一点能量。那些可怜的爱斯基摩狗,和我们同样,甚至比我们还辛苦,却只能眼睁睁地看着我们,得不到一点吃的。我觉得实在过意不去,便向鲍尔求情说:"能不能给它们一点吃的?"鲍尔却坚决地摇摇头。我于心不忍,走在路上,便偷偷地扔给它们几颗大杏仁,或者一点巧克力。

下午一直走到8点多,太阳仍然很高。鲍尔在前面找到了一块平坦的地方,便招呼大家赶过去休息。刘少创拿出GPS一看,才走到了北纬88°05′21″。大家大失所望,挣扎了一天,前进了不到8千米。我觉得心急如焚,像这样的速度,什么时候才能走到北极点呢?但鲍尔安慰我说:"不要着急,这才刚刚开始。"

吃过晚饭,快11点了,人们都钻进了帐篷。效存德要到雪地里去取冰雪样品。赵进平则要去观测海洋数据。我们在不远处,找到了一条裂缝,冰层比较薄,便在上面打了一个洞,把仪器放了下去。李栓科和刘少创帮赵进平操作,毕福剑和张军则忙着拍片子。我帮着干了一小会儿,便被他们哄了回来,让我赶快回帐篷休息。

半夜里,听到李栓科和刘少创回来了,却没有听到赵进平的声音。直到快起床时,赵进平才钻进了帐篷,睡了不到两个小时。但是,他却兴奋地告诉我,他已经得到了宝贵的水样和海流数据。我为他高兴,但也非常担心,像这样下去,他的身体怎么能受得了呢?

毛主席保佑

1995 年 4 月 25 日　星期二　　晴 微风　　北冰洋北纬 88°16′

我还在睡梦之中,忽然被鲍尔推醒。"位博士!快!快起来!"他用力摇晃着我的肩膀,"我们的营地旁边,裂开了一条冰缝!"

"啊?"我睡得朦朦胧胧,但却立刻意识到问题的严重,一骨碌爬了起来,急切地问道,"在哪里?是否威胁到我们的生命?"说着,我急急忙忙穿好了衣服,连滚带爬地钻出了帐篷。"天哪!"我往西一望,大吃一惊,只见离我们的帐篷不到 20 米,有一条裂缝正在张开,海水翻滚,雾气腾腾,冰层被撕裂得嘎嘎作响,渐渐露出了一片汪洋。"怎么办?"我的脑袋一片空白,自言自语地嘟囔了一声。

"让大家赶紧起来!紧急撤离!"鲍尔两眼盯着冰缝,下达了命令。

就在这时,水面上忽然钻出了一个圆滑的海豹脑袋,瞪着两只黑亮的眼睛,好奇地往这边张望。

"海豹!"背后有人喊了一声。原来,队员们听到了鲍尔的叫喊,都从帐篷里爬了出来,开始收拾东西。毕福剑和张军扛着机器,正在拍摄撤离的情景。我也被那只可爱的海豹吸引住了,这是我们上冰以来,在北冰洋上看到的唯一的生灵。

吃过早饭,马上出发。最高兴的是,我的腰痛问题可以解决了。美国人给了我一粒药片,可能是一种麻醉剂,早晨吃下去,腰部一天都没有什么感觉。这就解决了我的大问题,至于有没有什么副作用,只能以观后效,现在管不了那么多。

上午10点多时，又遇到了一条冰缝，有三四米宽，上面漂着一些浮冰。每逢到了危险的时刻，我们常常让爱斯基摩狗去当敢死队，先让它们拉着雪橇冲过去，看看冰到底有多厚；然后人再踩着滑雪板，小心翼翼走过去。

但是这一次，由于雪橇一过，薄薄的冰层被压破了。如果穿着滑雪板，脚踩在冰面上，着力的面积大，压强比较小，比较容易过去。可是，我驾驶着雪橇，没有滑雪板，只能冒险一试。

瑞克指给了我一条路，让我从那里过去。我觉得不大可靠，于是绕到了旁边，心想也许更保险一些。谁知道，刚刚走到中间，右脚就陷了下去，水哗地喷了上来，溅了一裤子。幸运的是，我左腿踩的冰块还算结实，没有垮落下去；否则的话，如果双脚陷落，必然掉进水里。脚上的靴子有八九斤重，水一灌进去，就像是坠了两块石头，很快就会沉下去。水温在 $-2\,℃$ 左右，气温在 $-30\,℃$，即使能够爬上来，也会马上冻成冰棍，很快休克过去。说时迟，那时快，我一看大事不妙，拔腿就往外跳，三蹿两蹦，逃到了对岸，才没有遭到灭顶之灾。我的心怦怦直跳，不免暗暗庆幸，毛主席又保佑了我一次。

瑞克走了过来，埋怨说："我明明给你找好了路，你却不走，多危险啊！"我也觉得理亏，只好向他表示歉意。不过还好，虽然靴子里进了水，但很快就结了冰。我把那些冰块抠了出来，脚也没有冻伤，只是透心地凉。这时很有些后怕，终于领悟到，看来还是得多听鲍尔和瑞克的，他们毕竟经验丰富。鲍尔已经是第三次进军北极点了，瑞克也已经是第二次。

在我们的队员中，除了刘少创之外，就数李栓科和毕福剑体力最棒了。他们两个也特别辛苦。作为队长，李栓科必须一马当先，吃苦在前。而且，他要负责协调关系，前后奔跑。比别人要走更多的路。毕福剑和张军，既要跟上队伍，又要跑前跑后地去抓拍镜头。每逢危险之时，他们总是奋不顾身，尽量多地把现场情况拍下来。

但是，李栓科和毕福剑，有个毛病，就是爱抽烟。美国人非常反对，认为这样会污染了北极的环境。为了照顾到美国人的情绪，我只好让他俩克制。可是，这两个家伙烟瘾很大，常常磨蹭到队伍后头去，偷偷地抽上几口。晚上一钻进帐篷，他们就大抽一顿，搞得里面乌烟瘴气。

　　张军本来烟瘾也很大,但听了我的劝告,上冰之后就坚决地戒烟了,很是令人佩服。栓科和小毕却没有这样的决心,尽管我威逼利诱、软硬兼施,他们也只是嘿嘿一笑,我行我素。我也就只好睁一只眼,闭一只眼,嘱咐他们注意把烟头埋起来,免得美国人提抗议。我们是三个人一个帐篷,栓科、小毕和张军,我和进平及小效。刘少创因为看到鲍尔等有几个美国人不睡帐篷,他便暗中较劲,要和他们比试比试,便也睡在外面。大家怕他冻坏了,一致劝他进来,他却坚决不干。我也不便强迫,只好由他去了,心想:既然美国人受得了,我们中国人应该也可以。

　　也许是渐渐适应了的缘故,今天大家的情绪比较好,与美国人配合得也很默契。晚饭后,我钻进栓科他们的帐篷里待了一会儿,被呛得实在受不了,坚持了一阵只好撤退。心里很为张军鸣不平,他不仅会被熏得够呛,而且肯定会勾起了烟瘾。由此可见,张军的意志是非常坚强的。当然,张军也有难言之苦,他的呼噜声震天动地。所以,他对栓科和小毕抽烟,也就只好听之任之,以德报怨,总算扯平了。

　　圆珠笔冻得写不出字来,只好到此为止。临睡之前,再次祈祷毛主席多多保佑,使我们的考察能继续顺利进行下去。

生死一搏

　　1995 年 4 月 26 日　星期三　　雪　　北冰洋北纬 88°29′30″

　　早晨睡得正香,忽然被刘少创的喊声惊醒:"嗨! 告诉大家一个好消息,今天夜里,浮冰往北漂了 2′ 多。也就是说,我们躺在被窝里,就往北走了四五千米。"

　　"好啊!"两个帐篷里立刻沸腾起来,"毛主席保佑! 让我们漂到北极点吧!"

　　只有张军比较冷静,只听他瓮声瓮气地说:"别做梦娶媳妇,想那些好事了,还是现实一点吧。"他的话引起了一阵笑声。

　　"还得告诉大家一个坏消息,我的靴子冻住了,怎么也拿不动它。"

"啊哈！"又是一阵笑声，"那你就赤着脚往前冲吧。"不知谁开了一句玩笑。

原来，我们都睡在帐篷里，夜里可以把靴子放在身边，使其保持一定的温度。而少创睡在外面，只好把靴子放在冰天雪地里，不仅很容易被冻住，而且靴子也被冻得变了形，硬邦邦的，两只脚怎么也穿不进去。栓科和存德帮着他，又是砸，又是踢，好不容易把靴子从雪里抠了出来。两个人把靴子放在冰上，一人一只，又是踩，又是跺，折腾了半天，才把靴子弄软了。少创龇牙咧嘴，费了好大的劲，好不容易穿了进去。

从今天开始，少创又多了一项任务，就是一起床就要报告夜里浮冰运动的方向。如果是往北漂，当然是一阵欢呼。如果是往南漂，就会遭到一阵痛批。实际上，浮冰的运动主要与风向有关，刮北风就往南漂，刮南风则往北漂。当然，也会受到洋流的控制。但是，根据赵进平的研究，这一带的洋流主要是沿东西方向流动的。

所幸的是，我的腰感觉似乎好了一些。昨天早上，栓科把他的护腰送给了我。其实他也很需要，因为他个子高，又要跑前顾后，哪里有困难，他就往哪里跑，无论是滑雪，还是帮助我扛起翻倒的雪橇，腰部的力量都是至关重要的。如果他的腰也坏了，我们就更困难了。

但是，栓科不由分说，一定要我围上。"位老师，你的腰已经坏了，我的腰还好好的，你就戴上吧。"他直直地望着我，用了一种既强制又恳求的语气。小毕和张军也在帮腔。进平和少创又送来了他们带的"寒痛乐"。这种东西护在腰上，一天都在发热，觉得舒服多了。

我穿好衣服，爬出帐篷一看，天阴起来了，灰蒙蒙的。我觉得有点不妙，心里闷闷的。饭后9点出发，走不多久，下起雪来，天地变成混沌一片，往前望去，能见度极低，几米之外看不到任何东西。于是，我的心头一沉，有一种不祥的感觉。

上午情况很糟，冰面崎岖，起伏很大，裂缝很多，经常翻车。走到下午两点多钟，一条冰缝，犬牙交错，宽窄不一，乌黑的海水深不见底，弯弯曲曲，挡住了我们的去路。我们沿着它走了很久，想找一个地方跨过去，却没有成功。看到这种情况，鲍尔有点着急，把我拉到旁边，低声商量说："这种情况,只有两种选择,一是住下来等,等着冰缝重新冻起来或重新愈合。但是,这往往需要好几天,弄不好还会愈裂愈宽。而我们携带的食品、燃料和狗粮都很有限,等一天就要消耗一天的东西。时间一长,食物不够吃,就有走不到北极点的危险。另一种选择是,利用浮冰搭一座浮桥,冒险从上面走过去。"说完,他两眼紧紧地盯着我,希望我能表达意见。

我知道,这是生死成败的关键,却心中没有底,因为实在没有经验。但是,我也不能推辞,必须做出决断。于是,我沉思片刻,又反问了一句:"鲍尔,你觉得利用浮冰作桥,能有多大把握?"

鲍尔摇了摇头说:"把握很难说,但是我想应该试一试。"

看着裂缝中黑洞洞的海水,我忧心忡忡,不寒而栗。我知道,这不是一条小河沟,下面是坚硬的土地,即使掉下去,也可以挣扎一阵子,这可是一条北冰洋上的冰裂缝,下面就是四五千米深的大洋。人和狗一旦掉下去,很少有生还的希望,弄不好就会全军覆没。但是,反过来又一想,如果在这里等上几天,消耗了大量物资,最后因为弹尽粮绝而走不到北极点,岂不是天大的憾事? 怎样跟国人交代呢? 我的心里矛盾重重,非常犹豫,陷入了进退两难的境地。

我的目光,从深不见底的冰裂缝转到了其他队员凝重的面孔。而他们充满期待的目光同样也在盯着我的脸。我心里很清楚,我不能和他们商量。如果我征求他们的意见,那就等于推卸责任,为难他们,把压力转移到他们的身上。我唯一能依靠的,只有鲍尔和瑞克。

我再看看鲍尔。他也正急切地望着我。说实话,自从上冰以来,鲍尔和瑞克发挥了非常重要的作用。特别是鲍尔,眼观六路,耳听八方,周密指挥,前后照应,走的路比别人长得多,干的活比任何人多得多。每逢危险的时候,他总是冲在前面;每逢困难的时刻,他总是奋不顾身。特别是滑起雪来,他更是大展雄风,如虎添翼,两臂飞舞,脚下生风,左冲右突,上下跳动,转眼之间便会消失得无影无踪,使人看着目瞪口呆、瞠目结舌,觉得他的滑雪不仅是一种生存手段,也是表演艺术,真可以说是登峰造极、炉火纯青;再加上他那强壮的体魄、顽强的意志、乐观的精神、诚恳的态度,每到危难之时他便哼起小曲,使人觉得信心倍增、无所畏惧,只要他在场,就没有什么能够挡住前进的道路。

想到这里,我便点了点头说:"那就干吧!"

鲍尔找到了一块靠冰缝边缘的浮冰,也不过几平方米,一下子跳了上去,利用滑雪杆作浆,就像撑船似的,使那块浮冰移动起来,向另一块更小一点的浮冰靠近。瑞克也跳了上去,将拴狗用的钢铁螺丝钉拧进了冰里。他们齐心合力,配合默契,把两块浮冰,用绳子连接起来,以免漂走。慢慢地,两块浮冰,便按照他们的摆布,搭成了一座浮桥,但却不够长,距离冰裂缝的对岸还有一段距离。这时,刘少创、李栓科、赵进平、毕福剑也都跳了上去,浮冰立刻往下沉,他们的双脚,都已经浸到了水里。刘少创眼快手疾,几步蹿到了对岸,用绳子将浮冰用力拉住。张军则在这一头,站在岸上,把绳子紧紧地拉住。一座浮桥就这样搭起来了。

在鲍尔和栓科的指挥下,大家先把背包等小东西运过去,然后,七手八脚把狗卸下来。那些聪明的爱斯基摩狗,一看这种阵势,一个个吓得哆哆嗦嗦、屁滚尿流,死也不肯上去。这也难怪,因为北极的水总是冰凉的。所以,爱斯基摩狗都非常害怕水。它们爬冰脊,翻雪山,都勇往直前,毫不犹豫,但是一见了水,就会调头往回跑,躲得远远的。它们知道,一旦掉进水里,毛一湿,很快就会被冻死。没有办法,大家只好生拉硬拽,把它们扔上浮冰,拖到了对岸。

在这紧急关头,所有的队员,方现出了英雄本色,没有一个人慌张,没有一个人犹豫。大家一拥而上,开始了一场生与死的抗争与搏击。我赶紧叫住了毕福剑,让他拍下这些关键的镜头。小毕只顾得搭浮桥了,忘记了自己的任务。听到我一喊,这才恍然大悟,赶紧跳过浮冰,架起了电影摄像机。戴着手套不好操作,他干脆把手套一扔,将两只手暴露在零下30几度的严寒里。

这样一座浮桥,人走过去,狗走过去,都没有什么问题。最关键的时刻到了,那就是怎样把五六百千克重的雪橇运过去。食品、帐篷、枪支和通信工具都在雪橇里面。那些浮冰块很小,浮力有限。如果把雪橇推上去,浮冰只要稍微一倾斜,雪橇就会很容易滑到海里去,一切都完了,既无吃的,又无帐篷,北极熊来了也束手无策,又没有办法跟外面联系,只能束手待毙。

而且,更为糟糕的是,裂缝正在明显地加宽,两块浮冰已经分离。在这紧急时刻,没有任何犹豫的余地。张军拽住浮冰,其余的人齐心合力,先把一个大雪橇拖了上去,浮冰立刻开始倾斜下沉。在这千钧一发之际,鲍尔和栓科奋不顾身,赶紧跳到了浮冰的另一头,把浮冰压住,恢复了平衡。他们的双脚,却都浸在了水里。在那种情况下,时间就是生命,少创、进平、小效、瑞克抓住了雪橇,其他人拉住了绳子,大家一齐发力,飞也似的,将沉重的雪橇一个个地拽了过去。

在我们的队伍中,还有一个从南美洲委内瑞拉来的小伙子瑞卡多,是他国家第一个到北极考察的。总统答应他,当他到达北极点时会和他通话。瑞卡多体力很好,雪也滑得不错。但是,他的胆子比较小,一路上特别害怕被北极熊吃掉。当大家把东西都运过来以后,瑞卡多开始过冰缝。这时,裂缝更宽了,浮冰已经漂离。由于过分紧张,他往前一跳,一下子掉进了水里,幸好两手抱住了一块小的浮冰才没有沉下去。栓科和少创奋不顾身地冲了过去,用力将他拖了上来。只见他脸色蜡黄,半天说不出话来。不过还好,他身上的水很快结了冰,抖掉以后就不至于把人冻死。

当最后一名队员张军也平安地过来时,大家高声欢呼起来,我们终于闯过了鬼门关!大家一颗悬着的心才落了地。

就这样,一场生与死的拼搏总算胜利了。我却心有余悸,愈想愈后怕。

晚上,大家聚集在一个大帐篷里,吃着热饭,回味着这场生死攸关的经历。一切成为过去,所以都很轻松,讲了许多笑话。但是,我郑重地对鲍尔说:"鲍尔,今天真是毛主席保佑,我们化险为夷。不过,以后不到万不得已,不要再冒这样的风险了。"鲍尔点了点头。大家也都支持我的意见。特别是瑞卡多,更是深有同感。

今天的收获很大,我们不仅战胜了困难,通过了一场生死考验,锻炼了队伍,而且还前进了十几分,接近了北纬88°30′。艰难的路程,已经走过了1/4,而且只用了三天半的时间!

冰上群体

    1995 年 4 月 27 日　　星期四　　　半阴半晴　　　北冰洋北纬 88°40′19″

    昨天晚上,我的腰更坏了,痛得不能动弹,根本直不起来。今天早上,我挣扎了半天,连帐篷都爬不出来。于是,我又动摇了,心想,干脆算了吧!不要成为大家的负担和累赘。可是又一想,这里是北冰洋,前不靠村,后不着店,我能到哪里去呢? 已经没有了退路。我咬紧牙关从帐篷里爬了出来,试探着站起来,深深地吸了一口气,暗暗下定决心:"即使爬,我也要和大家一起,爬到北极点!"

    后来,鲍尔给了我两个胶囊,叫作 Aspect,大概相当于芬必得。吃下以后,果然好多了。于是,我又有了信心,继续上路。

    经过几天的磨炼,驾橇技术有了很大提高,几乎是炉火纯青、驾轻就熟,无论怎样复杂的冰情或陡峭的冰脊,我都可以驾驶着雪橇,毫无畏惧地在上面驰骋如飞,回转自如;而且,在这上下颠簸、左右飞转的过程中,我不再担心是在玩命,而是觉得是一种享受,仿佛掌握了一门艺术。于是,我便从对死亡的恐惧中解脱出来,依此来鼓励自己,一定要坚持下去。

    上午,在过一条很宽的冰缝时,毕福剑一马当先,牵着狗冲过去以后,赶紧跑回来接我。当他看到我,牢牢地站在雪橇上从他身边飞驰而过时,不禁惊讶不已,高兴地竖起了大拇指,嬉笑着说:"行啊,位老师,我以为你肯定会被甩出去,掉到冰缝里找不到了呢。没想到,您老还活着站在那里。"

    开始几天,美国人滑雪的技术普遍比我们好。但是现在,除了我之外,他们都已经健步如飞,滑得相当轻松自如。滑雪技术最好的是刘少创。他总是暗中较劲,要和美国人比试比试。看了这种情况,我心里踏实多了,觉得我们这帮人,为了一个共同的目的,是真正的生死之交,实在是一个非常好的集体。

    其实,我们比同行的美国人要辛苦多了。因为他们是旅游探险,我们是科学考察。白天,他们虽然滑雪技术好、走得比较轻松,同样也要用上吃奶的力气。吃过晚饭之后,他们就可以休息了,而我们的队员,还有许多事情要做。

赵进平是物理海洋学家,他想抓紧一切机会收集到尽量多的物理海洋数据;白天和大家一起前进,晚上则要加班加点,甚至彻夜不眠。

效存德是秦大河的博士生。秦大河在横穿南极时,取得了一套完整的冰雪样品资料,非常宝贵。而这一次,小效的重要任务,就是要取得一套完整的北极冰雪样品资料,以便进行南北极对比,对全球的气候和污染情况做一些研究和分析。

刘少创是搞大地测量和遥感的,他有一个雄心勃勃的计划,要把遥感测量的研究延伸到南北极。

李栓科是搞环境的,已多次去过南极和青藏高原。这次他从进入哈德孙湾起,就开始收集资料,要对南北极的环境变迁进行一些研究和对比。

毕福剑和张军,就更辛苦了。作为极其宝贵的科学资料,他们要把尽量多的镜头拍摄下来,所以必须起早贪黑、前后奔波。别人都休息了,他们还在工作。而所有这些第一手资料,对我们中国人来说,都是前所未有的,都是填补空白的,不仅有着重要的科学价值,而且也有深远的历史意义。

所以,每个人都清楚自己的重担。

晚上,赵进平、刘少创和效存德都去取样去了,帐篷里就剩下我自己。小毕、张军和栓科来看我的腰。他们又是按摩,又是敷药,并且拼命地鼓励我、安慰我,要我一定要坚持下去。我很感动,请他们放心,并请他们赶快回去抓紧时间休息。

今天冰情比较平坦,我们以为已经前进了很长的距离,可是,到晚上停下来一看,却只前进了 10′ 左右。这是因为在冰上蜿蜒曲折,走了许多弯路的缘故。当然,这个成绩也算不错了,已经完成了全程的1/3。鲍尔计划明天早一点走,争取后天早一点到达北纬 89°,以便飞机下午来送补给品时可以赶在白天飞回加拿大。

晚上,我和大本营的张卫通电话,费了很大的劲就是听不清楚。鲍尔提供的通信设备性能很差,很难和外面联系。我不禁暗暗担心,万一遇到意外情况这是很危险的。

狗的故事

1995 年 4 月 28 日　星期五　　暴风雪　　北冰洋上, 北纬 88°53′30″

夜里来了暴风雪, 早晨起来一看, 我们的帐篷几乎遭到了灭顶之灾。

随着食品、燃料和狗粮的减少, 雪橇轻了许多, 前进的速度也加快了。今天, 我们往北挺进了 13′, 直线距离差不多有 26 千米, 是进展最快的一天。明天不出意外, 就可以冲过北纬 89°。

但是, 有两件事使我感到愧疚。一是今天早上, 刚刚出发, 一头小母狗本来就力气不大, 还总想寻衅闹事, 我一气之下, 照准它的肚子狠狠地踢了一脚。它痛得汪汪叫着, 在地上趴了好半天。我过去抚摸着它, 看到它眼泪汪汪的样子, 自己也差点流下泪来。二是刚才我喂过它们以后, 队中的那头黄狗还是叫个不停。我以为它受伤了, 便仔仔细细地给它检查了一遍身体, 没有发现任何问题, 于是去问鲍尔。鲍尔说, 不必管它, 因为它想 Sex。我这才明白, 原来它到了发情期。可是, 遗憾的是, 无论是时间还是地点, 现在都不可能解决它的问题。

回到帐篷, 已经精疲力竭, 浑身酸痛, 就像散了架。我忍着腰部的剧痛, 好不容易钻进了睡袋, 却又传来了黄狗的叫声, 哀婉, 凄厉, 急切, 吵得我心烦意乱, 无法入睡, 只好闭上眼睛, 又想起了这几天与爱斯基摩狗相处的情形。

自上冰以来, 一路上所能见到的只有两种生物, 就是人和狗。刚开始的几天, 我只把这些爱斯基摩狗当成一种运输工具。现在我才意识到, 这实在是错误的, 它们不仅是鲜活的生命, 而且也是很有感情的生灵。

说实话, 在到北极之前, 我对狗没有什么好感, 它们除了吵闹之外, 还到处拉屎撒尿, 造成环境污染, 而且它们那种狗仗人势、恃强凌弱的媚态更是让人觉得很不舒服。因而我对狗, 向来都是敬而远之。在过去的 50 多年里, 我与狗接触的时间加起来也没有这几天多。只有上冰之后, 与它们朝夕相处, 我才有了全新的认识。

开始的几天, 我对那些爱斯基摩狗并不怎么喜欢, 甚至有点讨厌。首先,它们那种刺鼻的臭味,我实在受不了。有10条爱斯基摩狗,在前面排成两路纵队,一路上轮番作战,不停地拉屎撒尿。它们吃的那种狗粮,经过肚子混合发酵,产生了一种特殊的味道,奇臭无比,令人窒息。而且,那些狗屎狗尿,还会沾到套狗的绳子上,然后再黏到我的手上、身上和睡袋上,晚上带进帐篷里,熏得我彻夜难眠、头昏脑涨、恶心想吐,就连吃饭的时候也是臭气冲天,似乎那种可怕的气味已经钻进了鼻子的味觉神经里;即使在北冰洋上开阔的冰天雪地里,这臭气也挥之不去。

然而,过了几天之后,这种可怕的味道,渐渐地闻不到了。我在心中暗暗窃喜,还以为狗屎的味道可能已经变了。直到今天钻进睡袋时,才忽然发现,自己身上也散发出一股刺鼻的味道,跟狗屎的气味差不多。我这才恍然大悟,原来是入鲍鱼之市,久而不闻其臭,鼻子已经习惯了。

除了难闻的气味之外,还有一点使我难以容忍,就是那些爱斯基摩狗自从来到冰上总是激动万分,非常难以控制。

爱斯基摩狗,是狼和狗交配的产物,既具有狼的野性,又有狗的温顺。它们之间,总是脾气很大、吵闹不休,经常咬作一团、扭打在一起,难解难分。但是,在主人面前,它们却百依百顺,这是因纽特人长期训练和选择的结果。开始的几天,当雪橇翻倒,我费了九牛二虎之力好不容易把雪橇扶起来,还没有站稳脚跟,它们就突然冲了出去,把我摔一个大马趴,弄不好就会来一个嘴啃泥。我当时非常生气,很想把它们痛打一顿。后来,我渐渐地摸出了门道,要想很好地驾驭它们,就必须首先摸透它们的狗脾气。

爱斯基摩狗看上去很凶,叫起来也常常是仰面长啸,像狼似的,但是,它们最大的特点,或者说是优点,就是不咬主人。无论是在野外,还是在家里,爱斯基摩狗对主人总是非常温顺,不论是大人还是小孩,它们都一视同仁,绝不会咬人。有时候,我一气之下,踢它们两脚,或者打它们两下,它们只是委屈地叫两声,绝不会有任何反抗的表示。据说,在过去,狗是因纽特人唯一的牲畜,也是唯一的动力,不仅用来打猎,也用它们拉雪橇和驮东西,可以说是朝夕相处、形影不离。所以,脾气不好的狗都被杀掉了。久而久之,便在爱斯基摩狗的心目中形成了一个强有力的概念,那就是无论如何不能咬人,否则就有生命之虞。

但是,这并不是说爱斯基摩狗是和平的天使;恰恰相反,它们实际上是非常凶悍的,不仅强大的北极熊都望而生畏,怕它们三分;而且在它们之间,也会经常发生激烈的争斗,咬作一团。这时候,你千万不能站在其中,因为它们已经丧失了理智,把不咬人的禁令早已忘到脑后去了。当然,更不能把手伸进去。在那种情况下,它们是无暇区分哪是狗腿哪是人手的。唯一的办法,就是用滑雪杆猛打它们的脑袋。只有这样,才能使它们冷静下来;然后把它们分开。

不仅如此,爱斯基摩狗之间,也有团团伙伙、敌友之分。有些狗脾气相投,见面之后便亲亲密密、卿卿我我。而有些狗则脾气相左,见面之后则怒目相视,一有机会就会扑上去,撕咬在一起,要费很大的力气,才能把它们分开来。因此,在套狗的时候,必须首先弄清楚,谁跟谁能够合得来,尽量把它们套在一起,以保证工作顺利。如果不管三七二十一,把它们随便套上去,就会打得不可开交,一路上老是劝架,根本无法走下去。

除此之外,公狗和母狗之间合理搭配也是非常重要的。一般来说,母狗个子比较小,力气也差一些,但却比较聪明听话,常常可以做头狗,能比较准确地理解人意、把握前进的方向和控制行进的速度。而且,更加重要的是,母狗的存在,可以起到很好的调节气氛的作用。一个队中只要有几条母狗,公狗们干起活来就特别卖力气,而且也容易控制得多,足可以补偿母狗们力气小的缺憾。如果一个队中只有公狗,它们虽然力气大些,却会风波迭起、撕咬不休、寸步难行,非常难以驾驭。

当然,爱斯基摩狗最可爱之处,还是它们的英勇善战和坚忍不拔。只要一声令下,它们就会奋力往前冲,过雪地,爬冰山,顽强拼搏,一往无前;愈到危难之际,愈加拼命冲刺,耳朵直立,身子匍匐,齐心合力往前拉,决不畏难犹豫。那种场面,令人终生难忘、感动不已。

遗憾的是,我们携带的东西非常有限,都是鲍尔凭自己的经验一斤一两计算出来的。而且前途未卜,万一碰上暴风雪、大裂缝或发生意外,行程就得延误。所以,食品和燃料必须留有充分的余地。人当然没有办法定量,必须保证队员吃饱肚皮,才能跟上队伍;如果没有力气,万一掉队,就有生命之虞。但是,狗就只好受点委屈,每天早晚两餐,每顿只有两茶缸的狗食。这是远远不够的,它们总是处于饥饿状态,往往饥饿难忍,从纸片到背带,逮着什么就吃什么。因此,晚上营宿时,必须将它们拴好,把铁链子紧紧地固定在冰上。不然的话,如果让一只狗跑了,就会把所有的食品吃掉或毁坏,整个考察计划就只好放弃。

出于同情和怜悯,我多次建议鲍尔中午给狗一点吃的。但鲍尔就是不肯。当然,这也是不得已而为之,他必须从全局考虑、从长计议。

昨天,鲍尔严肃地对我说:"位博士,要知道,你可怜它们,我是完全可以理解的。其实,这些狗都是我的。我从小把它们养大,又何尝不是如此?但是,我们必须清楚,现在的处境是极端艰难而危险的,如果我们被暴风雪所困或被裂缝挡住去路,一等就得好几天。食品有限,飞机若来不了,必将陷入非常危急的境地。如果东西吃光了,最后没有办法,就只有杀狗来充饥。到了那时,倒霉的还是这些爱斯基摩狗。所以,我们必须硬着心肠,让它们艰苦一些,争取早一点完成任务。平安回去以后,我再给它们好好地补一补身体,你说呢?"

我同意地点了点头,但在内心还是过意不去,走在路上,常常偷偷地给它们扔点吃的,或者同情地摸摸它们的脑袋,安慰说:"你们干得不错,真是太辛苦了。"它们居然也能点点头,或汪汪叫几声,似乎听懂了我的话。

经过仔细观察,我发现,爱斯基摩狗的精神生活还是非常丰富的。例如,现在发情的这头黄狗,体格很壮,身材魁梧,虽不算很聪明,却很舍得卖力气。它看中了一只花母狗。那只花母狗,在另一队里当头狗。只要一有机会,这条黄狗便拼命凑过去,总想跟她打个招呼。而那只花母狗呢,看来也喜欢它,很愿意跟它亲热亲热。但是,她旁边的公狗却不干,总是紧紧地看护着她。只要那只黄狗想来染指,它们就毫不犹豫地冲上去;若不及时拉开,就会来一场恶战。

写到这里,已经快凌晨一点了,那个可怜的爱斯基摩狗仍叫个不停。但是,在现在这种情况下真是爱莫能助,怎么可能去成全它们的好事呢?

剪切带受阻

1995 年 4 月 29 日　　星期六　　　阴　大风　　　北冰洋北纬 88°57′45″

天有不测风云，人有旦夕祸福。夜里一场揭天盖地的大风，早晨仍然阴云密布，看来凶多吉少，不是什么好兆头。

早晨，我们的位置是在北纬 88°57′45″，夜里又往北漂了几千米。按照计划，今天要跨过北纬 89° 大关，也就是要完成路程的一半。然后，将会有飞机来补充给养，并有大本营的队员前来会面、采访。

然而，天却愈阴愈黑，风也越刮越大，并且飘起了雪花，打在脸上，针扎似的。冰情也越来越坏，起伏很大，冰堆如山，裂缝纵横，破碎得非常厉害。经过一阵艰苦努力，到下午，我们已经接近了 89°。正在高兴之际，鲍尔却突然紧张起来。只见前面昏暗的天空中，出现了一道黑黑的乌云，上下直立，直接与大海相连，就像是一堵铜墙铁壁，挡住了我们的去路。

鲍尔眉头紧皱，表情严肃，急匆匆爬上了一个高高的冰山，手搭凉棚往远处张望了一阵子。下来以后，他告诉我说："你看到那条黑色的乌云条带了吧？那就是 watersky，即水色天空！我们已经走到剪切带了！那些乌云，就是裸露的海水蒸发而成的。你们在这里等着，我先到前面去探探路。"说完，他把滑雪杆往冰上用力一戳，双手一撑，滑雪如飞，匆匆而去。

过了大约一刻钟，只见鲍尔从冰山丛中左冲右突，急驰而回，还未到跟前，就大声喊了起来："不好啦！我们已经陷进剪切带里了！冰层破碎得非常厉害，运动得很急，北面向东，南面向西，随时都有裂开的可能！处境非常危险！我们必须赶快后撤！"

当我把情况告诉大家时，如同晴天霹雳，队员们都愣愣地站在那里，神情茫然，呆若木鸡。我的心也凉了半截，因为我意识到，又面临着一次生死抉择。但是，我必须保持冷静，首先要稳住队员们的情绪。要知道，我们在冰上，无论是体力好的还是体力差的，都是在极限的情况下垂死挣扎。每往前走一步，都要付出全身的力气。好不容易来到这里，又要撤回去，那沮丧的心情可想而知。然而，鲍尔的态度却很坚决，不容丝毫犹豫。他一反温文尔雅的常态，面红耳赤地大声吼叫道："再不后撤，我们就会全军覆没！"

生死攸关，没有商量的余地。大家意识到问题的严重，马上掉头后撤。回头一看，刚刚踩出来的脚印，早已漂移得无影无踪了，大家大惊失色。我也感到了时间的紧迫，大声命令说："赶快后撤！我来断后！"

就在这时，突然脚下一颤，像发生了地震似的。冰层"咔咔"作响，一面水平移动，一面往上推挤，眨眼之间升起了一座冰墙，挡住了我们的去路。队员们奋不顾身，一跃而起，抢起滑雪杆，绕过冰墙，奋力往前冲去。

那些机警的爱斯基摩狗，早就预感到情况不妙，一个个又蹦又跳、狂吼乱叫。我等到最后，刚刚站到雪橇的后踏板上，爱斯基摩狗就发疯似的拼命往前猛跑。我身子往后一仰，差点摔下去，赶紧伸出双手，死死抓住雪橇上的横杠。雪橇飞也似的翻上了一道山脊。只听"咔嚓"一声，震天动地，身后的冰层撕裂开来，一股海水喷射而出，直冲云霄，如同一排喷泉。

我死死抓住驾驭的绳子，大声吼叫着："Hop! Hop! Go! Go!"刚刚跑了几步，突然天昏地暗，噼里啪啦地下起了冰雹。

我们死里逃生，冲出了危险地区。队员们一个个惊魂未定，呼哧呼哧地喘着粗气。我清点了一下人数，大家都在，而且都很安全。只有毕福剑，因为扛着摄像机，逃跑时摔了一跤。他紧紧地护住摄像机，右手碰在尖冰上，擦去了一块皮。他一面包扎，一面嘟囔着："真见鬼！这里怎么还会下冰雹呢？"

鲍尔抚摸着那些心爱的爱斯基摩狗，抬起头来望着大家，指了指天空解释说："因为气温太低，海水喷到空中后，很快就冻结了起来，变成了冰雹。"

我看着大家惊魂未定、失魂落魄的样子，心里暗暗感叹："在大自然面前，人类实在是太渺小了！"想到这里，我鼻子一酸，眼泪再也控制不住，哗地涌了出来。我赶紧转过脸去，偷偷擦了一把，流到胡子上的眼泪已经冻成了冰珠。

晚上，我们又回到了北纬 88°57′45″ 的地方安营扎寨，后撤的直线距离差不多有 4 千米。吃饭的时候，鲍尔告诉大家说，这一带有北极熊，他在前面看到了北极熊的脚印，要大家睡觉时提高警惕。而且，因为我们的位置离剪切带还相当近,冰层很不稳定,很容易出现裂缝,所以大家夜里睡觉一定要提高警惕,千万注意,一旦冰层裂开,就要赶快逃命。

就这样,我们仓皇后撤。沮丧、恐惧、痛苦、忧虑笼罩着我们。谁也不知道,我们能否闯过这一关;谁也不清楚,我们还能否到达北极点。

赵进平解释说:"所谓的剪切带,是由于洋流造成的。太阳光把热带的海水加热,热的海水沿着大洋表面向两极流动。在海洋学上这叫作'暖流'。而两极的冷水,则向热带流动,这叫作'寒流'。洋流的速度很快,力量很大,足以把北冰洋上的浮冰撕裂,在北纬 89° 左右形成一个破碎带。这个破碎带很宽,有的地方达几千米甚至十几千米,冰层破碎得很厉害,处处是陷阱。人如果走进去,就很容易陷下去,遭到灭顶之灾。"

天无绝人之路

1995 年 4 月 30 日　星期日　　阴　　北冰洋北纬 89°03′

昨天夜里,大家提心吊胆,想起白天的遭遇都觉得后怕。

今天早晨,醒来一看,营地旁边出现了一条很大的裂缝。大家面面相觑,倒吸了一口冷气,又想起了鲍尔昨晚的告诫,庆幸没有掉进冰缝里。

经过了一个几乎是不眠之夜,一大早,我便和鲍尔商量对策。四只发红的眼睛互相对视着,却想不出一个好主意。一路上总是哼着小调的鲍尔,这时也愁容满面、沉默不语,想了半天,才迟疑地说:"如果要等,必须进一步后撤,因为这里离剪切带太近,随时都有陷进去的危险。而且,我们的口粮也不多了,一天也耽搁不得。如果后撤,只好放弃。"

一听到放弃,我的心一下子就紧缩了起来,就像是压上了一块大石头,几乎喘不过气来,暗暗捉摸着:"大家舍生忘死,付出了如此艰巨的努力,发誓要到达北极点。现在刚刚走了一半,怎么能半途而废呢?"

可是,我们已经有两天与基地失去了联系。我望着队员们困惑的表情和疲惫的身躯,陷入了极度矛盾之中。我觉得,面前这十几人和 20 条狗的生命,仿佛就握在我和鲍尔的手里。是进是退？是生是死？如同一场赌博。我望着队友们,由于长途跋涉、出死入生,一个个满脸憔悴、疲惫至极,精神承受着巨大的压力。我自然而然又想起了他们的家属正在提心吊胆、望眼欲穿,盼望着考察队从北冰洋上能传来好消息。想到这里,我突然增加了无穷的勇气,把手一挥,斩钉截铁地说:"不！我们绝不能就此止步！"

"对！"鲍尔似乎受到了鼓励,一拍大腿,站起来说:"走！我们不能在这里等死。"

"对！继续前进！"我望着大家,振臂高呼,"破釜沉舟！在此一举！"

队伍又出发了,但却没有了先前的生机。大家沉默着,在寒风飞雪中瑟瑟前行,一队幽灵似的。那些爱斯基摩狗,也都沉默着,似乎意识到了处境的危急,一个个无精打采、垂头丧气。而剪切带的浮冰却在继续运动着,挤得嘎嘎作响,像是在嘲笑我们这些手下败将,奈何不得它们似的。就这样,我们沿着剪切带的边缘,走啊走啊,几个小时过去了,仍然无法往北跨进一步。

突然,走在前面的刘少创回过头来大声喊道:"嘿！这里可能有一条路！"

大家急忙围了过去,抬头望去,只见有一排大大小小的浮冰,歪七扭八、高高低低地粘连在一起,蜿蜒而去,通往远处,究竟通到何处谁也说不清楚。再看看浮冰两边的海水,刚刚结了一层薄薄的冰皮,一踩上去,就会发出咕叽咕叽的响声,好像在说:"你们谁敢来试一试？"

我和鲍尔对视了一下,决心立刻下定。"冲！"我大声喊道。因为,这是我们唯一的希望,也是我们唯一的生路。洋流随时都有可能卷土重来,浮冰很容易被冲垮破碎,机不可失,时不再来,稍一犹豫,就有可能全盘皆输。

大家也都瞪大了眼睛,振作精神,沿着那座摇摆不定、刚刚凝固的浮桥,踩着奇形怪状、崎岖不平的浮冰,一路小跑,如履薄冰,经历着一场生死大迁移。浮桥两边的破碎带,不时地上下起伏、左右移动,发出"嘎嘎"的响声,喷出参天的水柱,此起彼落,惊心动魄,仿佛随时准备着把我们这些胆大妄为的入侵者吞没。

经过了半个多小时的急行军,周围渐渐趋于平静。我们脚下的剪切带连同它上面的那道黑云,都被我们甩到身后去了。

我们终于到达了安全地带!大家就像是大难不死、绝处逢生,竟不约而同深深地嘘了一口气。队员中年龄最小、平时很少说话的效存德,忽然冒出了一句:"哈!山穷水尽疑无路,柳暗花明又一村!"

大家围拢过来,七嘴八舌,议论纷纷,都说刘少创又立了一个大功。

是的,确实如此。不过,每个人的心里都明白,这也是一场冒险和赌博。因为谁也不知道,那条路到底通往哪里。如果正好把我们引到剪切带的中央,进也进不去,出也出不来,也许就会全军覆没。

但是,生活本身就是一场赌博,幸运者赢了!倒霉者输了!生命本身当然也是一场赌博!幸运者活了,倒霉者死了!

此情此景,我忽然想起了毛主席"大渡桥横铁索寒"的诗句。但是现在,却已经是"更喜岷山千里雪,三军过后尽开颜"了。

泪洒五一节

1995 年 5 月 1 日　　星期一　　晴 风　　北冰洋北纬 89°12′30″

老天爷像是故意安排好了似的,今天给我们来了一个大晴天,以便鼓舞一下大家的士气。但是,实际上,大好天气却适得其反,每逢佳节倍思亲,因为今天正是"五一",更加引起了队员们的思乡情绪。

在北京,现在正是春暖花开、阳光明媚,一年中最好的季节。但是,在这里,北冰洋的中心地区,却是寒风刺骨、冰天雪地,除了考察队员和那些爱斯基摩狗,放眼望去,看不到任何有生命的东西。

也许是一时兴起,为了排解一下思乡情绪,张军要采访一下自己的难兄难弟毕福剑。可不知道为什么,钢铁汉子毕福剑说着说着,忽然流下了热泪,泣不成声。在场的人都惊呆了。谁也没有想到,这个当过八年海军、体力最好,在任何困难面前从来都没有犹豫过的东北汉子,竟然会感情冲动哭了起来。

男儿有泪不轻弹，只因未到动情处。在这天涯海角，身处冰天雪地，如此孤苦伶仃，随时生死未卜，体力的消耗和精神的压力都已经达到了极限的程度，不是亲临其境、设身处地，有谁能够理解这个五尺男儿的热泪究竟意味着什么呢？

采访完了，继续上路。毕福剑擦干了眼泪，其他人默默无语，只有留在雪地上的脚印和轨迹徐徐往北延伸而去。

北冰洋上的晴天，总是特别的冷。狂风卷起积雪，钻进了袖口和脖领，迷住了人们的眼睛。连那些酷爱冰雪和寒冷的爱斯基摩狗，似乎也抵抗不住狂风的吹袭，一个个步履蹒跚、艰难前行、东倒西歪、默默无声，连叫的力气也没有了。连续超强度作战，它们的体力消耗太大，明显地消瘦下去，冲劲大不如以前了。特别是最近几天，只要一声"休息"，它们就赶紧趴下睡觉，呼喊半天也不愿意站起来。晚上一停下来，它们马上在冰雪上缩成一团，很快就睡了过去，甚至连吃东西都不如以前那样急切了。看着它们愈来愈消瘦的样子，我也不忍心再呼喊它们，哪怕只有五分钟，也让它们好好地睡上一觉。

走着走着，忽然听到远处传来了一种隐隐约约的嗡嗡声。大家的神经就像触了电似的，立刻紧张起来，几乎同时停住了脚步，不约而同地抬起头来，在蛮远的天空中来回搜索。声音越来越近，越来越大，有一个黑点，出现在天际。

"飞机来了！飞机来了！"人们用中文和英文同时欢呼起来。刘少创赶紧打开了 GPS，仔细一看，北纬 89°04′。他丧气地说："嗨！我们挣扎了好半天，实际上才走了还不到 4 千米！"

飞机越来越近，越飞越低，在大家热切注视下，在一片平坦的冰面上徐徐而降。我们的队员欢呼雀跃，一拥而上。舱门打开了，孙覆海、孔晓宁、叶研、刘刚、李乐诗等陆陆续续地从飞机上走了下来。虽然分开了不到 10 天，却像是过了几个世纪。大家紧紧握手，热烈拥抱，笑啊，跳啊，喊啊，叫啊，泪水汩汩而出，落入脚下纯洁的冰雪里。大家目光相对，欲言又止，有好一阵子什么话也说不出来。实际上，此时此刻，什么话也不必说，什么话也是多余的。道是无声胜有声,冰雪无情人有情。

那一天,气温特别低。在那种情况下,人的思维也会变得迟钝,精神也会变得麻木。不过,我尽量地保持清醒,因为有非常重要的问题需要处理。队伍需要做一些调整,我非常希望能看到刘健,他是副领队,代表中国科学院,在基地里运筹帷幄。但是,因为座位有限,刘健便让给记者来采访。他给我带来了一个条子,说让李乐诗留下,让郑鸣来接替张军。

在我们七名队员当中,就年龄而言,张军是老二,而且也是个老党员了。他处处严格要求自己,事事想着整体,工作任劳任怨,确实是很不错的。上冰以来,他做了大量工作,拍摄了许多宝贵的镜头。可是,他的体力已经达到了极限,每天背着沉重的机器,已经尽到了最大的努力,如果再走下去,我怕会把他累垮。而且,张军的航拍技术特别好。而当我们到达北极点时,从空中拍下一组镜头是非常重要的。因此,经与刘健在无线电里多次协商,决定让张军回去。当我们到达北极点时,他再坐飞机过来,完成航拍任务。然而,要知道,已经走了一半多,谁不想走到北极点呢?不过,张军毕竟是张军,他懂得如何服从大局。当我把这些想法向他谈出来时,虽然经过了一番思想斗争,他还是愉快地服从了,这使我很受感动。

那么,李乐诗怎么办呢?这确实是一个大难题。按理说,李乐诗已经付了上冰的经费,又是香港的代表,也是唯一的女性,自然应该上冰。但是,阿乐有很高的风格,为了让科学家取得尽量多的数据,她决定把从 88° 到 89° 这一段路程让给赵进平。然而,问题是,现在冰上的困难程度比所能想象的要大得多。阿乐已经 50 多岁了,既不能滑雪,也无法走路,唯一的可能就是驾驶狗拉雪橇。而我清楚地知道,驾驶狗拉雪橇是玩命的事,一天不知道要摔多少跤。女性到了阿乐这个年纪,骨质疏松,又是在这冰天雪地,万一摔骨折了怎么办呢?根本不可能专门派一架飞机来急救,那将是非常危险的。我想来想去,最好的办法还是让阿乐自己来决定。阿乐也很慎重,她与所有队员包括美国队员都详细交换了意见,倾听了他们的建议。最后,她犹豫再三,还是决定回去。我知道,对她来说,这是一个极其困难的抉择。同样,对我来说也是如此,或者说更是如此。

飞机放下补给物资,停留了大约一个小时。我们先把记者们送上飞机,依依惜别,然后再与张军和李乐诗告别。我与张军拥抱在一起,跳啊,蹦啊,说啊,笑啊,像是两个天真的孩子。张军知道我的难处,一再大声保证说:"位老师,您放心,我回去一定好好准备,绝对把航拍搞好,胜利完成任务!"

阿乐看到我和张军难舍难分,耐心地等在那里。直到我们分开,她才走了过来,握手,拥抱,眼里噙着泪珠。"祝你们平安!"她把脸很快地转了过去。我感觉到她在微微颤抖,心里说:"阿乐,对不起,真是难为你了。"

飞机起飞了,发出尖利的吼叫,像是在大声哭泣。我们都拼命地挥舞着双手,呼喊着,跳跃着,望着它渐渐远去,直到变成一个黑点……看到大家茫然的表情,我赶快偷偷抹去脸上的泪珠。大家心里明白,此次分别虽然不是永别,却也前途未卜。

送走他们之后,我们重新上路。代替张军的是哈尔滨电视台的郑鸣。郑鸣个子很高,一米九几。他块头很大,身材魁梧,像一座小山。我开玩笑说:"郑鸣啊! 有你在我身边,我就安全多啦! 你就是我的靠山!"

郑鸣拍了拍胸脯,笑着保证说:"位老师! 您就放心好啦! 只要有我郑鸣在,就是背,我也会把您背到北极点!"

飞机消失在云层之中,我们走啊走啊,一直走到午夜过后,到达了北纬89°12′30″才停下来休息。

环顾茫茫天空,只有希望在前头。就这样,我们在北冰洋上,度过了1995年的"五一"节。

再见,斯迪格(Steger)

1995 年 5 月 2 日　星期二　　先阴后晴　　北冰洋北纬 89°25′04″

有些事情,细想起来,真像是上天故意安排的。

我们早就知道,美国探险家斯迪格也带了几个女探险家,正在向北极点进军。如果能在这渺无人烟的北冰洋上碰上另外一支探险考察队,那该多好啊! 但是,上天却把我们分得远远的,我们就像是牛郎织女。在北冰洋上,通讯非常困难,冰雪茫茫两无知。

在极地考察,每天早晨最困难的事情之一,就是要离开那个热乎乎的被窝。睡袋下面就是冰雪,躺下的时候,下半身子总是凉凉的。我接受了南极的教训,多谢好友孙覆海,专门给我准备了一条狗皮裤子,垫在睡袋下面,情况就好多了。即是如此,身子下面仍然非常寒冷,几个小时之后才能暖和过来。这时候,又该起床了,思想斗争之激烈,可想而知。

第二则是上厕所,在零下三四十度的冰天雪地里,常常还要顶着刀割似的暴风雪,要把身体的一部分露出来,几分钟就失去了知觉。等把事情办完,站都站不起来了,裤子也提不上。那滋味,真是用语言难以形容。但是,这两件事每天又必须办,只能采取拖延战术,总是拖了又拖,直到最后的关头才咬紧牙关,以最快的速度来一次突击。

昨天睡得晚,今天早晨更是不想动。正在迷糊之中,听到外面有人的喊叫声。接着,鲍尔跑过来说:"位先生,斯迪格来了,他想和你打个招呼。"

我赶紧爬起来穿衣服。但等我穿好靴子,急急忙忙爬出帐篷时,只见远处一队雪橇,正在匆匆离去。原来,我们的营地之间,一条几十米宽的冰缝刚刚裂开,把斯迪格他们隔得远远的;我们可望而不可即,只能挥挥手,互相问候致意。

斯迪格是美国著名的探险家。1986年,他和鲍尔合作,共同成功组织了一次国际性的北极探险考察,中途没有补给,所有的东西一次带齐。他们想以此来证明,当年皮尔里远征北极点是完全可能的。自那之后,他便把目光转向了南极,又成功组织了1989—1990年横穿南极大陆的探险考察。而鲍尔则一直坚持在北极。

今年,斯迪格又把目光转向了北极。他从日本和英国等地招募了几个妇女,带领她们往北极点进发。刚才,他对鲍尔说,他们已经到达了北极点,现在正往回赶。因为等不及了,只好请鲍尔转达他的问候。

没有和斯迪格见上面虽然遗憾,但看看那条巨大的裂缝离我们的帐篷近在咫尺,又觉得真是万幸。这时候,郑鸣和少创正在岸边拍摄。远处有一头海豹,不时地露出脑袋来,机警地向这边张望,一会儿钻出来,一会儿沉下去,自由自在,就是不肯向岸边靠近一步。从冰面上来看,北冰洋几乎是一个死寂的世界,没有动物叫,没有飞鸟鸣,连一个小虫子也没有,这头海豹是我们出发以来看到的第二个活物,所以觉得特别亲切而有趣,似乎是他乡遇故知。

早饭以后,继续前进。走不多久,便看到了斯迪格几天前走过时留下的痕迹。我们沿着他们的足迹,走了很长一段路,冰情不错,省得再去探索新的路子。

美国人中有一个 16 岁的女孩,她滑雪滑得不错,但毕竟是个女孩子,体力总是有限的,几乎每天早上她都在哭。她是为一个公司做广告的,这无疑是一次严峻的考验。大家都在帮助她,只让她空手滑雪,减去她的一切负担。即是如此,她的精神和体力也都已经达到了极限。

今天上午,走着走着,她大概是精神恍惚,便独自一人向远处滑去。大家的体力都不行了,队伍拉得很长,等人们发现,她已经走出很远了。任凭大家呼喊,打枪,她都毫无反应,还是一股劲地往前滑,万一掉进冰缝或遇到北极熊,就很危险了。于是,鲍尔、少创和小毕他们几个体力好的,扔下手里的东西,奋力向她滑去。费了好大的劲,终于把她叫了回来。年轻人与年轻人容易沟通,我便让效存德去陪着她。

下午天晴了,阳光撒在纯洁的冰雪上,整个世界就像是透明了似的。由于光线折射的结果,从微小雪花的晶面上折射出五颜六色的光泽,宛如无数彩灯,跟随着人的步伐前进着、跳跃着,流光溢彩,变幻莫测,仿佛行进在一个童话的世界里。

南极和北极,是地球上最干净的地方,仅有的两块净土。这里空气清新,甜丝丝的,连一粒尘埃也没有。而那些连绵不断的冰堆,奇形怪状,形态各异,有的像行进的大象,有的像俯卧的老虎;有的像是起伏的山峰,有的像是蜿蜒的河谷;有的像是万里长城,有的像是金字塔,似乎世上万物都集中到了这里,由于气温太低,变成了冰雕雪塑。这些大自然的杰作,从我们身边徐徐而过,给我们这些孤独的灵魂提供了精神的享受与视觉的愉悦。

郑鸣来得晚,是个生力军。这个铁塔一样的东北汉子,似乎有永远也使不完的力气,上冰以后,时时刻刻都在关照着我。有他在我旁边一站,我就觉得安全了许多。每逢碰到上坡,他只要用肩膀轻轻一扛,雪橇便上去了;每逢翻了车,他说:"位老师,您腰不好,让我来。"只见他两手轻轻一拽,雪橇便起来了。不仅如此,他知道大家都疲劳至极,便尽量多承担一些其他事务,从烧火、做饭到喂狗、搭帐篷什么都干,事事抢在前头。只要一有机会,无论是在运动之中,还是在别人都休息之后,他便和毕福剑一起,架起机器,拍摄各种镜头。今天晚上,又是他做的饭。他把一种圆饼放在油里煎了煎,再放上一点糖,又香又甜,大家吃得非常高兴。

苍天不负有心人,我们终于走到了北纬 89°25′09″,只剩下 34′51″ 了。如果不出意外,再有三天就可以到达北极点了。大家的情绪高涨起来,帐篷里不时传出笑声。队员们付出如此巨大的努力、为之奋斗的目标很快就要实现了,怎么能不高兴呢?小毕在张罗着搞一个节目,我则在悄悄地酝酿着一首诗。

但是,百步行,九十则半。未来几天,还不知道会发生什么事。我暗暗告诫自己,慎终如始,越到最后,越要警惕,千万不可麻痹大意!

大洋歌声

1995 年 5 月 3 日　　星期三　　　阴　雪　　　北冰洋北纬 89°37′

"西边的太阳怎么也落不了,
北冰洋上静悄悄,
吹起那心爱的口琴吆,
唱起了现编词的歌谣。
……"

此时的北冰洋上一片沉寂。茫茫冰原,除了我们似乎没有任何生命。那些可怜的爱斯基摩狗,一个个都疲劳至极,身体紧紧地蜷缩着,把嘴插进身上的长毛里,缩成一团绒球,连耳朵也都藏了起来,因为用不着再去听什么声音。太阳躲到了雾后,露出一张圆圆的脸,苍白如玉,连一点血色也没有。其他的帐篷早就歇息了,偶尔传来轻微的鼾声。

万籁俱寂。忽然,从我们的帐篷里飞出了欢快的歌声。先是少创那变了调的开头,接着是存德的和声,进平憋了半天才唱出了第三句,栓科和我则不成调地跟着哼哼。我敲打着那只被摔打得坑坑洼洼,里抠外拐,彻底变了形的不锈钢饭碗,试图弄出个节拍来。小毕吹着口琴,头一点一点,腰一弯一弯,和着节拍,胡子像刷子一样,在口琴上蹭来蹭去。郑鸣则抱着摄像机,弓腰曲背,聚精会神地抓拍镜头。他因为个子太大,只好趴在地上,又想离得远一点,便拼命地往帐篷角落里钻,憋得脸红脖子粗,呼哧呼哧直喘粗气。

"不行!不行!"小毕从嘴里拿出口琴,甩出里面的湿气,挥了挥手说,"你们这都唱的些什么呀。"

"你也不能要求太高啊!大家只剩一口气了,能唱出来就相当不错了。"少创争辩说。

"好,那就再来一遍吧。"栓科笑了笑。

于是,大家点头哈腰又唱了起来,帐篷里不时爆发出阵阵笑声。

这就是北冰洋上的一幕,时间是 1995 年 5 月 3 日(加拿大时间)午夜12 点以后。这歌声虽然南腔北调,不成样子,无法跟那些美妙的歌声相媲美,但却是队友们用心,用命,用感,用情,用尽所有的力气唱出来的。

唱完之后,大家已精疲力竭,回到自己的帐篷后倒头便睡,很快就响起了鼾声。

冰上见真情

1995 年 5 月 4 日　星期四　　阴　　北冰洋北纬 89°49′

在地球上的五大洋(包括南大洋)中,北冰洋是最小、最冷、最封闭、最严酷的了。别的不说,就拿生命来说吧,北冰洋也是最特殊的。因为其他大洋,水上可以行船,空中还有飞鸟。而北冰洋,一层厚厚的坚冰,分成了上下两个决然不同的世界。水里照样也有鱼虾,当然比别的大洋可能会少一些。冰上却是生命的禁区,除了偶尔有个别的北极熊活动,再就是那些不怕死的探险家了。因此,我们这样一个有十几个人和20条爱斯基摩狗组成的生命群体,在茫茫北冰洋上,是非常稀有的活物。物以稀为贵,况且又是患难与共、生死之交。所以,每个人对这段经历都刻骨铭心,倍加珍惜。

当然,人与人之间、狗与狗之间,以及人和狗之间,都有一个磨合的过程。一开始,鲍尔和瑞克出于好心,极力主张中国人和美国人混合居住。我很支持他们的主张,带头住到了美国人的帐篷里。但是,由于种种说不清楚的原因,没过几天双方还是分居了。

那些美国人,特别注意保护环境,坚决反对抽烟,担心会污染空气,这无疑是对的。但是,栓科和小毕因为烟瘾太大,实在控制不住,一边滑雪,一边抽烟,晚上躲进帐篷里,还要偷偷地抽几支。每天早晨,美国人看到从我们帐篷里冒出了缕缕青烟,雪里还有烟头,他们就嘟嘟哝哝,皱眉头,提抗议。我就有点护短,虽然也严令禁烟,但又帮着他们打打马虎眼,遮掩过去或解释上几句。

有一天,有一个雪橇翻到了沟里,差一点就掉进水里。瑞克埋怨栓科为什么不帮忙,而那些美国人从旁边走了过去,假装没看见,他却不言语。我一时性起,觉得他不公平,发了脾气,和他争吵起来。

但是,经过这些天的患难与共,误解也好,误会也好,分歧也好,对抗也好,都渐渐过去,都渐渐忘记。当我腰痛时,鲍尔和斯科特送来了药品;当我的雪橇翻倒时,肯尼赶紧帮我来扶;当我们的队员摔倒时,美国人伸出了援助之手;而当美国人累了,我们的队员则主动担当起牵狗喂狗、烧水做饭的繁杂任务。

不仅人与人之间,人与狗之间也是如此。比如像我,开始并不喜欢它们,但是现在,我却深深地爱上了它们。还有进平,虽然没有多少时间驾驶狗拉雪橇,但他和狗却有着深厚的友谊,一有空就去摸摸它们,温存地说上几句。其他队员也是一样,对狗都是关怀备至。这不仅因为它们确实付出了很大的努力,立下了"汗狗"功劳,而且,更重要的是,大家都意识到,同是生命,应该平等相处。

　　今天又发生了一件事。肯尼本来体力很棒,但是因为消耗过大、严重透支,也掉队了,一个人落在了后面,离开队伍越来越远。我把雪橇停了下来,让小毕和栓科去接他一下。据小毕回来说,当他们滑到他跟前时,肯尼跪在地上,以祈求和感激的目光看着他们,几乎流下泪来。小毕拿过了他的背包,栓科把他扶起来,陪着他,慢慢赶上了队伍。路上,他告诉我说,如果不是小毕和栓科去接他,他已经没有力气和信心再往前走了。而他清楚地知道,落在后面不是被北极熊吃掉,就是掉到冰窟窿里淹死。

　　我本来和郑鸣组对,驾驶狗拉雪橇。郑鸣处处照顾我,所以轻松多了。但是,肯尼实在累了,我便请他也来驾驶狗拉雪橇,让郑鸣去滑雪。我和肯尼本来就是老搭档,合作得非常愉快。夜里下了一场新雪,软而蓬松,阻力很大,走起来非常吃力。我和郑鸣推着雪橇,让肯尼尽量在雪橇上面多站一会儿,以便恢复一下他的体力。

　　后来,遇上了一条已经冻结的冰裂缝;上面积雪很少,宽广笔直,一路往北延伸,就像是上天专门为我们开辟了一条通往北极点的高速公路,我们沿着它走了很长一段距离,节约了不少时间和体力。但是,毕竟人困狗乏,不可恋战,走到88°49′时,便停下来休息。

　　还有不到11′了,明天不出意外,赶到北极点应该没有问题。哈哈! 今天很可能是在北冰洋上的最后一个夜晚了,明天晚上或后天早晨,将在北极点来一个胜利大会师!!!

　　不知为什么队员们都兴奋起来,似乎在冰上还没有睡够,对这冰雪之夜,还有点恋恋不舍似的。于是,大家便都聚在一起,又南腔北调地唱起歌来,中国人和美国人,东方人和西方人,黄种人和白种人,男人和女人,虽然语言不同,心境也不完全一致,却能无拘无束、心领神会,彼此之间一点隔阂也没有了。

　　歌声从帐篷里飞扬出来,回荡在北极中心的上空。

　　当然,最后一天更要多加小心! 万万不可麻痹大意!!!

最后的冲刺

1995 年 5 月 5 日　星期五　　晴　　北极点北纬 90°

老天真是作美,连续几天的阴云风雪之后,今天却突然赐给我们一个好天气,阳光普照,晴空万里,明显转暖,微风吹拂,气温升到 −16 ℃。

早晨 7 点半,鲍尔和少创就起来造火做饭。平常大家总是拖拖拉拉,今天却起得特别齐,10 点半拔营起寨,开始向北极点进发。毕福剑和郑鸣担任导演,指挥大家排好队伍,他们则爬到高高的冰山上,拍下了向北极点冲刺的宝贵一幕。我却仍然惴惴,暗暗祈祷着,希望毛主席继续保佑我们,千万不要出事。

走着走着,前面又横着一道裂缝,大约有四五十米宽,上面盖着一层薄薄的雪,闪闪发光,看来还没有冻结实。鲍尔让大家停下来,他先上去试一试。结果,他刚刚走上去,冰层就忽悠忽悠地上下颤抖,有些地方开始冒出水来。大家都为他捏着一把汗,鲍尔却昂首挺胸,镇静自如,走过去之后又走了回来,告诉大家说:"虽然有点危险,但是必须过去。"

于是,他指挥着大家,分散开来,一个个小心地滑过去。而他自己,则赶着狗拉雪橇,大声呼喊着,扬起滑雪杆,猛揍狗的屁股。那些可怜的爱斯基摩狗,虽然已经疲惫至极,但也知道到了关键时刻,否则主人不会如此发怒,一个个便都竖起耳朵,狂叫着,拼命往前冲去。雪橇所到之处,压出一个个坑来,冰层明显地凹了下去。但是,鲍尔毫不犹豫,向对岸飞驰而去,刚刚跨上坚冰,背后的海水则喷射出来。

郑鸣在最后压阵,因为他个大体重,走在冰上,忽闪忽闪,嘎嘎直响。我为他担着心,他却嘻嘻笑着,慢慢腾腾,急得我对着他大声吼叫:"郑鸣!快走!你不要命啦!"

大家顾不得背后发生的一切,只管往前进发。走不多远,又是一条裂缝挡住了去路。这是一条正在活动的裂缝,边上已经固结,中间还没有完全冻住。还是老办法,只能飞奔过去,犹豫不得。但是,在一个急转弯处,雪橇翻了,小毕也倒在了冰上。他却仍然抓住雪橇不放,眼看着就要被拖进水里,我和郑鸣在后面大叫:"放开!放开!"小毕两手一松,雪橇飞驰而去,他躺的地方,离水面还不到一米。我站在坚冰上,让他先不要动。我躺了下去,把脚伸出来,慢慢地向他靠近。小毕抓住了我的脚。我一点一点地往后蹭,把他拖到了坚冰上,脱离了险境。

加拿大中部时间 5 月 5 日晚上,我们终于来到了北纬 89°59′ 的地方,前面不远处就是北极点了! 这时候,美国人所带的两台 GPS 卫星定位仪都已冻坏,只有少创带的那台仪器还能工作。于是,寻找北极点的光荣任务,就落在他的肩上。大家都停下来稍事休息,只派少创前去确定北极点的位置。少创接受了这一光荣而神圣的任务,穿好滑雪板,带上 GPS,斗志昂扬,神气十足,脚下一蹬,便兴冲冲地往前滑去,一面不时地盯着手中的 GPS,转来转去,就像是在冰上寻宝似的,生怕北极点在自己脚下溜过去。大家则急切地盯着他的背影,把一切希望都寄托在了他的身上。

然而,冰是漂的,风是动的,仪器也会有一定的误差。所以,要精确地确定北极点的位置,并不是一件容易的事。只见少创在前面东跑西踮,左瞅右看,一会儿出现,一会儿消失,足足折腾了大半天。大家等得都不耐烦了,高声叫道:"刘少创! 你在那里干什么哪?"

终于,少创从地上站了起来,向这边招一招手,大家则不约而同地向他冲去。距离越来越短,心情愈来愈急了。突然,"叭"的一声枪响,打破了北冰洋上令人窒息的寂静;两颗信号弹腾空而起,划过沉睡的北极雪原上一片晴朗的天空。

"北极点到啦!"接着是一阵狂热的欢呼!"哗"地展开了一面红旗,那是一面五星红旗;映红了几张激动的面孔,那是一群中国人的面孔;天上一轮辉煌的红日,那是一轮不落的红日;地上一道深深的痕迹,那是一道历史的痕迹。大家欢呼、跳跃、拥抱、祝贺,有的热泪盈眶,有的喜不自禁。这是历史的一瞬,定格在公元 1995 年北京时间 5 月 6 日上午 10 时 55 分。

这一时刻,标志着中华民族的足迹终于延伸到了地球的顶端!

这一时刻,宣告了中国人在北极以外徘徊的历史已经结束!

这一时刻,表明了世界上一个最大的民族终于走向了全球!

这一时刻,也昭示着,全人类必须共同关注关心我们所赖以生存的这个星球的未来和前途!

就这样,在 21 世纪到来之前,我们终于完成了中华民族在地球上的最后一次远征。下一个宏伟的目标,则是飞向太空,对宇宙进行探测。于是,我豪情满怀,赋诗一首:

冰封大洋雪满天,
脚下步步是深渊。
裂缝纵横危机伏,
生死只在一瞬间。

飞撬直下九百里,
人困狗乏对愁眠。
梦里忽复百花开,
醒来更觉饥肠寒。

万般思虑皆冷漠,
唯有冰柱挂嘴边。
四顾茫茫何处去,
忽闻已到北极点。

炎黄子孙齐欢呼,
小小寰球已踏遍。
昂首未来望太空,
吴刚嫦娥盼飞船。

极点反思

北极点上。

一阵狂热和激动之后,大家都渐渐冷静下来,恢复了常人的思维和理智。队长李栓科把在天安门出发时,国旗班的战士授予我们的五星红旗拿了出来,招呼大家站成一排,展开了五星红旗,请鲍尔先生给我们拍了一张合影留念。然后烧火做饭,先要喂饱肚子。昨晚已经和基地联系好了,一会儿会有飞机来接我们。但是,什么时候能到,能不能到,都还是未知数。

我想起了那些立下了"汗狗"功劳的爱斯基摩狗,没有它们,我们恐很难完成任务。我走了过去,摸着它们的头,向它们表示感谢。这才发现,它们因为毛发蓬松,看不出来,实际上一个个都瘦得皮包着骨头,羸弱不堪,如果再走几天,怕大部分都会死去。

在北冰洋上考察,辎重是非常重要的。带的东西太多,会增加负担,减缓行进的速度。带的东西不足,吃的又会不够,导致半途而废。人必须吃饱肚子,才能保持体力。狗可就惨了,每天只有两餐。而它们的体力消耗很大,却总是处于饥饿状态,逮着什么吃什么。所以,晚上睡觉的时候,必须把狗用铁链子固定好,否则,只要一条狗处于自由状态,就会把所有的食品糟蹋掉,整个计划只能前功尽弃。

我从雪橇里,把剩下的一袋狗食翻出来,给每条狗面前倒上一堆。它们狼吞虎咽、龙腾虎跃,很快就吃得干干净净。但是,也不能让它们吃得太多,否则会撑坏的。实际上,这些爱斯基摩狗才是真正的无私奉献。它们既不知道什么叫北极考察,也不知道什么是北极点。当然,它们现在也很高兴,一是得到了一顿加餐,二是它们大概也晓得已经可以回家了。

我抱住那条头狗,那是一条母狗,对她深表谢意。她非常聪明,知道该往哪儿走,能理解人的意图。由于语言不通,我们只能默默无语,相互对视,紧紧依偎在一起。我心里明白,当然也只有我明白,我们很快就要分别,各奔东西,而且将是永别。除了多给她一点吃的外,我还能为她做点什么呢?

天晴了,风小了,老天爷似乎网开一面,不想把我们永远留在这里。我离开了那些爱斯基摩狗,不忍心再看下去,爬上了附近的一块大冰块,极目眺望,茫然四顾……其实,北极点并没有什么特别之处,同样是茫茫一片,冰天雪地。但是,为了走到这一点,有多少人默默奉献,有多少人梦寐以求,有多少人慷慨解囊,有多少人艰苦奋斗甚至与死神争斗。有什么意义呢?但这是一种精神的象征,也是一个历史的标记,标志着我们中华民族历经数千年终于走到了北的尽头。

在这里,只有一个方向,就是南。随便往前迈一步,就开始往南走。这就叫作"物极必反"。为什么会这样呢?这是因为北极点是在地球的自转轴上,所有的经线都汇聚于此,纬线则成为一个点,这便是它在地理上的特殊之处。我忽然记起,在济南的大明湖公园里,有一个北极庙,供奉着北极之神,上书匾额曰:位至天枢。枢即"枢纽"之意,天枢即"天的枢纽"。北极星正好是在天的枢纽上,也就是在地球自转轴的延长线上。可见我们的祖先,是很崇敬北极星的,因为它坚定不移,始终如一,成为人类确定方向的标志。

饭做熟了,大家都围了过去,但却胃口大减,一个个归心似箭,对这样的饭菜已经不感兴趣。我分到了一碗稀粥,蹲到旁边去吃。忽然一阵大风,稀饭很快变凉。肚子实在饿了,只能硬着头皮吃下去。

这几年,我就像是疯了似的,连续往北极跑,终于到达了北极点,却不知为什么此刻却没有多少胜利的喜悦,而是深感身心俱疲、孤立、无援,心在思考着不知道能不能安全地飞回去,回到那个遥远的人类世界里。

我离不开人类社会,也不想跳出去。我想既当演员又当观众,继续留在这个大千世界里,继续演戏和看戏。可是现在,我却远远地离开了人类社会,除了一台相当破旧的无线电报话机可以和基地通话之外,与外部世界已经没有任何联系。我突然萌生了一个念头,如果能永远地留在这里,留在这纯洁的冰雪里,又该多好啊!那样我也就可以"位至天枢"了。但是又一想,不行。北冰洋的大冰盖是在不断漂移的,我不可能永远留在这里,很快就会漂到别处去。而且,我必须回去。我必须把所有队员安全地带回去。那么,我们能安全地飞回去吗?我在自己问自己。

天又阴了起来,太阳渐渐隐去,变得朦朦胧胧,弥漫着一层薄雾。忽然,队员们都望向天空,欢呼雀跃:"飞机来了!"爱斯基摩狗们也狂吠起来,又蹦又跳。远处有两个黑点,从云雾中钻了出来,变得越来越大,越来越清晰。队员们早就选好了一块平坦的冰面,站成了两排,把飞机降落的跑道标了出来。飞机一前一后,打着呼哨,慢慢地降落在冰雪上。舱门打开了,基地的队员冲了出来,跌跌撞撞,和迎上去的冰上队员热烈拥抱。又是一阵欢呼,又是一番热闹,又是问候,又是拍照,但这时候的我,却觉得行动迟缓、精神麻木,仿佛自己的大脑也结了冰,思维陷入停顿,像是一架失灵的机器,转动不得。

十几天来,我们怀着一个强烈的信念,就是一定要走到北极点。现在,目标终于达到了,却突然产生了一种莫名其妙的失落感。原先的激动、期盼、向往和神秘感,一下子都不复存在了,代之以漠然、疲惫、迷茫和惆怅。

这时候,我突然有一种不祥之感;潜意识中恍惚觉得,北极点虽然到了,但接着可能还会有更复杂、更困难的局面。果然,当接我们的飞机到达了的时候,我等啊,等啊,却只有三架,第四架飞机到哪里去了呢?

考察队的副领队、基地总指挥、中国科学院刘健同志满脸严肃地向我走来,那几步路似乎是那样的遥远,那几秒钟似乎是那样的漫长。终于,我们的手紧紧地握在了一起,我们的目光直直地碰在了一起。无言,无语,无笑,无泪,只有两颗心在激烈地跳动。

本来,我们计划,25名科考队员在北极点来个胜利大会师。我一问才知道,原来那架飞机出了故障,油箱漏油,中途返回去了。我听了以后,大吃一惊,禁不住出了一身冷汗。没有发生机毁人亡,总算万幸。但是,25名队员在北极点会面的计划却没有实现,只有18名队员相会在北极点。

特别遗憾的是,像张卫、张军、李乐诗、沈爱民、方精云、翟晓斌、牛铮七位同志都来不了北极点。我们原来计划,在北极点来一个胜利大会师,好好地庆祝庆祝;由张军在空中拍摄一些航拍的镜头,肯定非常激动人心。然而,所有这些美好的愿望,所有这些周密的计划,都烟消云散,变成了一个永远也不可能实现的梦。

想象中的东西,总是非常美好的,现实却往往大相径庭。北极点也是如此。我们的祖先,把这里想象成可能有一根通往苍天的立柱,或者有一个直达地心的大洞。整个人类,为此梦想了几万年;中华民族,为此奋斗了数千年;我们这个群体,为此奔走呼号了五六个春秋;冰上队员,为此拼搏了 13 天。可是,当我们站在北极点上时,除了茫茫的冰雪和刺骨的寒风,与其他地方没有什么不同。然而,对中国的北极考察事业来说,这可是一个新的起点。

李栓科,这个一米八五的刚强铁汉,在困难面前从不动摇,在危险面前从不退缩,但是现在,当终于把北极点踩在脚下的时候,他却流下了热泪,哽咽着说:"位老师,我们为之奋斗的目标,终于实现了! 我们国家的北极事业,终于有了一个良好的开端。"

是的,北极之路,是一条洒满了汗水、泪水、热血和生命之路。

北极点并非久留之地,特别是飞机,随时都有可能遭到暴风雪的袭击,或者陷入突然裂开的冰缝。我们必须尽快地离开这里! 一阵短暂的狂欢和激动之后,鲍尔招呼着大家,把所有剩余物资,包括生活垃圾,统统搬上了飞机。最后则是那些激动不已的爱斯基摩狗,争先恐后地钻进了机舱。我最后一个登上舷梯,向北极点最后望了一眼,心里默默地叨念着:"再见吧! 北极点! 这很可能是永别!"

三架飞机相继升空,绕着北极点转了一个圈,算是最后的告别和致意;然后掉头往南,加大了油门,挣脱了地球引力的束缚,渐渐离开了地面,斜刺着向空中冲去。我透过身边的舷窗,望着渐渐远去的北冰洋和那些我们在上面留下的、横七竖八、杂乱无章的人类痕迹,距离越来越远,视野越来越大,冰脊起伏,裂缝纵横,阴云密布,冰雪无涯,渐渐变成了一幅巨大的抽象画。

我俯在舷窗的玻璃上,盯着那渐渐远去的冰雪和那纵横交错的裂隙,先是深感轻松,因为它们再也奈何我不得;接着又觉得惋惜,因为也许这就是永别,我可能再也见不到它们了。

然而,不管我的感受如何,世界都继续在无穷无尽地变化着。脚下的冰原,在向着远方延伸。头上的蓝天,在向着太空扩大。而夹在蓝天和冰雪之间的白云,则在风力的鼓动下变幻莫测,飘浮不定,从飞机四周擦身而过。这时候,我心中突然萌发出了一个奇怪的念头,觉得在冰雪上的那 13 个日日夜夜,是我一生中最为纯洁的时刻。纯洁的大气,纯洁的海洋,纯洁的天空,纯洁的太阳,纯洁的暴风,纯洁的阳光,纯洁的孤寂,纯洁的凄凉。所有这些纯洁,共同孕育和塑造出了那些纯洁的冰雪,是那样纯正无邪,是那样洁白无瑕。在这样的环境里,人与人之间的关系是纯洁的,人与狗之间的关系是纯洁的,人与大自然之间的关系是纯洁的,因此,人们的心灵也都是纯洁的。

现在,所有这些纯洁,正在渐渐地离我而去。大气中的烟尘愈来愈多,心灵上的阴影也愈来愈浓,于是开始后悔,觉得真不该登上这架返程的飞机,如果能长眠在那片洁白、晶莹的冰雪里,使灵魂得到升华,该是一种多么难得的幸福!

然而,极度疲劳的身躯,已经不堪这思维的重负,眼皮愈来愈长,脑袋愈来愈低,终于蜷缩到那个狭小空间的机舱角落里,渐渐坠入梦乡,进入到另外一个更加虚无缥缈、广阔无垠的世界里。

想起了毛主席

我们这一趟北极之行,虽然也遇到了许多危险和困难,但还是顺利地到达了北极点。鲍尔一路上总是半开玩笑地说:"这都是毛主席保佑的结果。"因此,当我终于站在北极点上的时候,自然而然又想起了毛主席。

毛主席不仅是伟大的革命家、政治家、军事家,而且也是伟大的诗人。他的诗词,不仅是中华民族文学宝库当中的奇世珍宝、重要财富,而且在世界文坛上也是熠熠生辉、光彩夺目。

不知为什么,当我站在北极点上时,却突然想起了毛主席的一首诗。

水调歌头
游　泳
一九五六年六月

才饮长江水，
又食武昌鱼。
　万里长江横渡，
极目楚天舒。
　不管风吹浪打，
　胜似闲庭信步，
今日得宽馀。
子在川上曰：
　逝者如斯夫！

风樯动，
龟蛇静，
起宏图。
一桥飞架南北，
天堑变通途。
　更立西江石壁，
　截断巫山云雨，
高峡出平湖。
神女应无恙，
当惊世界殊。

　　当然，这是40年以前的事。那时候，武汉长江大桥正在规划之中，而长江三峡水库还只是在诗人头脑里的想象而已。但是现在，不仅好几座长江大桥早已通车，三峡水库也已经施工，我们的卫星也早已上天，炎黄子孙的脚步也终于延伸到了南北两极。于是，我心情激荡，豪情满怀，斗胆包天，

偷梁换柱,临摹成如下诗句:

水调歌头
极地行
一九九五年五月六日

先饮南极水,
后食北极鱼。
万里山川飞度,
极目苍天舒。
不管风暴雪狂,
胜似腾云驾雾,
魂系梦中路。
子在天上曰:
生者如斯夫!

日月动,
两极静,
连广宇。
一星飞转太空,
天地变通途。
再看环球如玉,
更有长龙飞舞,
沧海起宏图。
毛公应无恙,
当惊宇宙殊。

再过几年,历史的车轮即将进入下一个世纪。而在即将过去的这个世纪里,我们中华民族经历了何等深刻的巨大变化啊! 特别是改革开放以来，更是扬眉吐气于天下。如果没有改革开放，我们怎么会走到北极点呢？由此可见，在当代，走向全球，认识全球，树立一种全球观念，对于一个民族的生存和发展是至关重要的。这正是：

世纪之交大冲动，
中华民族两极行。
跳出地球看世界，
东方飞起一条龙。

中国科学技术协会编

关于开展北极

国家地震局地质研究

……出师捷先展。

三迟不是浅，冒昧地给您写信

时将我地又去北极事业的事

目。现将信件和惟村封寄，

若有针上的经过事情寄成。

水，惟望我夕机套到暨地要去，

陈在接（李刘）有方平平幸幸。

马谢！祝春等摘快！

敬向嫂夫人及全家问好！

X X X X X X X X X X X X X X X X 电店，

X X X X X X X X X X X X

二　文档

附件1:科协情况

科 协 情 况

第 65 期

(总 415 期)

中国科学技术协会编　　　　一九九二年十二月十二日

关于开展北极考察研究的建议

国家地震局地质研究所副研究员　　　位梦华

作为一名实地考察过北极地区,并对北极进行了初步研究的科研人员,借十四大之东风,经再三考虑后郑重建议:现在是中华民族向北极进军的时候了。理由如下:

北极在军事上的重要性正在增强,战略地位不容忽视,北极地区现存的核打击力量对我国的安全已构成了潜在的威胁。因此,对于北极的形势和动态应该给予密切关注。

北极自然资源极为丰富,将来世界其它地方的资源日渐枯竭时,北极必将成为人类社会最重要的能源基地之

— 1 —

一．

　　由于特殊的地理位置，北极科学考察与研究在当前"全球变化"科学活动中越来越重要。北极环境与北半球天气系统及北方洋流关系密切，并直接影响我国北方大部地区气候变化。因而构成我国未来气候变迁和农业前景预测的必要依据。

　　与南极不同的是，北极有原始居民，因此在世界人文科学的研究中也是不可缺少的一环。

　　可以肯定地说，北极系统与我国在军事战略、经济资源、科学发展等各方面都有直接的利害关系。我国至今已进行了十余年南极考察，而作为北半球国家，更应及早进入北极领域，在国际北极事务中取得发言权与决策权，以维护我国应有的权益。

　　以前，由于领土分割与军事对抗，非北极国家要涉足北极事务是非常困难的。但现在情况已经大为改观。1990年，由加拿大、丹麦、芬兰、冰岛、挪威、瑞典、美国和前苏联等在北极有领海和领土的8个国家发起并成立了"国际北极科学委员会"。该委员会的宗旨、性质、权限等与"国际南极科学委员会"(SCAR)相似。1991年1月在奥斯陆召开的第一次会议上，委员会接纳法国、德国、日本、荷兰、波兰、英国为其正式成员国。人类共同合作研究和开发北极的时代已经开始。

— 2 —

就国内情况而言，自改革开放以来，在向南极进军的过程之中，我们已经培养和锻炼出一大批熟悉科研业务和极地后勤技术，事业心强，能吃苦耐劳，具有献身精神的骨干队伍。同时也取得了丰富的实践经验，并置备积累起一定的基本物质装备条件。北极离我们更近，所以相对来说也要容易一些。如果我们把一部分力量转向北极，可以说是轻车熟路，无论是考察、研究还是探险，都不会有什么问题。实际上，有些科学，如大气，冻土等，已经在不同程度上分别参与了北极的考察和研究工作。我们向北极进军的条件已经成熟。为此建议：

1.由于两极地区关系到全球性和长远性的重要利益，因此，对于两极的考察和研究决不仅仅是科学问题，而是涉及到军事、政治、资源、环境等极其敏感的领域。并且，从长远的观点来看，两极事务的重要性无论是对于人类还是对于我们国家都将与日俱增。所以，国家应设立专门的机构来处理有关事宜。建议将国家南极考察委员会加以扩充和调整，改名"极地考察委员会"来统管两极事务。

2.为了尽快参加国际北极科学委员会，建议组织一支小分队进行首次探险性北极考察，尽早地将我们的五星红旗插到北极点去。同时着手组织精干的科研队伍进入北极，开展行之有效的国际合作。

— 3 —

报：中共中央、国务院领导同志及有关部委；全国人大常委会和全国政协。

送：中国科协主席、副主席、常委、书记处书记、特邀顾问；各省、自治区、直辖市党委办公厅、人民政府办公厅；各有关新闻单位。

发：各省、自治区、直辖市科协；计划单列城市科协；全国性学会、协会、研究会。

— 4 —

附件2:科协同意成立北极科学考察筹备组的批复

中国科学技术协会文件

[1993]科协发学字110号

关于同意中国地质等七学会
成立北极科学考察筹备组的批复

各有关全国性学会：

　　学术团体发挥自身优势推动北极科学研究和考察是一项很有意义的工作。经研究，同意中国地质学会、中国地球物理学会、中国生态学会、中国海洋学会、中国气象学会、中国地理学会、中国科学探险协会联合成立北极科学考察筹备组。希望以积极、严谨、慎重的科学态度，在有关部门的指导下，认真开展有关工作。

中国科协
1993年3月10日

　　主送：中国地质学会、中国地球物理学会、中国生态学会、
　　　　　中国海洋学会、中国气象学会、中国地理学会、
　　　　　中国科学探险协会

附件 3:科技工作者建议

内部刊物

领导批示:

科技工作者建议

第 4 期（总第 191 期）

中国科学技术协会编　　　　　1993 年 4 月 11 日

关于组织深入北极点综合性科学考察的建议

国家地震局地质研究所研究员　　　位梦华

　　编者按：实地开展过北极地区科学研究的国家地震局地质研究所研究员位梦华同志，曾于 1992 年 10 月提出《关于开展北极考察研究的建议》，受到有关领导和部门的重视，产生一定影响。在此基础上经与有关科学家反复磋商，进一步提出《关于组织深入北极点综合性科学考察的建议》，供领导参考。

—1—

为了及早进入北极领域，在国际北极事务中取得发言权与决策权，以维护我国应有的权益，作为一名实地考察过北极地区，并对北极进行了初步研究的科研人员，在提出第一个建议（见附件）之后，经再三考虑，并与有关领导和科学家反复磋商，现就组织一次深入北极点的综合性科学考察活动进一步提出如下建议：

一、立即着手组织一次主要由中、青年地球科学家（包含来自台湾和香港的科学家）参加的，包括地质、地球物理、气象、生物、海洋和大气等学科的综合性北极考察，为我国的北极科学考察事业奠定基础和培养人才，并为我国尽早加入国际北极科学委员会创造必要的条件。

1. 时间安排：由于北极的自然条件非常复杂，参考国外类似经验，组织这样的考察活动一般要用三年的时间。初步设想是：1993 年 12 月到 1994 年 1 月间，选择最冷的时候，大约用一个月的时间，沿黑龙江冰面逆流而上，徒步行走五百公里，首先到达中国的北极点-漠河以东大约一百公里处，进行一次实地拉练。在这期间，不下冰面，不与外界接触，最大限度地模拟北极的情况，以检验考察队员的适应能力及装备、组织、后勤支援系统的安全性与可靠性。如果没有太大问题，1994 年 3 月组织

— 2 —

精干考察小组，取道俄罗斯进入北极区，预计用三个月时间，完成试探性科学考察，争取到达北纬85°以北，以便取得经验，同时获取具有一定份量的科研成果。最后，中国北极科学考察队于1995年3月正式出发，进行最后冲击，争取在5月1日之前到达北极点。

由于夏季气温上升，北冰洋冰面融化裂解，形成宽阔浮冰带，致使冰上考察队行动极为困难。而秋天冰层尚未固结，且很快进入极夜，考察队无法实施科考操作。冬天不仅严寒，而且黑暗。所以，只有春季是北极考察队出征的最佳时机。

2. 路线选择：自1990年以来，世界至少已有10支考察队成功到达北极点，其中有8次是从加拿大进入北极的。我们是一个亚洲国家，又是第一次科学考察，如果仍沿外国人多次走过的路线，再去重复第9次，显然已没有什么实际意义。因此建议，从亚洲海岸出发，沿东经120°北进，闯出一条别人没有走过的路。这里靠近北地岛，便于设立地面基地，又有俄罗斯的飞机和破冰船来往，必要时可以提供海上和空中支援。如果能与独联体合作，更可以借助于他们的经验，并节省经费。这条路线距我国较近，运输与联络相对比较容易。

— 3 —

3. 所需装备: 在北极生存, 必要的物质条件包括6大环节, 即野外装备 (包括运输工具、炊具和帐蓬), 服装 (包括睡袋), 食品 (包括饮料), 燃料, 通讯和后勤补给。任何一个环节出了问题都会造成严重的后果。这是一项系统工程, 必须极其周密地加以策划, 有些装备甚至需要根据北极的情况专门加以研制。

二、鉴于国家当前还没有专门机构来处理北极事务, 而时间又很紧迫, 因此建议暂由中国科协出面支持, 调动有关全国性学会的力量, 形成一个中国民间北极考察和科学研究机构, 来组织和承担这次考察任务。在该机构未正式成立之前, 以筹备组的名义开展工作。

三、根据国外经验, 组织这样一次考察所需经费100万美元左右。考虑到当前的实际情况, 建议由民间自发筹资, 这也是民间组织的便利之处。由于这是关系到全中国、全民族, 乃至子孙后代长远利益的大事, 具有很大感召力, 因而相信海内外的炎黄子孙是会乐于相助的。根据初步接触, 不仅国内一些大的企业对此有浓厚的兴趣, 而且海外也有许多人士极表赞许。例如, 单是香港地区南北极科学考察协会即已筹集了25万美元准备赞助大陆的北极考察活动。因此, 建议尽快组建"中国北极考察

— 4 —

和科学研究基金会",以筹措资金。

四、两极事务是很敏感而且复杂的。尽管具体考察活动可由民间机构承担,但在国际政治背景中,这类活动终究无法完全避免明显的政治色彩,其影响也总是超越自然科学而涉及国际政治、经济、军事等领域。因此,有关北极考察的总方针和政策必须置于政府的控制之下,世界各国莫不如此。当今,纯粹的北极探险时代早已过去,在当前一股"北极热"很可能即将掀起之时,建议中央及有关部门能给予关注并正确加以引导。

— 5 —

附件:

关于开展北极考察研究的建议

位梦华

(1992 年 10 月 30 日)

1. 北极在军事上的重要性正在增强，战略地位不容忽视，其现存的打击力量对我国的安全已经构成了潜在的威胁。因此，对于北极的形势和动态应该给以密切关注。

2. 北极自然资源极为丰富，当将来世界其它地方的资源日渐枯竭时，北极必将成为人类社会最重要的能源基地之一。

3. 由于特殊的地理位置，北极科学考察与研究在当前"全球变化"科学活动中越来越重要。北极环境与北半球天气系统及北方洋流关系密切，并直接影响我国北方大部地区气候变化。因而，北极环境系统的状态及变化构成我国未来气候变迁和农业前景预测的必要依据。此外，在南极考察的基础上及时开展北极科学考察与研究，不仅可使我国科学家有机会从"整体地球系统"角度直接参与国际北极科学活动，亦可望获得具有重要科学意义及较高显示度

—6—

的研究成果。

4. 与南极不同的是,北极有原始居民,且与中华民族祖先渊源相接,因此在世界人文科学的研究中也是不可缺少的一环。

5. 可以肯定的说,北极系统与我国在军事战略、经济资源、科学发展等各方面都有直接的利害关系。我国至今已进行了十余年南极考察,而作为北半球国家,更应及早进入北极领域,在国际北极事务中取得发言权与决策权,以维护我国应有的权益,并为人类和平利用北极做出我们中华民族的贡献。

6. 以前,由于领土分割与军事对抗,非北极国家要涉足北极事务是非常困难的。但现在情况已经大为改观。1990 年,由加拿大、丹麦、芬兰、冰岛、挪威、瑞典、美国和前苏联等在北极有领海和领土的 8 个国家发起并成立了国际北极研究科学委员会。该委员会的宗旨、性质、权限等与国际南极研究科学委员会 (SCAR) 相似。在 1991 年 1 月奥斯陆召开的第一次会议上,委员会接纳法国、德国、日本、荷兰、波兰、英国为其正式成员国。也就是说,人类共同合作研究和开发北极的时代已经开始,同时也为非北极国家进入北极领域提供了一个很可能

—7—

相当短暂的历史机会。

　　7. 我们国内形势大好，党的"十四大"令人欢欣鼓舞。在南极考察过程中，我们不仅培养和造就了科研与后勤技术队伍，积累起了丰富经验，而且已经具备了必要的物质装备。可以说是万事俱备，时机成熟。作为一个世界性大国，尤其北半球重要国家，我们应该尽快迈出向北极进军的步伐。为此，建议国家尽快成立专门机构，来统一组织管理南、北极事务。

报: 中共中央，国务院，全国人大，全国政协。

送: 中央和国务院有关部委，各省、自治区、直辖市政府、党委、科协，中国科协所属各团体。

— 8 —

附件 4：俞正声的批示

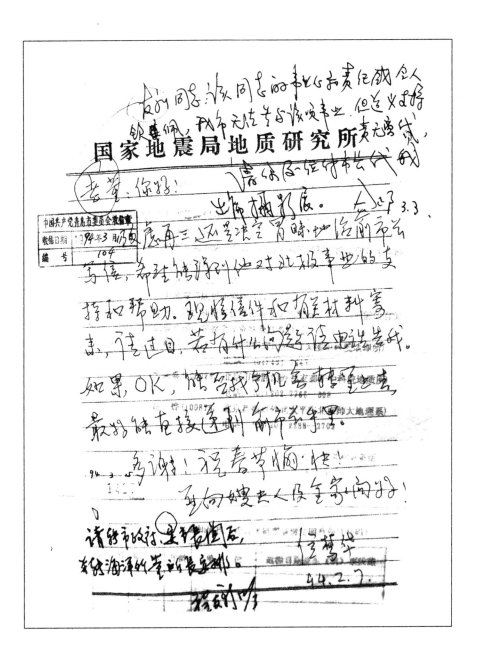

附件 5：位梦华写给温家宝的信

国家地震局地质研究所

笔上，若有可能，才能让百姓了中健享以住且。

北极开发的历史竟与我们中华民族息々相关的。早在一万多年以前，正是我们的祖州人首先进入北极地区，而后来西方人踏进引以此极探险却已迟为一早回纥中国之险。现在，人类即将进入了从科学上去认识北极的重要阶段，我们中国人也不应让再拖年亲见了。况且，北极与我们未来的生活如发展有着极其密切的关系。因此，尽此角度北极考察，不仅利国利民，乃以造福子孙后代，而且对发扬光荣传统，振奋民这种神又具有重要意义。世界需要了解中国，中国更需要了解世界！

故而冒昧地写信给您，希望得到您的帮助和支持。垫望面答复，特布

一九九□□□□□□八月收悉。□□□年，由加拿大、丹麦、

国家地震局地质研究所

希将温和信息转达给中央其他领导同志。

如果江总书记、李鹏总理及你本人能为

我国的北极事业题词，那将是对我们

极大的鼓舞和鞭策。

正因北极关系到国家和民族的长远利益，

事关重大，所以，如果方便的话，我很想

向您当面汇报。

顺颂

春安！

信德华

一九九四.1.6.

附件 6：马杏垣写给温家宝的信以及温家宝的批示

附件7：国家科委文件

国家科学技术委员会

国科函[1994]80号

关于组织北极科学考察的复函

中国科学技术协会：

你会"关于组织北极科学考察的报告"收悉。经征求有关部门和专家意见，认为这件事情非常重要，但从当前我国的实际情况考虑，由国家出面组织开展这项工作，时机尚不成熟，条件还不具备。根据宋健主任的指示精神，我们赞成由你会支持民间的北极科学考察计划，请你会研究决定。开展这项工作，涉及的问题很多，情况比较复杂，难度较大，望务必在遵守国家有关规定的前提下，严密组织，精心计划，周到安排，精心指挥，以确保科学考察和安全双丰收。

— 1 —

（此页无正文）

一九九四年五月六日

主题词：〔北极〕　考察　函

抄送：国务院办公厅，国家海洋局

— 2 —

附件 8:北极考察筹备组和浙江电视台合作拍摄电视片的协议书

中国北极科学考察筹备组

浙 江 电 视 台

关于合作拍摄电视片《世纪间的传递 —— 北极随想》

协 议 书

为配合中国即将开展的北极科学考察活动,以及在新世纪到来之际,对人类共同关心的问题作一个回顾和展望,中国北极科学考察筹备组(甲方)和浙江电视台(乙方)经过多次协商,同意共同合作拍摄电视系列片《世纪间的传递－－北极随想》,签订协议如下:

一、本活动是中国北极科学考察活动的重要组成部份,也是浙江电视台1994~1995年度宣传计划中的重要内容,由浙江电视台和中国北极科学考察筹备组共同组成摄制组。该摄制组成员为中国首次赴北极科学考察队正式队员。

二、摄制组组成如下:

总 顾 问:位梦华,中国北极科学考察筹备组负责人。

制片人,编导:高克明,浙江电视台社教部主任。

编 导:姜德鹏,浙江电视台社教部编导。

摄 像:史鲁杭,浙江电视台社教部摄像。

浙江电视台和中国北极科学考察筹备组各出一名主管领导任该片监制,对该片的工作进展及质量负责。

三、责任与义务:

甲方:负责对外联络,收集北极资料。

乙方:负责立项,组团,办理出国报批手续,以及电视片的构思、编导、拍摄及后期制作。

四、经费

① 本项活动所需经费由甲乙双方共同筹措。

② 电视片的摄录、编辑、制作以及设备使用、购置费用由乙方解决。

③ 摄制组人员的酬金按有关规定由双方协商决定。

五、成果

本活动所有成果，为甲乙双方共有，利益均享。

电视片素材，由乙方保存，甲方有权复制和使用。

电视片成品，由乙方保存，甲方有权复制和使用播出版本。

六、未尽事宜双方协商再定。

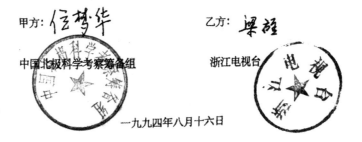

甲方：信梦华

乙方：梁醒

中国北极科学考察筹备组　　　　　　　浙江电视台

一九九四年八月十六日

附件 9：中国科学院厅局文件

中国科学院厅局文件

协调字(1995)013号

关于中国首次远征北极点科学考察队组织机构的通知

各有关单位：

经研究，现决定中国首次远征北极点科学考察队的组织机构设置如下：

领队：位梦华，中国北极科学考察筹备组组长，负责总体工作，对考察过程中有争议的问题有最终决定权。

政委兼副领队：翟晓斌，中国科学技术协会，负责政治思想及宣传工作。

副领队：刘健，中国科学院协调局，负责科考协调及外事工作。

科考队长：李栓科，中国科学院地理所。

新闻组长：孔晓宁，人民日报社。

副组长：张卫，中央电视台。

北京联络部主任：刘小汉，中国科学院地质所
    副主任：中国科学技术协会（待定）
    副主任：杨小峰，国家地震局地质所。

中国科学院自然与社会协调发展局
一九九五年三月二十一日

主题词：北极　科考　组织
抄　送：中国科学协会，南德集团

附件 10：科协办公厅文件

中国科协办公厅文件

［1995］科协办发字 019 号

关于北极科考集资问题的通知

北极科学考察筹备组
中国首次远征北极点科学考察队：

　　今年 3—5 月的中国首次远征北极点科学考察经费已经中国科协、中国科学院、南德经济集团三方正式签署合作协议书，科考所用经费由南德集团予以解决。为此，筹备组和考察队在国内外不再以中国科学技术发展基金会北极科学考察研究基金管理委员会以外的名义集资，望遵照执行。

中国科协办公厅　　　　　中国科学院办公厅

1995 年 3 月 29 日

抄送：南德经济集团、中国科学技术发展基金会

中国北极科学考察筹备组顾问名单

徐冠华	国家科委副主任	（院士）
刘 恕	中国科协书记处书记	
陈宜渝	中科院副院长	（院士）
朱 训	全国政协秘书长	（院士）
杨伟光	广电部副部长兼中央电视台台长	
武春河	人民日报副总编兼人民日报海外版总编	
孙 枢	国家自然科学基金会副主任	（院士）
孙鸿烈	国科联副主席	（院士）
卢良恕	中国工程院副院长	（院士）
牟其中	南德集团总裁	
陈述彭	中科院地理所名誉所长	（院士）
周秀骥	中国气象科学院名誉院长	（院士）
马宗晋	国家地震局地质所所长	（院士）
秦大河	中科院协调局局长	
周 良	中国测绘工程规划中心主任	
官景辉	国务院研究室副局长	
刘学胜	国家外汇管理局司长	
郭 琨	中国科学探险协会副主席	
金 涛	中国科普出版社社长兼总编	
高登义	中国科学探险协会常务副主席	

组织组：周彩珍

附件 11：中国北极考察筹备组文件

中国北极科学考察筹备组

北科考发字（　　）号

杨伟光台长：

　　首先感谢您同意担任中国北极科学考察筹备组顾问，这是对我国民间科学考察北极事业的关心和支持。

　　筹备组已于 1 月 28 日顺利完成了松花江冰面上的模拟训练，目前正在筹备 3 月底首次远征北极点的活动。我们拟于本月 20 日左右召开第一次顾问工作会议，向各位顾问汇报筹备工作，研究今后工作重点。

　　由于电视报道的特殊性和重要性，我们恳切希望能在顾问工作会议正式召开前，向您专门汇报有关情况，并得到您的指导。

　　　　　　　　　　　　　　　　　　此　致

　　敬　礼

　　　　　　　　　　　中国北极科学考察筹备组

　　　　　　　　　　　一九九五年二月七日

附件 12：北极考察筹备组和南德集团合作协议书

（附件一）

中国北极科学考察筹备组　南德经济集团　北极科学考察活动

合作协议书

中国北极科学考察筹备组（甲方）与南德经济集团（乙方）就联合进行北极科学考察活动事宜进行认真磋商，达成以下条款：

一、合作进行北极科学考察项目的来由及意义。

根据国科函[1994]80号和[1993]科协发学字110号文件精神，由中国地质学会、中国地球物理学会、中国生态学会、中国海洋学会、中国气象学会、中国地理学会、中国科学探险协会联合成立北极科学考察筹备组。

开展北极考察对于科学的研究具有极其重要的意义，北极地区是地球上我们中华民族的足迹尚未达到的唯一地区，进军北极，将中华民族的足迹延伸到北极点，更是中华民族精神的充分体现。

二、甲方负责北极科学考察活动的组织实施和此次活动的整体宣传策划。乙方负责科学考察资金的筹集。

三、乙方出资300万人民币，用作甲方长期组织北极科学考察的专用资金费。300万元分批到位，第一批不少于50万元。

四、甲乙双方负责组织专门监察小组，每一笔资金的使用，必需经过双方的论证、认可。以保证所筹资金专用于北极科学考察，防止资金挪用它途。

五、甲方负责向国家有关部门申办成立中国民间北极科学考察研究基金，该基金由乙方负责运作。

六、本协议由双方项目代表签字盖章后即生效，有效期暂定10年。

七、本协议未进事宜，双方本着友好协商的精神再议。

甲方　　　　　　　　　　　　　乙方

中国北极科学考察筹备组　　　　南德经济集团

1995年1月8日

(附件二)　　中国科协　中国科学院　南德经济集团

合 作 协 议 书

中国科学技术协会　中国科学院（甲方）与南德经济集团（乙方）就联合进行北极科学考察活动事宜进行认真磋商，达成以下条款：

一、合作进行北极科学考察项目的来由及意义

根据国科函[1994]80号文件精神，经多次协商，双方认为以社会集资方式支持北极科学考察研究事业是一种可行方式，也是科技体制改革的一种尝试。为使这种社会集资活动有领导、有组织、依照法律和有关规定稳定有序地进行，甲乙双方决定共同成立中国科学技术发展基金会北极科学考察研究基金管理委员会，为中国北极科考事业的发展筹集管理资金。

二、中国北极科学考察研究基金管理委员会成立后，以管理委员会名义通过新闻媒介向社会发布公告。

三、中国科学技术协会负责主持，中国科学院负责组织北极科学考察活动的实施，甲、乙双方共同负责此次活动的宣传策划，乙方承担在国内外举办各种形式的社会活动和商业性活动，为北极科学考察募集资金。本协议签定之日起五年内，争取使本金发展到5千万元人民币。

四、乙方出资300万人民币，用作甲方组织首次北极科学考察的专用经费。其中30万人民币作为基金的本金不得挪用。300万元分批到位，第一批不少于50万元。

五、基金管理委员会以北极科学考察为名筹集的资金必须首先进入中国科学技术发展基金会北极科考专项基金，由基金管理委员会统一管理，资金的使用必须经过管理委员会的审议和批准。以保证所筹资金专用于北极科学考察研究，防止资金挪用它途。

六、甲方在适当时期按国家有关规定将本基金过渡成立中国北极科学考察研究基金，并将北极专项基金从中国科学技术发展基金会中转到中国科学考察研究基金会，该基金会由甲乙双方共同运作。

七、本协议由双方项目代表签字盖章后即生效，有效期暂定5年。

八、本协议未尽事宜，双方本着友好协商的精神另行再议。

甲方　　　　　　　　　　　　　乙方
中国科学技术协会　中国科学院　　南德经济集团

1995年3月20日

附件 13:位梦华的"生死合同"公证书

公　证　书

中华人民共和国北京市公证处

声 明 书

我自愿参加中国首次远征北极点科学考察队，并将遵守以下规定：

第一、遵守考察队纪律，服从北京指挥部有关出发欢送式、回国迎接式时间、交通、食宿和人员安排。出发之后、不提出中途退出考察队的要〔求〕。

第二、信赖考察队的安全保障、紧急救生及社会保险措施，如遇意外伤〔害〕，将依考察队在美国和中国有关保险公司投保的索赔条例办理，不再向〔组〕织单位提出额外补贴要求，也不要求组织单位安排家属赴美国、加拿大〔探〕视。

第三、信赖考察队的急救措施，如遇意外伤亡，将依考察队在美国和中〔国〕有关保险公司投保的索赔条例办理，不再向组织单位提出其它抚恤要求。〔组〕织单位可安排一至两名亲属赴基地处理后事，但不将遗体运回国，只在〔当〕地或安葬或火化后带回骨灰盒。

第四、本人的（丈夫、妻子、父亲、母亲、儿子、女儿）李梦华为本〔声〕明的唯一授权人，处理一切事宜。

第五、本声明自考察队离京赴北美之日起生效，于考察队返京之日为止。

信梦华（签名）

一九九五年三月三十日

公　证　书

（95）京证内字第01688号

兹证明位梦华（男，一九四〇年十月二十五日出生）于一九九五年三月三十日在北京市，在我和公证员王瑞林面前，在前面的声明书上签名。

中华人民共和国北京市公证处

公证员

一九九五年四月二十一日

附件 14：1995 年十大科技新闻

人民日报 海外版

PEOPLE'S DAILY OVERSEAS EDITION

1996年1月19日 星期五
乙亥年十一月廿九 第3439号

●地址：中国北京金台西路2号
2 Jin Tai Xi Lu Beijing, China
●邮编：Postcode: 100733

●电话：TEL: 5092121
●传真：FAX: 5003109
1985年7月1日创刊

国内代号 1—96　国外代号 D797　人民日报社出版　北京、香港、东京、旧金山、纽约、巴黎、多伦多印刷发行　今日12版

本报北京1月18日讯 记者孔晓宁报道：由中国科学报联合人民日报、新华社、光明日报、中央人民广播电台、中央电视台、中国日报和上海好望角大饭店主办的"院士评选1995年中国十大科技新闻"今日揭晓。钱学森、朱光亚、周光召等近400名中国科学院院士、中国工程院院士参加了投票，评出十大科技新闻（按报道时间先后为序）：

一、"邱氏鼠药案"终审判决，5位科学家胜诉，国务院办公厅批准销毁邱氏鼠药。近百名全国政协委员联名呼吁；保护敢于同伪科学作斗争的科技工作者，今后审理科技诉讼案应设立科技法庭。

二、中国北极科学考察队徒步抵达北极点。一批中青年科学家经过13天跋涉，沿途进行多学科考察，获取宝贵的科研数据和样品，为北极科学研究积累了资料。

三、近百名中国科学院院士联名倡议，响应中共中央、国务院关于加强科学技术普及工作的号召，高举科学旗帜，做好科普工作。

四、国家智能计算机研究开发中心研制成功"曙光—1000"计算机系统。它的实际运算速度高达15.8亿次，内存容量达1024兆字节，标志着我国大规模并行处理技术迈进国际先进行列。

五、国防科技大学研制成功我国第一台载人磁悬浮列

近400名院士投票评出

去年中国十大科技新闻

车，使我国成为国际上几个研制成功磁悬浮列车的国家之一。磁悬浮车理论设计时速可达500多公里，被誉为21世纪的新型交通工具。

六、中共中央、国务院作出关于加速科学技术进步的决定，召开全国科技大会，动员全党和全国人民，全面落实邓小平同志科技是第一生产力的思想，实施科教兴国战略，实现我国现代化建设的战略目标。

七、我国自行研究、设计、建设的秦山核电站30万千瓦工程正式通过国家验收。自1991年12月并网发电，至1995年已发电50多亿千瓦时，是我国高科技转化为生产力的成功典范。

八、我国杂交小麦育种获突破性进展。西北农业大学科研人员历时15年培育成功的强优势K型杂交春小麦组合"901"，平均亩产600公斤以上，标志着我国杂交小麦研究居世界先进水平。

九、41位科技界的全国政协委员呼吁：调查"水变油"的投资情况及对经济建设的破坏后果。部分自然、社会科学家倡议：捍卫科学尊严，破除愚昧迷信。

十、浙江医科院院长、中科院院士毛江森主持，在世界上率先研制成功甲肝减毒活疫苗，并正式投入生产和使用。目前，这种疫苗年产量为500万人份，注射一次即可持久预防甲肝。

人民日报　1995年12月29日　星期五　第五版

1995年中国十大科技新闻

新华社北京12月28日电（记者赵连庆）中共中央委员、国务院副总理姜春云在写给今天成立的种业集团成立大会的信中强调，种子是最的首要因素，良业增产中的巨大作它因素所无法取代兴农，种子必须先

春云说，"九五"和农业发展目标，对科研、繁育、加工、出了新的更高的要项建立起适应社会主义场经济体制要求的种子产业体制，逐结构优化、布局合业体系、富有活力机制和科学的管理

本报讯　十二月二十六日，由人民日报、新华社、光明日报、经济日报、科技日报、工人日报、中央人民广播电台、中央电视台、广播电影电视部总编室等首都新闻单位的负责同志同部分中国科学院院士、中国工程院院士联合评选出今年中国十大科技新闻：

一、中国首次远征北极点科学考察活动圆满完成。

二、《中共中央国务院关于加速科学技术进步的决定》发表。

三、中共中央国务院召开全国科学技术大会。

四、我国自行设计建造的秦山核电站通过国家验收。

五、我国大型数字程控电话交换机产业化。

六、我国科学家新测定的两元素原子量成为国际标准。

七、中国企业首获CIMSI工业领先奖"。

八、京九铁路技术先进。

九、我国在世界上首获抗大麦黄矮病毒的转基因小麦。

十、科技界与新闻界大力普及科学技术，反对伪科学。

三
中国首次
远征北极点科学考察掠影

路漫漫兮而求索
雷索鲁特大本营
北冰洋上的中国脚印

　　在本书的前半部分,16 位亲历者,通过回忆文章,以饱蘸情感的笔触,从不同侧面再现了 1995 年中国首次远征北极点科学考察的艰难而光荣的历程。本部分以图片形式,配以简约文字,集中展示本次北极科学考察的精彩片段,目的是让大家有一个更为直观的感受与了解。限于当年的拍摄条件,有些图片的质量不是很高,有些图片已经遗失,在此只能以掠影的形式,对前面的回忆文字做一些视觉上的弥补,如有遗漏与缺憾,请队友和读者朋友谅解。

Part 1

路漫漫兮而求索

1982 年,位梦华在南纬 80°。正是在这里,他萌发了率队考察南极和北极的梦想

1991 年,位梦华一进北极时和爱斯基摩首领在一起

1993 年，位梦华二进北极时在美国阿拉斯加巴罗镇与杰夫·卡罗尔会面取经，卡罗尔 1986 年曾到过北极点

位梦华和杰夫·卡罗尔在冰上讨论远征北极点的野外生存问题

野外求生：杰夫一再强调说，在北极出野外，必须随身带好枪，防范北极熊的侵犯

如果遇到了北极熊，首先大喊大叫，有可能把它吓走。如果它继续靠近，可以放空枪，有可能把它吓跑。只有两种情况下，北极熊才会主动向人类进攻：一是北极熊非常饥饿，它会饥不择食；二是母熊带着幼熊，它要保护自己的孩子。北极熊已经越来越少，不到万不得已，尽量不要伤害它们

野外求生：随时注意风向，判断自己的位置，以免迷失方向

野外求生：在北冰洋上，如果没有淡水，要寻找白色的老冰。海水结成的冰是淡蓝色，时间越长，盐分越少，变成了白色

二进北极回国的路上，位梦华专程拜会了 1986 年到过北极点的鲍尔·舍克先生（左一）

1
—
2

1. 1994 年，为了进一步推动中国的北极考察，中国北极科学考察组和浙江电视台合作，深入北极，从美国阿拉斯加到加拿大，格陵兰，挪威，芬兰，历时两个多月，拍摄了 20 集电视专题片。自左向右：姜德鹏，高克明，查理·布洛瓦，位梦华，史鲁杭

2. 松花江上集训，自左向右：孙覆海、叶研、曹会林

冬训结束,为顺利通过考验而欢呼

冬训结束,合影留念

位梦华看着妻子签署《生死合同》,眼神和双手表达了内心复杂的情感

中央民族大学的师生欢送北极考察队出征

小学生在天安门广场为中国首次远征北极点科学考察队捐赠一包袜子

位梦华接受记者采访

机场送行。自左向右：周良，位梦华，牟其中，翟晓斌，郭琨，孔晓宁

李栓科与妻儿告别，五岁的儿子抱住爸爸的脖子久久不愿放开，人们无不为之动容

欢送仪式上，刘少创与新婚妻子话别

中国首次远征北极点科学考察队:从天安门广场出发,国旗班的战士授给一面五星红旗

队员们将五星红旗展开

面对着天安门庄严宣誓

队员们在天安门广场上合影

到达纽约，受到华侨各界的热烈欢迎

紐約歡迎中國北極考察團

从美国去加拿大时，海关遇阻，发生了签证问题

到达加拿大多伦多，华侨各界举行了欢迎晚宴

热烈欢迎中国
北极考察队抵
达多市！

哈德孙湾训练时张卫和王卓到冰上采访

曹乐嘉（右）在北极

哥俩好:王卓和智卫在哈德孙湾

赤膊上阵:毕福剑一时兴起,光着膀子,亮出了自己的肌肉

不甘示弱：郑鸣则在哈德孙湾的古城堡旁边来了一个写真，李栓科想把他抱起来。到了北冰洋以后，他俩都老实了

加拿大哈德孙湾训练时的郑鸣

在哈德孙湾滑雪训练时的位梦华

在哈德孙湾最后一天的训练，考虑到冰盖即将融化，宿营地被安排在海边有着稀疏松树的林间空地。帐篷、白雪、篝火、炊烟，还有泰加林带最北边缘线上松树间时隐时现的灵异般的北极光。丛林中不时飘荡出队员们苦中取乐的歌声

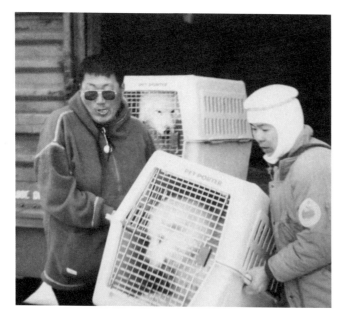

1. 哈德孙湾训练之后,需要把爱斯基摩狗运至美国明尼苏达州的伊利市鲍尔的家。图为郑鸣与孔晓宁在从大皮卡货车上卸下装有爱斯基摩狗的笼子

2. 鲍尔·舍克和位梦华在明尼苏达伊利市附近的原始森林里

位梦华在鲍尔·舍克家里,坐在党旗下默默沉思

在奔赴北纬88°徒步考察北极点之前,中央电视台记者张卫采访了鲍尔·舍克先生

全体队员，登上了飞往加拿大雷索鲁特的飞机

Part 2

雷索鲁特大本营

张军和张卫在雷索鲁特机场合影

遇到了香港同胞组成的北极考察团，一起合影，非常高兴

考察队员牛铮研究遥感，在雷索鲁特野外分析数据

张卫给中央电视台的同事布置任务

上冰前宣布纪律。自左向右：智卫，张军，张卫，位梦华，刘健，翟晓斌，毕福剑

临阵点兵：雷索鲁特出征前，位梦华宣布上冰队员的名单。自左向右：张卫，刘健，位梦华，毕福剑

留在雷索鲁特的考察队员在周围考
察，叶研在高 17 米的发射塔上搭线，
供此次科学考察遥感研究用

中国科学院生态环境中心研究员方精云(左一)与中国青年报社记者叶研(右一)和人民日报记者孔晓宁(中)一起在基地周边进行科学考察的途中

叶研协助方精云在雪地上挖坑,收集资料

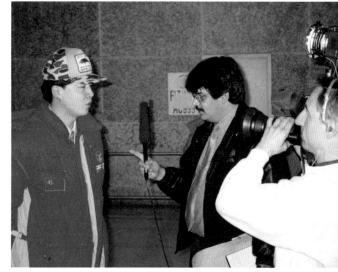

张卫接受加拿大当地电视台采访

在基地协助进行科学考察的叶研

在基地协助进行科学考察的刘信,右为卓培荣

在雷索鲁特基地担任核心指挥者之一的沈爱民与郑鸣合影

位梦华与张卫在雷索鲁特合影

从北极点返回后位梦华和张卫的合影

张卫等在去北极点同队友会合的路上，因飞机故障没有踏上极点。在欢动的人群之外，以56岁的中国科考队年纪最长完成冰上徒步北极点归来的位梦华领队，握住他的手说："张卫，你这个咱们北极之行的孙行者，今晚飞机还能飞极点，你去一次吧。"张卫望着位梦华满脸的胡须和疲惫的身形回道："谢谢您，我的极点，您和队友们都替我走到了！"

Part 3

北冰洋上的中国脚印

飞往北冰洋的途中,在尤里卡避难所,飞机加油,人放水,迎着不落的太阳

叶研在尤里卡,豪情满怀,气宇轩昂

1 | 2
  | 3

1. 郑鸣和叶研在尤里卡，等待着飞机加油

2. 小飞机中途补充航油

3. 降落在北纬88°

兢兢业业,一丝不苟:CCTV记者们恪尽职守,是考察队不可或缺的重要力量

张军在北纬88°,聚精会神,忠于职守,捕捉每一个珍贵的镜头

在北纬88°上合影,上方没有签名者是李乐诗

笑逐颜开:效存德到达了北纬88°

效存德是最年轻的科考队员,每天都要取冰雪
样品,到达北纬88°,刚下飞机,他就抓紧时间,
忙着取样

一天下来,人困狗乏,冰雪茫茫,失去了方向

跟着感觉走：排除万难，继续前进，跋涉在茫茫的冰原上

千难万险过冰缝。关键是雪橇，一个有几百千克重，而浮冰很小，浮力有限，雪橇一上去，只要稍微一倾斜，雪橇就会滑下去，沉入大海，我们没有帐篷，没有吃的，也没有通信工具告诉外界我们出事了，外界也不可能来救援，必将陷入绝境。在那种情况下，所有的考察队员，团结一致，齐心合力，把雪橇一个个飞快地拽了过去

生死跨越，成败在此一举

赵进平在北纬89°接受采访

在北极点上的拥抱,是一辈子也忘不了的

张军在北纬89°,颇有
大将风度。这次北极
考察中,张军担任摄
像及航拍的任务。他
完成了徒步远征北极
点的前半程,回去准
备航拍,由郑鸣接替。
遗憾的是,因飞机故
障,未能抵达北极点,
这次北极科考航拍影
像也没有拍成

爱斯基摩狗警惕性很高,一遇到危险,耳朵就竖起来了,绝不会后退,拼命往前冲

爱斯基摩狗非常聪明,睡觉时要留下一个站岗放哨,防止遭到北极熊突然袭击

翻越冰山,绝不是一件容易的事

浮冰破碎,非常危险,先让爱斯基摩狗充当敢死队,过去探路

```
┌───┬───┐  4
│ 1 │ 2 │ ───
│───┤   │  5
│ 3 │   │
└───┴───┘
```

1. 爱斯基摩狗已经筋疲力尽,只能靠人力连推加扛,把雪橇翻过冰峰

2. 这条冰缝非常危险,毕福剑差点沉下去

3. 生死只在一瞬间。如果雪橇掉进水里,我们将陷入绝境

4. 前面又是一条很宽的冰缝,刚刚结了一层薄薄的冰,不知道能不能经得住我们的重量,如果贸然走上去,弄不好就会沉下去。还是老办法,让爱斯基摩狗先上去探路

5. 行进途中,"白发"苍苍

暴风雪中的爱斯基摩狗,由于过度疲劳,它们睡得很香

有些地方,冰山林立,巨大的冰块挡住去路,只能挥动冰镐,逢"山"开路

爱斯基摩狗非常聪明,它们知道雪橇冲下来,就会被压死,所以吓得屁滚尿流,拼命往前冲

驾驶雪橇并不容易,要不断地为爱斯基摩狗调解纠纷,捋顺关系

望洋兴叹:又一条冰缝挡住了去路

拼死一试:鲍尔冒着生命危险,试图把一块块的浮冰连到一起,搭一座浮桥

千钧一发,抢在冰层裂开之前,将雪橇拽过去

冲上冰山,逃离险境

来到了平坦区域,抓紧时间歇一口气

准备宿营

北冰洋上的夜晚,没有风的时候,寂静得让人觉得压抑

我们有一个可容下 8 个人的大帐篷。是鲍尔多年前与苏联探险家一同完成穿越白令海峡时的户外精品,他一直还用着。这是郑鸣假装在帐篷旁祈祷

每天深夜,赵进平都要在帐篷里做工作笔记

赵进平和他的装备:别人都休息了,他还在继续努力;大家都会来帮忙,但是有些事情必须他自己
来完成

胜利在望,进军北极点,最后的冲刺

全队停了下来,等待着刘少创确定出北极点的位置

赵进平:难得有机会,躺下来喘一口气

终于到达了北极点,位梦华和郑鸣抓紧时间留一张合影

拼命了一路的爱斯基摩狗,终于可以歇一口气了

接我们的飞机到了

北极点上的战友、校友和队友：飞机来了，郑鸣和毕福剑深情相拥

孔晓宁在北极点上，笑得如此灿烂

卓培荣在北极点上，感觉到五星红旗的亲切与分量，因为她是祖国的象征

毕福剑在北极点上，眼镜片上反映着队友的身影

赵进平在北极点上，和爱斯基摩狗拥抱在一起。在前往北极点的过程中，爱斯基摩狗发挥了重要作用，队员们也对狗产生了深厚的感情

$\dfrac{1}{3}\bigg|\dfrac{2}{4}$

1. 北极冰盖上强烈的紫外线,晒得李栓科的脸黑白分明

2. 每天工作十几个小时,只能睡三四个小时,实在疲惫至极,赵进平在飞机上,补充一点巧克力

3. 毕福剑和刘少创在北极点上,被大伙称为一对活宝

4. 郑鸣不顾疲劳,在北极点上为大家做最后一餐;要用两个多小时,才能把水烧开

赵进平的仪器设备最多,要在超低温下正常工作,非常艰难,常常必须光着手操作,而手很快就会被冻僵

效存德在北极点上挖雪坑,测量雪的厚度,收集最后一个样品和数据

有队友说,北极点就是2号机和3号机连线的中点

我们带了20只爱斯基摩狗

狗中极品——爱斯基摩狗,这就是那条在北冰洋上发情的黄狗

到达北极点以后,位梦华与爱斯基摩狗深情拥抱

最后的握手:"再见了,我的朋友。"登上北极点后,赵进平研究员用了近两个小时的时间与立下汗马功劳的爱斯基摩狗依依惜别

爱斯基摩狗非常勇敢,拼命地往前冲,但是它们吃不饱,因为我们带的东西有限,都是按斤按两计算出来的,每天只能喂它们两次,每次一茶缸狗粮。它们的活动量很大,根本吃不饱,总是处于饥饿状态,很快就瘦得皮包骨头。但是,它们很聪明,知道如何保护自己,只要一说休息,它们马上躺下去睡觉,以恢复体力

到达北极点以后,爱斯基摩狗很高兴,知道要回家了,排着队等候上飞机

机舱的门一打开,它们就开始登机了。当然,它们的纪律也不会这么好,是因为用铁链子拴着它们

把劳苦功高的20只爱斯基摩狗装上飞机。2、3、4号飞机已经足够载回冰上人员、雪橇帐篷等装备和爱斯基摩狗

叶研在北极点上展开了五星红旗,大声高呼:"让五星红旗在北极点上永远飘扬!"

位梦华在北极点。在冰上期间平均每天掉一斤肉

迎着不落的太阳,继续前进!

位梦华在北极点,拿着小学生签字的红领巾:未来寄托在孩子们身上

在北极点上，向着未来眺望。自左向右：位梦华，赵进平，刘少创，毕福剑

展开五星红旗拍一张照片，这是中国科学考察队，第一次到达北极点

五星红旗,我们对您说:北极点,我们中国人来了! 图中(自右向左)为徒步登上北极点的郑鸣(在北纬89°接替张军),李栓科,位梦华,刘少创,效存德,赵进平,毕福剑

北极点上队员合影。后排:王卓,吴越,郑鸣,刘少创,李栓科,刘健,位梦华,效存德,毕福剑,叶研。
前排:王迈,卓培荣,孔晓宁,孙覆海,刘信,赵进平

图书在版编目（CIP）数据

1995 中国北极记忆：中国首次远征北极点科学考察纪实/位梦华主编.
—青岛：中国海洋大学出版社，2017.9

ISBN 978-7-5670-1552-4

Ⅰ. ① 1… Ⅱ. ① 位… Ⅲ. ① 北极—科学考察—概况
—中国—1995 Ⅳ. ① N816. 62

中国版本图书馆CIP数据核字（2017）第203658号

1995 中国北极记忆

中国首次远征北极点科学考察纪实

出版发行	中国海洋大学出版社	出 版 人	杨立敏
社　　址	青岛市香港东路23号	邮政编码	266071
网　　址	http://www.ouc-press.com	订购电话	0532-82032573（传真）
责任编辑	李夕聪　孙宇菲		
特约审稿	刘宗寅		
装帧设计	王谦妮		
排　　版	青岛友一广告传媒有限公司		
印　　制	青岛国彩印刷有限公司		
版　　次	2017年9月第1版		
印　　次	2017年9月第1次印刷		
成品尺寸	180 mm × 250 mm		
印　　张	27		
字　　数	380千		
印　　数	1—5000		
定　　价	69.00元		

发现印装质量问题，请致电 0532-88785354，由印刷厂负责调换。